中国国土景观研究书系

王向荣 主编

汉中盆地
传统景观体系研究

谭立 林箐 王向荣 著

『十四五』时期国家重点出版物出版专项规划项目

中国建筑工业出版社

图书在版编目（CIP）数据

汉中盆地传统景观体系研究 / 谭立，林箐，王向荣
著 . — 北京：中国建筑工业出版社，2023.12
（中国国土景观研究书系 / 王向荣主编）
ISBN 978-7-112-29411-4

Ⅰ . ①汉… Ⅱ . ①谭… ②林… ③王… Ⅲ . ①景观设
计—研究—汉中 Ⅳ . ①TU983

中国国家版本馆CIP数据核字（2023）第241216号

责任编辑：杜　洁　李玲洁
责任校对：李美娜

中国国土景观研究书系
王向荣　主编

汉中盆地传统景观体系研究
谭　立　林　箐　王向荣　著

*

中国建筑工业出版社出版、发行（北京海淀三里河路9号）
各地新华书店、建筑书店经销
北京锋尚制版有限公司制版
北京富诚彩色印刷有限公司印刷

*

开本：787毫米×1092毫米　1/16　印张：21　字数：300千字
2024年10月第一版　　2024年10月第一次印刷
定价：**99.00**元
ISBN 978-7-112-29411-4
（42063）

总序

国土视野下的中国景观

地球的表面有两种类型的景观。一种是天然的景观（Landscape of Nature），包括山脉、峡谷、河流、湖泊、沼泽、森林、草原、戈壁、荒漠、冰原等，它们是各种自然要素相互联系形成的自然综合体。这类景观是天然形成的，并基于地质、水文、气候、植物生长和动物活动等自然因素而演变。另一种是人类的景观（Landscape of Man），是人类为了生产、生活、精神、宗教和审美等需要不断改造自然，对自然施加影响，或者建造各种设施和构筑物后形成的景观，包括人工与自然相互依托、互相影响、互相叠加形成的农田、果园、牧场、水库、运河、园林绿地等景观，也包括完全人工建造的景观，如城市和一些基础设施等。

一个国家领土范围内地表景观的综合构成了国土景观。中国幅员辽阔、历史悠久，多样的自然条件与源远流长的人文历史共同塑造了中国的国土景观，使得中国成为世界上景观极为独特的国家，也是景观多样性最为丰富的国家之一。这样的国土景观不仅代表了丰富多样的栖居环境和地域文化，也影响了中国人的哲学、思想、文化、艺术、行为和价值观。

对于任何从事国土景观的规划、设计和建设行为的人来说，本应如医者了解人体结构组织一般对国土景观有充分的认知，并以此作为执业的基本前提。然而遗憾的是，迄今国内对于这一议题的关注只局限于少数的学术团体之内，并且未能形成系统的和有说服力的研究成果，而人数众多的从业者大多对此茫然不知，甚至没有意识到有了解的必要。自多年前在大量不同尺度的规划设计实践中，不断地接触到不同地区独特的水网格局、水利系统、农田肌理、聚落形态和城镇结构，我们逐渐意识到这些土地上的肌理并非天然产生，而是与不同地区的自然环境和该地区人们不同的土地利用方式相关。我们持续地进行了一系列探索性的研究，在不断的思考中逐渐梳理出该课题大致的研究方向和思路：中国的国土被开发了几千年，只要有生存条件的地方，都有人们居住。因此人类开发、改造后的景观，体现了人类活动在自然之上的叠加，更具有地域性和文化的独特性，比起纯粹的自然景观，更能代表中国国土景观的历史和特征。

中国人对土地的开发利用是从农业开始的。农业最早在河洛地区、关中平原、汾河平原和成都平原得到发展。及汉代，黄河下游、汉水和淮河流域亦成为重要的农业区。隋唐以后，农业的中心从黄河流域转移到了长江流域，此时，江南水网低地和沿海三角洲得到开发。宋朝尤其是南宋时期，大量北方移民南迁，不仅巩固了江南的经济地位，还促进了南方河谷盆地和丘陵梯田的开发。从总的趋势来看，中国国土的大规模农业开发是从位于二级阶地上的河谷盆地发源，逐渐向低海拔的一级阶地上的冲积平原发展，最后扩展到滨海地区，与此同时还伴随着偏远边疆地区的局部开发；从流域来看，是从大河的主要支流流域，发展到河流的主干周边，然后迫于人口的压力，又深入到各细小支流的上游地区，进行山地农业的开发。

古代农业的发展离不开水利的支撑。中国的自然降水过程与农作物生长需水周期并不合拍，依靠自然降水无法满足农业生产的需要。此外，广泛采用的稻作农业需要人工的水分管理。因此，伴随着不同地区的农业开发，人们垦荒耕种，改变了地表的形态和植被的类型；修筑堤坝，蓄水引流，调整了大地上水流的方向和水面的大小。不同的自然环境由此被改造成半自然半人工的环境，以适应农业发展和人类定居的需要，国土景观也随之演变。

中国的主要农业区域具有不同的地理环境。几千年来，中国人运用智慧，针对各自的自然条件，因地制宜，通过人工改造，尤其是修建各种水利设施，将其建设为富饶的土地。如在河谷盆地采用堰渠灌溉系统，利用水的重力，自流灌溉河谷肥沃的土地；在山前平原修建陂塘汇集山间溪流和汇水，调蓄水资源并引渠为低处农田灌溉，在低地沼泽采用圩田和塘浦系统，于水岸之中辟出万顷良田；在滨海冲积平原，拒咸蓄淡的堰闸与灌渠系统，以及抵御海潮的海塘系统共同保证了农业的顺利开展和人居环境的安全。

农业的开发促进了经济的发展，带来商品流通和物资运输的需求。在军事、政治和经济目的的驱使下，古代中国开挖了大量人工运河。这些运河以南北方向为主，沟通了东西向不同的自然水系，以减少航程，提供更安全的航道。除了交通功能，这些运河普遍也具有灌溉的作用。运河的开凿改变了国土上的自然河流系统，形成了一个水运网络。同时，运河沿途的闸坝、管理机构、转运仓库的设置也催生出了大量新的城镇，运河带来的商机也使得一些城市发展为当时的繁华都会。为保证漕运的稳定，运河有时会从附近的自然河流或湖泊调水，还有就是修建运河水柜，即用于调节运河用水、解决运河水量不均等问题的蓄水库。这些又都需要一整套渠、闸系统来实现。

并非所有的地区都能依靠水路联系起来，陆上交通仍然是大部分地区人员往来和商品交换的主要方式，为此建立了四通八达的驿道网络，而这些驿道网络和沿途的驿站同时也承担着经济、军事和邮政的功能。驿道穿山越岭，占据了地理环境中的咽喉要道，串联起城邑、关隘、军堡、津渡等重要节点。

农业的繁荣带来了人口的增加，促进了聚落的发展，作为地区政治、经济和管理机构的城邑也随之设立。大多数城市都位于农业发达的河谷、平原和浅丘陵地区。这些地区原有的山水环境、农业格局和水利系统就成为城市建立的基础，并影响了交通路线以及市镇体系的布局及发展。

中国古代的营城实践始终是在广阔的区域视野下进行的。古人将山水环境视为城市营造的基础，并以风水学说为山水建立起一定的秩序，统领人工与自然的关系。风水学说也影响了城邑选址、城市结构和建筑方位。有时为了满足风水的要求，还通过人工处理，譬如挖湖和堆山，在一定程度上改善了城市山水结构，密切了城市与山水之间的联系；或者通过在自然山水环境的关键地段营建标志性构筑物，强化山水形势。这些都使城市与区域山水环境更紧密地融合在一起。

在城市尺度上，古代每一座城市的格局都受到了区域水利设施的巨大影响。穿城而过的运河和塘河为城市提供了便捷的水运通道，也维系着城市的繁荣和发展；城市内外的陂塘和渠系闸坝成为城市供水、蓄水及排水的基础设施，也形成了宜人的风景。水利设施不仅保障了城市的安全，还在一定程度上构建了贯穿城市内外的完整的自然系统，将城内的山水与区域的山水体系连为一体，并提供了可供游憩的风景资源。在此基础上的城市景观体系营建，进一步塑造了每个城市的鲜明个性，加上文人墨客的人文点染，外化的物质景观获得了内在的诗情画意，城市景观得以升华。

在过去的几千年中，在广袤的国土空间上，从区域尺度的基于实用目的的土地开发，到城市尺度的基于经济、社会、文化基础的人工营建和景观提升，中国不同地区的景观一直以相似但又有差别的方式不断地被塑造、被改变，形成了独特而多样的国土景观。它是我们国家的自然与文化特质的体现，是自然与文化演变的反映，同时也是国土生态安全的基础。

工业革命以后，在自然力和人力的作用下，全球地表景观的演变呈现出日益加速的趋势。天然景观的比重不断减少，人类景观的比重不断增加；低强度人工影响的景观不断减少，高强度人工影响的景观不断增加。由于工业化、现代化带来的技术手段和实施方式的趋同，在全球范围内景观的异质性在不断减弱，景观的多样性在不断降低。

　　这些趋势在中国国土景观的演变中表现得更加突出。近30年来，在经济高速发展和快速城市化过程中，中国大量的土地已经或正在改变原有的使用方式，景观面貌也随之变化。以"现代化"的名义实施的大规模工程化整治和相似的土地利用模式使不同地区丰富多样的国土景观逐步陷入趋同的窘境。如果这一趋势得不到有效控制，必然导致中国国土景观地域性、独特性和时空连续性的消失以及地域文化的断裂，甚至中国独特的哲学、文化和艺术也会失去依托的载体。

　　景观在不同的尺度上，赋予了个人、地方、区域和国家以身份感和认同感。如何协调好城乡快速发展与国土景观多样性维护之间的矛盾是我们必须面对的重要课题。而首先，我们应该搞明白中国的国土景观是怎样形成的，不同地区的特征是什么，又是如何演变的，地区差异性的原因是什么……这也是我们这一代与土地规划和设计相关的学人的责任和使命。

　　经过多年的努力，我们在这个方向上终于有了一些初步的成果，并会以丛书的形式不断奉献在读者面前。这套丛书命名为"中国国土景观研究书系"，研究团队成员包括北京林业大学园林学院的几位教师和历年的一些博士及硕士研究生。其中有些书稿是在博士论文基础上修改而成，有些是基于硕博论文和其他研究成果综合而成。无论是基于怎样的研究基础，都是大家日积月累埋首钻研的成果，代表了我们试图从国土的角度探究中国景观的地域独特性和差异性的研究方向。

　　虽然我们有一个总体和宏观的关于中国国土景观的研究思路和研究计划，但是我们也清醒地认识到，要达成这样的目标并避免流于浅薄，最佳的方法是从区域入手，着眼于不同类型的典型区域，采取多学科融合的研究方法，从不同地区自然环境、农业发展、水利设施、城邑营建等方面，深入探究特定区域的国土景观形成、发展、演变的历史及动因，并以此形成对该地区景观的总体认知。整体只能通过区域而存在，通过区域来表达，现阶段对不同区域的深入研究，在未来终将逐渐汇聚成中国国土景观的整体轮廓。当然，在对个案的具体研究中，我们仍然保持着对于国土景观的整体认知和宏观视野，在比较中保持客观的判断和有深度的思考。

这套丛书最引人注目的特点之一，就是大量的田野考察、古代文献研究和现代图像学分析方法的综合。这样的工作，不仅是对地区景观遗产和文化线索的抢救，并且，我们相信，在此基础上建立并发展起来的卓有成效的国土景观研究思路和方法，是中国国土景观研究区别于其他国家相关研究的重要的学术基础。这也是这套丛书在学术上的创新所在。

希望这套丛书的出版，能够成为风景园林视野的一次新的扩展，并引发对中国本土景观的关注和重视；同时，也希望我们的工作能够参与到一个更大的学术共同体共同关注的问题中去。本套丛书所反映的研究方向和研究方法，实际上从许多不同学科的前辈学者的研究成果中获益良多，同时，研究的内容与历史地理、城市史、农业史、水利史等相关学科交叉颇多，这令我们意识到，无论现在还是将来，多学科共同合作，应该是更加深刻地解读中国国土景观的关键所在。

2021年7月

前言

　　盆地是文明孕育的摇篮。在中国，很多盆地都提供了人居环境营建的范本：关中盆地、四川盆地……汉中盆地就是其中一个。在盆地中，人们占据高亢的平原开垦与筑城，通过凿渠引水改变原始的水文环境，为农耕和生活提供相对稳定的用水。这一过程深刻地改变了盆地内的地表，形成了独具特色的区域景观。本书作为"中国国土景观研究书系"的一册，期望通过汉中盆地这一样本，探索这一类典型环境下的国土景观演变、内容、结构和特征，既是国土景观研究代表性地域单元的一块拼图，也是从风景园林视角探讨地域景观延续传承和国土空间可持续发展的一次探索。

　　本书从区域和城市两个层次剖析了汉中盆地，以期望以一个递进的尺度层层剖析这里的传统景观体系，也便于挖掘汉中盆地整体的地域特征和每个城市的地域特色。在区域层次，本书综合地讨论了山水、水利、农业、交通、聚落、文化等人居要素，探索这些要素对区域传统景观体系的影响、要素之间的关联耦合以及由此形成的区域传统景观体系的内容、结构和特征：山水结构下的水利网络、紧密耦合的"水利—农田—乡村聚落"格局、交叠互补的灌渠路网、区域焦点的城市发展、人文驱动的人居环境风景化和随水而变的区域景观演进模式；在城市层次，本书由自然山水环境、灌区水网系统和城市景观体系层层递进，逐渐将区域景观的研究转向城市景观的研究，阐明城市景观与区域景观之间的联系，探索这种景观结构的整体性和不同片区的独特性——尽管区域的景观营造具有明显的共性，南郑、洋县、勉县、褒城、城固和西乡这六个城市和其周边区域还是都展现出了各自独特的魅力，而这种独特性又与区域景观的差异性紧密相连。

本书的研究从风景园林学科专业视角出发，专注于通过制图和图解来讲述和剖析区域景观的历史。制图有助于风景园林师和相关从业者更好地理解汉中盆地的景观，而图解是分析要素之间关联和发展的一种专业方法。区域景观是一个庞杂的系统，包含了自然生态、空间营造、历史文化等与人居环境学科息息相关的内容，希望本书能够为相关的专业人员、学者和爱好者提供参考。

传统景观的传承发展是一个被持续探讨的议题，从区域和国土的视角发掘我国土地的悠久历史和地域特色，能够助力本地乃至国家的文化传承和生态保护，实现自然和城市的和谐共融。希望本书能够帮助人们更好地理解脚下的土地，引导更多人珍爱自然、尊重历史和关注本土景观。

目录

第一节　国土视野与汉中山水

我国广袤的国土和悠久的历史积淀孕育了多姿多彩的国土景观。然而，快速城市化和全球化等进程对传统的国土景观产生了一定的冲击，使得城市逐渐与自然山水和农耕环境割裂，失去了根植于历史和地域的特性。这些城市和区域呈现出"千城一面"的样貌，区域的生态环境也面临着一定威胁。本书研究的汉中盆地正是这样一个有着独特的地域特征和历史积淀，却又在快速城市化影响下面临着诸多挑战的国土景观单元。

汉中盆地和其中的6个城市是本书研究和探讨的主要对象（图0-1）。其中，有关"汉中盆地"空间范围的界定，参考了王德基等学者的著作《汉中盆地地理考察报告》中划定的空间范围：狭义的汉中盆地指汉江两岸的平原，广义的汉中盆地既包括了狭义的汉中盆地，又包括了汉江两岸平原周边的浅山和浅山中的西乡盆地。本书的研究范围即为广义的汉中盆地范围。

就整个国土视野来看，汉中的地理位置和环境都是极为独特的。

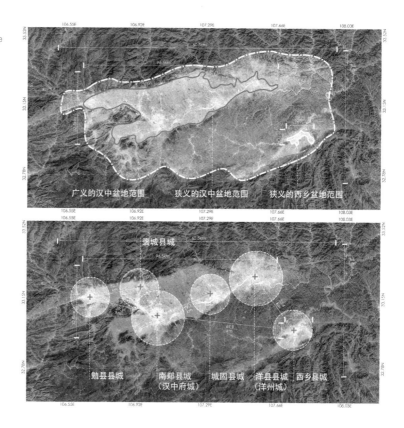

从地势来看，汉中盆地位于秦巴山地之中，为一相对封闭的河谷盆地。秦巴山脉位于关中平原和四川盆地之间，以汉江为界，北为秦岭，南为巴山，山脉高耸。秦巴山脉中散布有多个小型盆地，如汉中盆地、西乡盆地、汉阴盆地、安康盆地、商丹盆地和洛南盆地等，其中以汉中盆地面积最大。与我国东南丘陵地区的山间盆地相比，秦巴山区山地地势更为险要，盆地四周被高山封闭，形成了一个个相对独立的地理单元。

从流域来看，汉中盆地为汉江河谷盆地，汉江是盆地的干流。秦岭是我国黄河流域和长江流域的分水岭，位于秦岭以南的汉江也是长江流域的一支，汉江自汉中盆地西侧山脉发育，经过汉中盆地、汉阴盆地、安康盆地和南阳盆地，在江汉平原汇入长江。汉中盆地的水系多具有南方水系的特征，含泥沙较少。同时，汉江也为秦巴山区提供了最重要的一条航运线。

从气候来看，研究区域距东南部海洋约1200km，秦岭以北是我国南北气候的分界线，这种地势和海陆位置使得汉中地区的气候具有显著的过渡性。从全国气候带分布来看，汉中盆地正位于温带季风性气候和亚热带季风气候的分界带上，同时也位于我国800mm降雨量分界线上。这一过渡区间很大程度上影响了汉中地区水利工程的形式和农田开发的方式。

第二节　灌区水网与传统景观

构成一个区域传统景观的内容非常多样，若无一个主线作为抓手，难免会泛泛而谈。本书尤其关注水利网络，将其作为研究的一个重要切入点和整个传统景观体系的支撑性结构，主要出于几点考虑：首先，综合整个研究的结论，水利网络在汉中盆地传统景观体系中有着突出的作用，与各个系统要素之间有着明确的因果关系和逻辑关联；其次，水是风景园林师关注的要素之一，蓝绿廊道网络在区域空间规划中有着重要的作用，相关研究成果对于风景园林规划设计实践而言也颇具启发意义；最后，从国土景观的多样性来看，在汉中盆地占据主导地位的灌区水利系统具有明显的特征，其与圩区、梯田等农业主导的景观类型有着典型的差异。

自古以来，中国人就在自然山水和农耕环境中营建城市，并构建起城市内外的景观体系。这种土地利用方式和我国广袤丰富的地理环境造就了我国国土景观的多样性，并形成了山—水—田—城整体性的传统景观体系。我国的农业开发尤其影响了国土景观，不同类型的水利和农田适应不同地区的自然条件，呈现出多样的景观风貌[1]。灌区是近现代的一个水利学概念：灌溉是人为地补充作物所需水分的技术措施[2]。依赖相应的水利设施而形成一定范围内的灌溉用水区域即水利灌区。汉中盆地中受人工水利系统影响的区域涵盖了汉中盆地人居活动的主体空间，其由盆地的自然山水经过人工的影响发展演变而来，与盆地中的自然河流、山林共同构成具有汉中盆地传统景观特色的人居环境单元。

第三节　汉中盆地中的城与景

选取汉中盆地作为研究的对象，一是因为这里本身就具有研究的基础条件——列入世界灌溉工程遗产名录的汉中三堰和列入国家历史文化名城的汉中——已经有不少工作证明了这块土地所潜在的研究价值，也有大量历史地理、水利史、农业史和人居环境学科的工作者们对这里展开了长期的研究。这些研究在各自的专业领域都具有很强的系统性和深度，如鲁西奇的《汉中三堰：明清时期汉中地区的堰渠水利与社会变迁》《城墙内外：古代汉水流域城市的形态与空间结构》、马强的《蜀道文化与历史人物研究》、孙启祥的《汉中历史文化论集》《文化汉中》等。但以汉中盆地为对象的多尺度的、关注空间环境的系统性研究仍是缺乏。而风景园林学科视角下的探究区域整体景观构成与演变的研究能够在一定程度上弥补这一缺憾。汉中盆地自然与人文景观之美具有独特性和代表性，揭示这样一种地域景观或国土风貌的构成与内涵，对于我国本土风景园林的研究和中华传统文化的再发掘、再呈现和再利用是极具意义的。

选取汉中盆地的另一个缘由在当前学界对县城历史景观研究的缺憾。除了汉中市以外，鲜有风景园林研究涉及洋县、城固、勉县、西乡等城市。然而，相关资料显示，这些城市在历史上有着多样的风景营造活动，很多城市非常值得作为研究传统城水关系、历史城市景观格局、城市与自然文化关系和古典园林史的样本。对这些城市的研究不仅能够揭示中国传统景观营建的多样性和地方性，也能够为汉中地区未来的发展提供一定的参照。

文献研究法和图解法是本研究的主要方法，本书的撰写离不开大量的方志、专志、史书、测绘图、地理考察报告、历史遥感影像和历史地图的集成研究。将多种历史信息转化为当代地图标准的工作始终贯穿本研究，正是通过这一过程，抽象而繁杂的信息被呈现于当代设计师和规划师所熟悉的平面图纸上，我们相信这对当代的规划设计实践是有积极意义的。

参考文献：

[1]   王向荣，林箐. 国土景观视野下的中国传统山—水—田—城体系[J]. 风景园林，2018，25（9）：10-20.

[2]   中国农业百科全书总编辑委员会水利卷编辑委员会，中国农业百科全书编辑部. 中国农业百科全书：水利卷 上[M]. 北京：中国农业出版社，1986.

上篇

汉中盆地区域传统景观体系

汉中盆地的区域传统景观体系以盆地自然山水为基底，以灌区水利网络为支撑，受到农业生产、交通运输、聚落营建和地方文化的影响，形成了独特的大地景观、廊道网络、景观中心和人文风情。这些要素之间逐层叠加、相互影响——水利网络在山水结构下因地而生，水利—农田—农村聚落紧密耦合，灌渠路网交叠互补，城市发展成为区域焦点，人居环境受地方文化的影响而风景化——在历史演进过程中逐渐形成了特征显著的汉中盆地区域传统景观体系。

区域传统景观体系结构示意图
〔图片来源：作者自绘〕

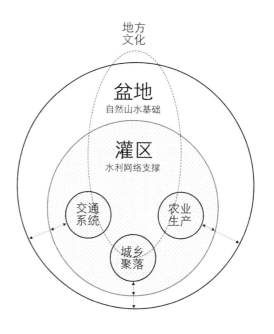

第一章

自然山水奠定人居基础

第一节 地形为底：脉中盆地

"群山环抱，汉江合流。内为平壤，外则险，周以崇山峻岭，倚天插戟，断崖裂岫"[1]。汉中盆地北靠秦岭，南倚巴山，汉水横贯其间，形成了"两山夹一川"的地貌骨架（图1-1）。汉中盆地内平坝地区的平均海拔约500m，盆地东西狭长，东西长约126km，南北宽约5～20km。汉江的一级支流牧马河冲积形成了一个小型盆地，即西乡盆地。

汉中盆地为典型的河谷型盆地，其平原地带的地形呈现多级阶梯的分布格局，地面坡度为2%～18%。在古代，由于汉中盆地最为主要的灌溉方式是堰渠体系构成的自流灌溉模式，因此地形对灌区营建的影响非常明显。不同阶地因地制宜地营建了不同水利灌溉体系。这一点从20世纪70年代的航拍图中很容易看出，图1-2展示了汉中盆地山河堰灌区不同阶地的航拍影像照片，可以看出其开发方式和深度有明显的差异。根据地形的地势特征和高程，汉中盆地的平坝地区可以分为泛滥平原区（一级阶地）、阶地平原区（二级阶地）、波状地区（三级阶地）和山麓地区（四级阶

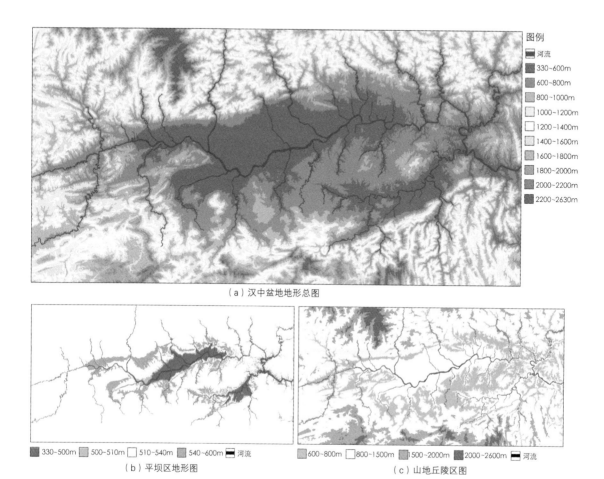

（a）汉中盆地地形总图

（b）平坝区地形图

330~500m　500~510m　510~540m　540~600m　河流

（c）山地丘陵区图

600~800m　800~1500m　1500~2000m　2000~2600m　河流

图1-1　汉中盆地地形图

［图片来源：作者自绘，数据来自Google Earth］

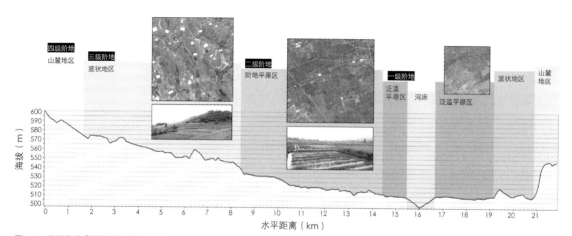

图1-2　平坝部分典型剖面与地貌对比图

［图片来源：作者自绘，高程数据来自Google Earth，黑白影像图来源于20世纪70年代航拍历史影像数据，照片为作者摄于2018年4月］

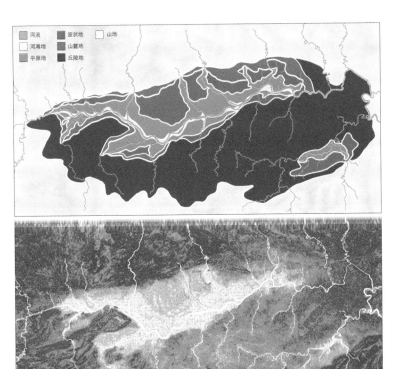

图1-3　汉中盆地地形分区图与坡度分级图
〔图片来源：作者自绘，上图参考《汉
中盆地地理考察报告图集》相关图纸、
Google Earth卫星图改绘；下图根据
Google Earth高程数据绘制〕

地）四个部分（图1-3）。

　　从汉江和其支流河床的河漫滩向两边，最低的一级阶地高出汉
江平均水位3～5m，为泛滥平原区。该区土壤肥沃，地下水位高。
在古代，汉江沿岸并没有较多的堤防营建，而由于汉江干支流都是
山地型河流，特大洪水年份沿江的低阶地和河漫滩易遭受洪水淹没，
因此该阶地在古代并未得到充分利用和改造。

　　二级阶地比汉江平均水位高出10～15m，为阶地平原区，是盆
地内平原的主体，地势平整，面积广阔，是汉中盆地粮油的高产地
区，也是民国以前山河堰、五门堰等堰渠体系灌区分布的主要区域，
汉中盆地的城市也多位于这一阶地内。相较而言，汉江北岸的阶地
平原面积较大，南岸则小而破碎。

　　三级阶地分布在盆地和山地的交接地带，相对高度36～80m，

民国《汉中盆地地理考察报告》将这一区域称为波状地区[2]。该地区是盆地内的老冲积地带，大部分为红色土壤，堆积之后继续受到侵蚀，逐渐被分割成高低不平的起伏地形，其地势形态如连续延绵的低矮波浪，在当地也被称为"九岭十八坡"。该地区集中分布于汉江北侧，尤其以褒城至洋县一段面积最为广大。该区由于地形起伏，难以修建大型的引水渠系，因此多呈分散的陂塘。汉中地区的很多陂塘，如王道池等名池多位于该地区。

四级阶地高出江面70~80m，为山麓区，已经逐渐向山岳丘陵地转变，地形切割破碎，土层瘠薄。梯田和冬水田等农耕方式在这一阶地较为常见。

汉中盆地的北侧为秦岭山脉，南侧为巴山山脉，构成了整个区域景观的山形骨架。除平坝地区外，汉中盆地可大致划分为山岳区（秦岭山脉和巴山山脉）和丘陵地区（图1-4）。

秦岭山脉横贯于汉中盆地和关中平原之间，也是我国中部和南部自然环境的天然分界线。由汉中盆地的四阶平原向北，依次呈现低山区（海拔650~1200m）、中山区（海拔1200~3000m）和高山区（海拔大于3000m）的阶层分布。其中，低山区的许多山体构成了城市营建的重要山体骨架，是古代文学作品和地方志重点描绘记载的区域，城郊园林寺庙的营建也主要集中在该区域。

秦岭山地的河流众多，形成了一系列南北向横切山岭的谷地，这些谷地和支流相互交织。河流长期下切，形成了沟深较大的沟谷系统，这些沟谷在古代是交通和军事上的咽喉和关隘，古代的栈道系统就在这些沟谷中修建。

图1-4　汉中盆地典型地形剖面图
［图片来源：作者自绘，高程数据来自 Google Earth］

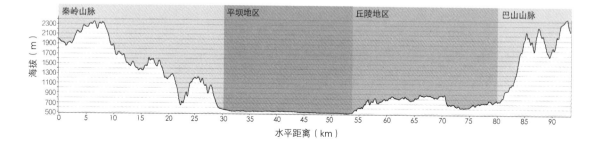

　　大巴山山脉位于汉中盆地和四川盆地之间，在汉中地区也被叫作米仓山。大巴山山脉的主峰海拔在2000m以上，往南以中山区为主。靠近汉中平原地区的则是海拔700～1200m不等的低山丘陵。丘陵地区山势和缓，多呈浑圆状和平梁山丘，谷形与秦岭相比也较为开阔。西乡盆地和汉中盆地之间，在冷水河中下游，西乡县城以北，一直到茶镇一带形成了一片海拔550～800m的丘陵，这里有塬、梁、坪、坝和沟等地貌形态，没有大型水利设施的开发，但在许多小坝地区分布有一些小型的堰渠。这一片区域也是狭义的汉中盆地与西乡盆地之间的分界带。

　　大巴山北坡的河谷地貌特点与秦岭山区不同，一般来说，该山区的河流都比较短，凡是流经灰岩地区的谷地多呈峡谷或嶂谷，或为干谷；流经花岗岩低山丘陵的谷段，河谷开朗，常年不干，阶地发育，河谷坝子棋布。大巴山同样也是阻隔四川盆地和汉中盆地的屏障，但相比秦岭而言，大巴山的地势更为和缓，修建道路更为简单，因此沿着山崖修建的栈道较少。

　　从区域的视角出发，秦巴山脉共同组成了四川盆地和关中盆地之间的天然屏障，"地形险固。东接南郡，南接广汉，西接陇西，北接秦州，秦蜀之巨镇也。汉水上游，梁山东险，控巴岷之道路，作咸镐之藩屏[1]"。这一方面塑造了汉中盆地独特的地理环境，带来了其在交通、军事和经济发展上的独特性；另一方面，层叠的秦巴山脉和深邃的山间幽谷也成为区域传统景观体系营建的重要基础。

第二节　水随地势：河流骨架

　　汉江作为盆地中心的干流由西向东横贯其间，来自巴山和秦岭山脉的支流流经汉中平原地区，汇入汉江之中，形成鱼骨状的水系格局（图1-5）。汉江在汉中盆地段，河面及河滩宽阔，比降小，水流缓，洪水河槽摆动大，冲淤变化显著，沙洲发育明显。汉中盆地内的汉江和一级支流在历史上均较为稳定，虽然河道局部可能随时间发生变化，但没有确切的较大程度的改道、断流等情况的记载。

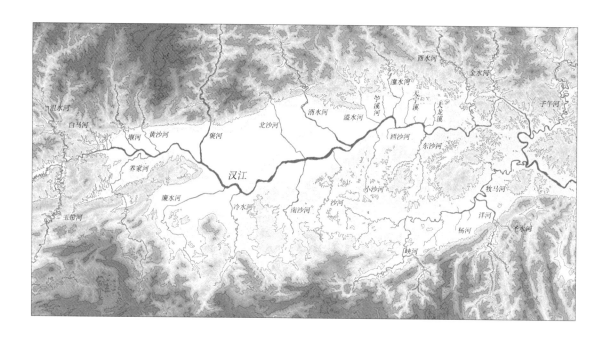

图1-5　汉中盆地主要水系分布
［图片来源：作者自绘，数据来源Google Earth］

下级的支流则在不同时期有变化，但由于史料记载并不完整，难以还原这些小型河流的历史空间形态。

　　汉中盆地内共有一级支流13条，其中南岸6条，北岸7条。这些一级支流成为支撑区域发展的重要骨架（表1-1）。汉江北岸的支流数量、长度和流域面积均大于南部，北部平原的面积也更大，因此汉中盆地内的城市和灌区多分布在汉江以北。其中，流域面积在2000km²以上，平均年径流量在10亿m³以上的河流有3条，即褒河、湑水河和牧马河。褒河和湑水河所在流域是本区灌区开发规模最大且堰渠体系最为复杂的地区，有着"汉中三堰"之称的五门堰、杨填堰和山河堰均由这两条河取水，民国时期修建的大型灌溉渠系褒惠渠、湑惠渠也同样从这两条河流取水。牧马河是西乡盆地内的干流，对西乡盆地而言，牧马河在水利利用方面较接近狭义汉中盆地中的汉江干流。

汉中盆地汉江一级支流 表1-1

位置	主要流经城市	名称	别名	平均年径流量（亿m³）	全流域面积（km²）
汉江北岸	勉县	堰河	度水、汪家河、旧州河	—	438.5
		黄沙河	铎水、外坝河	—	196.1
	汉中	褒河	褒水、黑龙江	15.31	3908.0
	城固	北沙河	文水、汶水、北河、文川河	0.75	—
		湑水河	湑水、左谷水、智水	12.26	2340.0
	洋县	溢水河	溢水	0.69	304
		灙水河	灙水	1.81	299
汉江南岸	勉县	养家河	漾家河、容裘溪水、洛水	3.61	566.0
	汉中	濂水河	廉水、廉泉	2.59	683.0
		冷水河	池水	6.64	660.0
	城固	南沙河	盘余水	—	—
		小沙河	堰沟河	—	—
	西乡	牧马河	木马河	18.93	2807.0

［资料来源：作者根据《汉中地区水利志》《汉中地区志》整理而成］

图1-6 汉江图·汉中盆地部分
［图片来源：雍正《陕西通志》大川卷］

　　"汉水横贯县境，沿岸平衍，河面广泛无定。平时宽约半里，一逢暴雨，辄弥漫至四五里。通行舟楫，无灌溉之利，故有'汉不灌田'之谚语"[3]。自古以来，汉中地区的人民依据河流特点，对这些河流进行不同的利用。其中，汉江和牧马河等盆地干流多用于航运，而盆地内的大部分支流则通过筑堰取水，发展灌溉农业，形成汉中盆地典型的古灌区。汉中的城市营建亦与河流密切相关（图1-6），大部分位于靠近汉江的一级阶地，并靠近汉江与支流交汇之处。

第三节 气候过渡：南北之界

汉中地区分为两个水平气候带，即北亚热带气候和暖温带气候，其分界线大致位于秦岭南坡800m等高线上。本文研究的核心区域平坝区主要位于800m等高线以下，属北亚热带气候带，是该地区光、热和水资源匹配最优的地方。

汉中地区地处北半球中纬度，形成全年降水的暖湿空气，主要来自印度洋的孟加拉湾，其次是西太平洋来自西南、东南海洋的暖湿气流层受米仓山、秦岭阻滞，使该地区雨量充沛，多年平均年降水量为700~1700mm。年降水量的空间分布呈现山区多于平坝、米仓山多于秦岭、东部多于西部的趋势。平坝区年降水量为700~900mm。

汉中盆地气温的地理分布受地形影响明显。西部低于东部，南北山区低于平坝和丘陵。海拔600m以下的平坝区年平均气温在14.2~14.6℃；一般海拔1000m以上的地方年平均气温低于12℃。

汉中地区年平均相对湿度分布基本呈南大北小态势。平坝地区、巴山山脉年平均相对湿度为70%~80%；秦岭山脉年平均相对湿度为71%~73%。汉中地区冬季受蒙古高压控制，风向受地貌影响，以致东北风与北东东风较多，春季东南季风北侵，夏季多东南或西南风。

参考文献：

[1] （清嘉庆）严如熤《汉中府志》卷三·形胜.

[2] （民国）王德基《汉中盆地地理考察报告》自然背景·地形.

[3] （民国）蓝培原《续修南郑县志》卷一·舆地志·川道.

第一节 水利系统的发展演变

汉水上游是华夏文明的发源地之一，从当地的李家村文化遗址可知早在7000年前就已经有种植水稻的记载。战国时汉中地区已是闻名遐迩的富庶之地，成为与关中平原、成都平原齐名的重要产粮区。从现有的考古学发现来看，这一时期河谷平川虽然以种植水稻为主，但农业开发形式正处于火耕水耨阶段[1]，汉中盆地南北边缘的秦巴山区尚处于森林茂密、野兽出没的原始状态，山地农业基本上没有开发。整体来看，这一时期汉中盆地尚未有支撑精耕农业的水利系统出现，盆地内部依然以自然的泛滥河流和荒草野地为主。

"汉中之渠，创之萧、曹两相国"[2]。汉中水利开发的记载最早可追溯至秦末。秦汉魏晋时期，汉中地区的水利发展以小型而分散的陂渠水利为主。根据1964年和1978年汉中地区出土的东汉砖室墓陂池和陂池稻田模型，可知汉中盆地在这一时期已有以小型的蓄水陂池和灌渠串联而成的陂渠串联水利[3、4]。南郑的王道池等六大名池即在这一时期修建[5]。北魏还记载有七女池、月池和张良渠，为典型的陂渠串联水利——"水北有七女池，池东有明月池，状如偃月，皆相通注，谓之张良渠，盖良所开也"[6]。根据鲁西奇等[7]分析，推测这一时期汉中地区典型的堰渠水利还未形成，主要灌溉方式为陂池灌溉和泉灌。

唐宋时期汉中盆地的水利建设有了突出的发展，以山河堰、五门堰和杨填堰为代表的堰渠水利工程在此时期发展成熟。北宋兴元府知府文同在奏状中总结了当时汉中府的水利环境："本府自三代以来，号为巨镇，疆里所属，正当秦蜀出入之会，下褒斜，临汉沔，平陆延袤，凡数百里。壤土演沃，堰埭棋布。桑麻秔稻之富，引望不及[8]"。"堰埭"即堰坝，表明了当时汉中盆地已经广开堰渠，大兴农耕，堰渠水利成为盆地水利开发的主要类型。到南宋后期，见于文献记载的大型堰渠就有褒水山河堰、湑水五门堰、百丈堰和杨填堰、灙水和溢水诸堰等十多个堰渠。这一时期以山河堰的灌溉面积规模来看，该地区的水利开发为历史最盛，但从汉中盆地区域整体来看仍然处于发展中阶段。根据史料记载，北宋山河堰灌溉面积达23万亩，为历史规模之最，其余诸堰灌田约50万亩，总共汉中盆地记载有的灌溉面积达70多万亩。此时的堰渠开发以南郑和洋州为中心，一些灌区如五门堰灌区因地形阻隔，还未发展至全盛状态。

明清时期汉中盆地的水利开发在宋代的基础上有所拓展，但其发展速度远没有唐宋时期快，在一些灌区的开发上甚至出现了萎缩后退的情况——如山河堰灌溉面积已经缩减至5.7万亩，约为南宋时期灌溉面积的四分之一。但整体上看，汉中地区的灌区开发还是在增长的，如五门堰灌区因斗山石峡的修建，使得斗山以南的大面积平原得以受惠于灌渠网络，大大提升了城固地区的农业生产能力。勉县、西乡等地区也兴修天分堰、圣水堰等大型堰渠，盆地平原地区已经遍布堰渠。

民国时期，在李仪祉等水利专家的规划设计下，汉中盆地灌溉系统得到了全面的更新。在古堰渠的基础之上，开创了汉惠、褒惠和湑惠三渠，与汉中"三堰"相似，这三个工程被称为汉中"三惠"。汉惠渠由汉江引水，覆盖了汉江以北勉县和褒城的大部分灌区。褒惠渠由褒水引水，堰首靠近山河堰一堰，整合山河堰灌区体

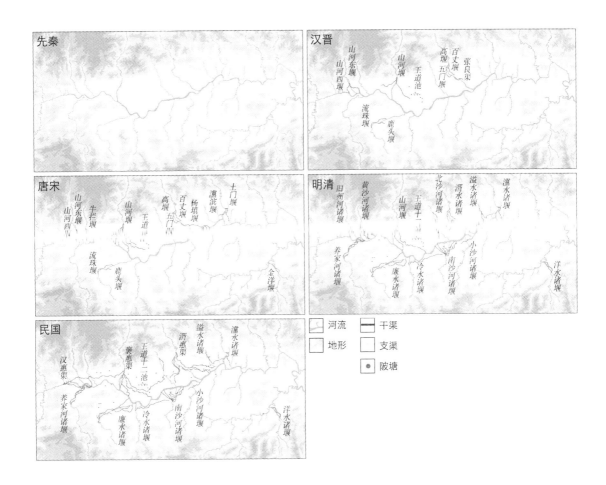

图2-1　汉中盆地水利支撑系统演变图
［图片来源：作者自绘，依据《汉中地区水利志》《汉中市水利志》《洋县水利志》《勉县水利志》《城固五门堰》等地方志书的记载和相关图纸绘制，底图数据源自 Google Earth］

系，覆盖了汉江以北南郑的大部分灌区。湑惠渠由湑水引水，渠首位于城固县升仙村，整合了湑水诸堰灌区，覆盖了汉江以北城固和洋县的大部分灌区。三惠渠的修建扩大了整个汉中盆地的灌溉面积，并将近代水利工程结构引入汉中盆地，中华人民共和国成立后其他的堰渠也逐渐被冷惠渠和湑惠渠等工程取代，形成的堰渠格局基本延续至今（图2-1）。

第二节　平坝中的堰渠水利

汉中盆地的水利事业，以灌溉为主，防洪为辅。灌溉事业，又可划分为堰渠水利、陂渠串联水利和冬水田水利三种。古代的防洪事业在汉中盆地诸县城中鲜有记载，其建置主要集中于西乡和勉县二县，规模较小。

　　汉中地区自古渠网发达，是西北极具代表性的灌区之一。清汉中知府严如熤曾对汉中堰渠水利的发展和其在西北地区灌区事业中的定位给出了明确的评价：

　　　　"西北渠利，其为水田种稻，惟宁夏、汉中。若秦之郑白渠，灌麦粟而已。今亦无存者，宁夏地极高寒，汉唐两渠所艺稻洒种，以利速成，收谷甚薄。汉中之渠，法极精详。汉川周遭三百馀里，渠田仅十之三四。大渠三道，中渠十数道，小渠百馀道。岁收稻常五六百万石，旱潦无所忧。古之有事中原者，常倚此为根本，屯数十万众，不事外求粮。其治渠之善，东南弗过也"[2]。

　　从严如熤一文中可以看出汉中高水平的堰渠水利技术。明清时期汉中地区有大型堰渠三道（即山河堰、五门堰、杨填堰），其他中小型堰渠数百条。得益于这些堰渠，当地水稻年产量很高，且基本不受干旱、洪涝灾害的影响，能够自给自足。

　　图2-2复原了明清时期汉中盆地的主要堰渠工程，可以看出，堰渠水利设施有着明显的以河流为轴汇聚和以城为中心聚集的特点，在大的汉中盆地灌区下又形成了一个个以城市和河流为中心的小灌区单元。表2-1以河流和地区为参照，总结了明清时期汉中盆地的主要灌区单元和堰渠工程。

　　汉中盆地的古代灌区水利设施，多称之为"堰"。筑堰引水是引河灌溉的重要方式之一，在汉中地区占据主导地位。"用河流之水灌溉者筑堰穿渠，使水自流入田。或不筑堰但筑排水、领水坝，或并领水坝而无之"[9]。

　　汉中盆地的堰渠水利体系主要由渠首、渠身和分筒口三部分组成（图2-3）。清代汉中知府严如熤曾总结过汉中堰渠的建造模式，概括了堰渠网络的基本结构：

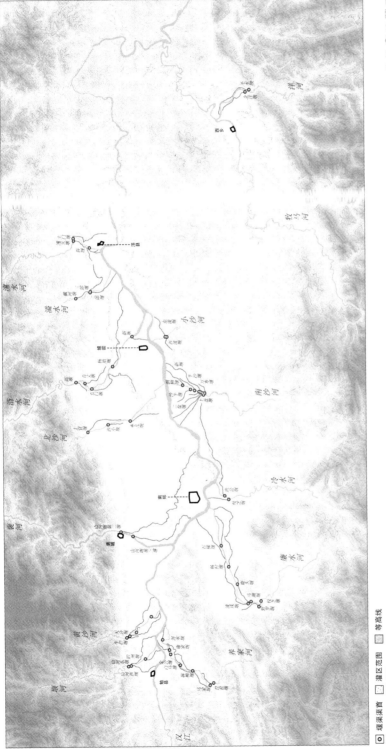

图2-2　汉中盆地明清时期古堰分布图

〔图片来源：作者自绘，依据地方志书记载、《汉中地区水利志》《汉中市水利志》《洋县水利志》《勉县水利志》《城固五门堰》相关图纸绘制，底图数据源自Google Earth〕

堰渠工程与城市、河流对应关系　　　　　　　　　　　　　　　表2-1

引水河流	影响城市	堰渠工程	"河—堰"关系	"城—堰"关系
旧州河	勉县	山河东堰、山河西堰、旧州堰	多首制	支撑单一行政区
黄沙河	勉县	牛拦堰、天分东堰、天分西堰	多首制	支撑单一行政区
养家河	勉县	琵琶堰、麻柳堰、白马堰、天生堰、金公堰、泑水堰、康家堰	多首制	支撑单一行政区
褒河	褒城、南郑	山河二堰、山河三堰	一首制	支撑双行政区
廉水河	褒城、南郑	马湖堰、野罗堰、马岭堰、流珠堰、鹿头堰、石梯堰、杨村堰	多首制	支撑双行政区
冷水河	南郑	班公堰、芝子堰、小石堰、隆兴堰、黄土堰、杨公堰、复润堰、三公堰	多首制	支撑单一行政区
湑水河	城固、洋县	高堰、百丈堰、五门堰、杨填堰、新堰	多首制	支撑双行政区
北沙河	城固	上官堰、西小堰、枣儿堰	多首制	支撑单一行政区
小沙河	城固	东流堰、西流堰	多首制	支撑单一行政区
南沙河	城固	万寿堰、上盘堰、下盘堰、新堰、平沙堰、沙平堰、莲花堰、倒柳堰	多首制	支撑单一行政区
溢水河	洋县	溢水堰、二郎堰、三郎堰	多首制	支撑单一行政区
灙水河	洋县	灙滨堰、土门堰、斜堰	多首制	支撑单一行政区
洋河	西乡	金洋堰	一首制	支撑单一行政区

[资料来源：依据地方志书记载《汉中地区水利志》《汉中市水利志》《洋县水利志》《勉县水利志》《城固五门堰》等整理]

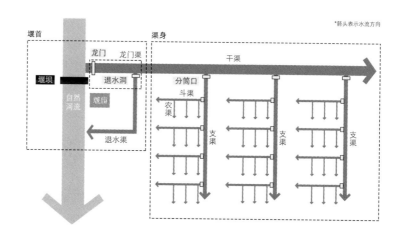

图2-3　堰渠体系结构示意图
[图片来源：作者自绘]

"拦河磊石块，横纵排木桩。渠身随地势，洞湃依田庄"[10]。

前两句即为堰首，拦水引流；第三句即为依据地形塑造渠身，自流引水；第四句即为塑造分水洞湃，浇灌各个田野村庄。

堰渠拦河引水的渠首枢纽又称堰首，主要由堰坝、龙门、溢流工程和附属建筑组成。

同一条河流上一般不只有一个堰首，因此有一首制和多首制的区分。"中国旧式灌溉引用河水者亦分为二种：一曰一首制，一曰多首制。一首制如昌时之郑国渠……汉中之山河堰亦然。多首制则如陕西之湑水、冷水、廉水等"[9]。一首制并非指整个河流只有一处堰坝，而是指该河堰坝多由某一大型堰坝主导，引水形成的干渠规模较大，往往干渠上还设有多处堰渠。河道上还可能设有该堰坝渠系的附属坝体，如山河堰的山河一堰、山河二堰、山河三堰和三河四堰，这些坝体被视作整体统一管理，故被认为是一首制。多首制即在引水河道上筑多个堰渠，堰渠的管理多是不同村落独立划分的。在明清时期，除了山河堰和金洋堰属于典型的一首制外，大部分堰渠网络都属于多首制。但到民国时期，褒惠渠、湑惠渠和汉惠渠的修建又将许多堰渠统一到一个渠系下，从而转变成一首制。

根据清代汉中知府严如熠在《修渠说》中对汉中地区堰首营造的记载，其要点可概括为以下几部分：

一是取水择地。堰首取水河道的选择对于灌区十分重要。一方面，考虑到堤防建设的难易，灌溉堰渠多以汉江支流为源，而不以汉江为源。另一方面，灌溉用水要清且暖。山阳面发源的水往往较暖，适合灌溉。沙河等河虽泥沙多，但多为沉淀浸出的清水，均能作为取水水源。这两个选址的思想一定程度上影响了汉中盆地水利关系的格局特征，前者使得汉中盆地自然河流开发呈现出"干流通航，支流灌溉"的水利功能划分；后者使得汉中盆地汉江南北两岸灌溉水利开发产生了明显的差异——与北岸相比，南岸堰渠的规模小，且多始建于明清时期，营建历史较短。这一差异与南岸地形起伏大而丘陵众多、土地含沙量大且河流发源地多为山阴面等原因有关。

　　二是设置堰坝。拦水堰坝在我国各个地区都有使用，据记载"水大则翻漫入河，小则障拦入渠[11]"，堰坝的作用在于旱季抬高河流水位，保证有足量的水进入龙门引水口，使得整个堰渠水量稳定。堰坝一般较为低矮，河水漫过坝顶流入下游，雨季也不影响泄洪。汉中堰坝注重在坝中留出缝隙，随季节而调整（图2-4）。

　　三是设置引水龙门。堰坝雍水的上游设置有龙门渠，即将河水引入干渠的枢纽结构。龙门渠为堰首最为重要的结构，为了更好地引水入渠，龙门一般选取在河道凹岸顶点的稍下游处，汉中地区大型堰坝的选址均符合这一特征（图2-5）。这种布置方式符合现代水力学中弯道环流的原理[12]。

（a）石笼坝体

（b）黏土夯筑渠堤遗址

图2-4　古代堰渠堤坝材料
［图片来源：左图引自汉中市档案馆，南怀谦摄于1904—1911年；中、右图为山河堰二堰堰首溢流坝遗址，作者摄于2018年］

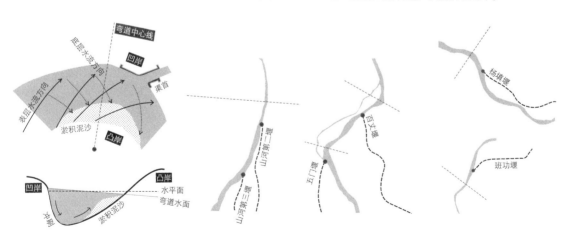
（a）弯道水力作用与龙门选址示意图　　　　　　　　　　（b）典型堰渠龙门选址

图2-5　龙门选址示意图
［图片来源：作者自绘，左图改绘自《中国古代灌溉工程技术史》，右图为自绘］

四是设置溢流工程。为了防止水流过大而对河渠造成破坏，堰首一般还会设置底部标高高于河渠正常水位的闸或者渠，在洪水时可从其上自动溢流，将洪水排回河道。诸多堰渠中，除山河堰采用了独特的侧方溢流工程以外，其余堰渠多采用退水渠的方式。

五是设置附属建筑。堰首常常是整个区域水利文化的中心，除了设置有管理用建筑外，还设有祠堂或庙宇，当地人称之为堰庙[7]。堰庙是祭祀的主要场所，庙内多立有塑像和碑刻，所崇拜和信仰的对象可分为三类，第一类为对该堰渠修筑有过巨大贡献的人物，如山河堰肖曹庙和杨填堰杨公祠；第二类为中国治水和农耕历史上有过创举的传说人物，如治平水土的禹王和教民稼穑的后稷，杨填堰的修建者杨从仪在汉江流域有过多次丰功伟绩，因此在当地被认作"平水明王"，被认为是保佑水利工程的福星；最后一类即为山、水自然和宗教故事中的神灵，如观音、龙王、土地和山神。五门堰堰庙就有祭祀太白三神，为湑水河源头和太白山的山神。

六是对堰首环境的保护。堰首是整个堰渠体系中生态敏感性最高的地区，诸多堰渠也注重堰首环境的保护。以金洋堰为例，清道光二十六年（1846年）至清咸丰八年（1858年），金洋堰首旁曾修筑有窑厂，"傍渠陶器，近水烧熬，由是渠坎迭见倾颓，禾稼频遭蚀剥。每逢秧苗正秀，阵阵噫风，叶渐转红，穗多吐白，设酿祷攘，靡神不举，卒莫挽回"[13]。窑厂修筑污染了堰渠上游水源，因此田亩种植遭到了极大破坏，当时村民经过公议，提出要移窑保农。为此当地人还做过实验，关闭窑厂一段时间，观察农作物生长的变化，结果当年农田收获颇为丰硕，证明窑厂的确为农田减产的重要原因，最后立下规定，严禁在渠首开设窑厂。这一活动体现出了当地重视环境保护和水利农业生产的态度，也体现了堰首工程周边环境保护的重要性。

堰渠由多个层级的渠道网络组成，根据现代水利分类的体系，一个大型的堰渠由干渠、支渠、斗渠和农渠等网络层次组成。汉中传统的渠系基本按照"干支斗农"的结构分配，干渠多以"堰"代称，支渠和斗渠则有"堰""洞""湃""渠""沟"等多种叫法（图2-6）。

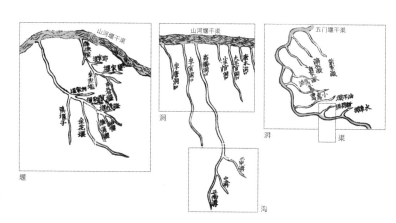

图2-6　古舆图中堰、洞、湃、渠、沟图示
[图片来源：作者自绘，舆图截取自雍正
《陕西通志》水利卷]

汉中知府严如熤在《修渠说》中对渠身的修建也有清晰的技术
总结，可概括为以下几点：

一是渠身的选址和尺度。渠的高度要高于田的高度，以实现自
流灌溉。因此在汉中诸灌区中，干渠多位于山麓地带，以保证灌区
最大化地用水。

二是渠身的工程结构。汉中传统渠身以土筑堤。堤岸两侧往往
种植有防护林带（图2-7）。这种做法在我国自古有之，《周礼》中
即有记载道"凡国都之竟，有沟树之固，郊亦如之"[14]。防护林的

图2-7　河渠堤岸防护林带示意图
[图片来源：引自《中国古代农业科技史
图说》]

作用主要为保持水土，减少渠水对渠堤的冲刷破坏。在民国五年
（1916年）县知事吴其昌布告中能够清楚看到当地人通过植被改善驳
岸生态安全性的做法。人们为保护各河堤，一方面加修工程设施，
另一方面通过植物种植固定堤坝，减少水土流失。

> "五门堰与百丈堰之河滩沙地，蓄荒植树以固堰堤，不得
> 开垦樵牧及砍伐树木，如有违犯，带案罚办……农民常沿河种
> 竹，借以固堤。沿汉江低凹沼泽地带，芦苇与什草丛生，高可
> 越人"[1]。

三是渠身的末端泄水。渠网最终往往引导进入自然河流，可以
是渠水的支流，也可以是汉江和牧马河等干流。

四是渠身上的立体工程。堰渠在修建过程中多会受到山体和水
系等自然条件的阻隔，在这些水利要口，通常需要修建渡槽、加固
堤岸和开挖石峡，以解决渠道自流灌溉引水与山水地势的冲突。这
些工程的建成能够扩大灌溉面积，对于区域发展意义重大。同时这
些工程设施也需要严格的监护管理，因此常常在工程附近营建具有
管理和祭祀纪念功能的寺祠。

这类工程大致分为两类，一方面，部分山脉丘陵的山麓贴近自
然河流，之间的平坝地区极为狭小，干渠经过时必须贴近河流或靠
近山麓，容易被河水或山洪冲刷破坏。这种区域往往会采用"火烧
水激"等方法开挖石峡或涵洞，如五门堰在斗山一带的石峡工程。
土门堰就得名于古人开凿的"土门"洞（图2-8）。

（a）斗山石峡　　　　　　　　　　　　（b）土门

图2-8　古舆图中的石峡工程
[图片来源：引自雍正《陕西通志》水利卷]

　　另一方面，山麓多是山中径流汇聚，冲刷最为猛烈的地区，在这种区域修建的干渠容易在雨季遭受破坏。部分堰渠也会被河流或其他堰渠等阻隔，影响输水干网的布置。这些区域往往修建堤堰、飞槽、新港和筒跹等设施，构建能够跨越复杂地形的立体引水系统。表2-2整理了文献记载中汉中地区古代堰渠所采用的立体引水技术。

汉中地区古代堰渠所采用的立体引水技术　　　　　　　　　　　表2-2

堰名	文献记载	引文来源	水利技术	舆图记载
灙兵堰	中经二涧，涧深广数丈，旧架木为飞槽，渡渠水以达于田。夏月，涧水暴涨，木槽荡然无复存。邑侯李用中创建石槽，以为渠道，以数丈之槽，利数千亩之田	《灙兵堰石槽碑记》张四术	飞槽	
土门堰	相近有贾峪河，出没无常，狂澜一倒，直断中流，陇亩间动苦枯竭。架长堤以障之。共修成石堰二座，飞槽九座，洞口一十四处，遂成元坏之业	《土门、贾峪二堰碑》李时孽	堤堰、飞槽	
溢水堰	渠傍山岩，岁遭山水冲塌。……县令亢孟检创修飞槽，后常损坏……县令柯栋计垂永久，刳木省费	《陕西通志》	飞槽	
百丈堰	东北有骆驼山，遇天雨，其水甚猛，横冲旧道，一岁间屡冲屡修。……建桥沟三洞，每洞阔四尺许，仍于两岸筑堤数十丈。遇暴水则用板闸洞口，庶洪流可御，而渠道元冲淤之患	《百丈堰高公碑记》	新港	
班功堰	各山沟水之进渠者，另作小渠障其沙，而引其流，其横水大渠不能容，则于渠上铺木石，令截渠径注之大江，橄府照磨	《修班功堰记》严如熤	新港、飞槽	

续表

堰名	文献记载	引文来源	水利技术	舆图记载
杨填堰	堰口下里许曰洪沟，又七里许曰长岭沟，尤钜且深，每逢暴雨，挟沙由沟拥入渠。旧设有帮河、鹅儿两堰以泄横水	陈鸿训《杨填堰重修五洞渠堤工程纪略》	新港	
山河堰	异时野水冲激，当潴以新港，出飞槽，悍水为柴纳。……二渠若新港，一万一千九百四十步，悉力浚之。因得桐板若角石状，而渠遂复。视比岁所修，深广倍之。使伐石十板，复置渠下，以为识用。……其渠港分流为筒跋者，九十有九	阎苍舒《重修山河堰记》	新港、飞槽、筒跋	

[资料来源：作者根据地方史志记载整理而成]

　　分筒口是干渠上的分水洞口，即控制水量大小的闸洞，通过闸洞的开合管理不同田地的供水。依据严如熠在《修渠说》中所述，大型渠道都有数十个分筒口，从而构成次级的渠系。

　　堰渠水利有着明确的管理体系。汉中地区自宋元至明清，基本按照"由受益田亩分担"的原则，"计亩出工"或"按亩纳费"。这一原则起源于北宋史照定下的山河堰"水法"，即以田亩的大小分配维护的劳工和费用。

　　汉中很早就设立了明确的水利管理组织。宋代，山河堰就设置有"长岁水夫"，负责堰渠的岁修工作。在元代以后，汉中地区开始设置专门的管理人员与机构，实行堰长制。在明代和清代前期，堰长即为每个堰渠维修和管理的总负责人，多为当地士绅担任的役职。而从清中期开始，一些大型的堰渠形成了更为完善的"堰首（堰会）—堰长—小甲（渠头）制"。堰会为负责管理大型堰渠的最高决策团体，堰首为大型堰渠的最高负责人，负责掌管堰首与干渠的修缮、岁修等重大水利事务。堰长和小甲为次级的管理人员，多为所灌田亩村落所选出夫工，常常为轮职。如在山河堰，堰长分管上坝和下坝，而小甲负责管理各个支渠。堰长和小甲虽为地方管理人员，但也需要兼顾其他地区共同协商管理，以应变随时变化的季节性河流状况。

汉中地区的水利制度大部分形成了明确的章规。汉中古代堰渠多由民间各举堰首，制定管理章法或乡规民约，刻石铭碑，以利管理。较大堰渠，官府为杜绝用水纷争，制有具体规定。山河堰宋代即有"两浇四渠平，流疏入田畴，制桐板以限其多少，量地给之，而民绝争矣"[16]。明万历年间汉中知府崔应科的《山河堰四六分水记略》和清康熙汉中知府滕天绶订《杨填堰分水约》等均是古堰渠的地方章规。

分水制度是水利管理制度的核心内容。根据支渠所灌田亩的位置和大小，汉中地区堰渠对于不同村落田亩灌田的用水时间和用水量都有明确的要求。一方面，根据田亩情况规定用水支渠的数量和分水洞口的尺寸。另一方面，汉中堰渠开洞放水的时间也有明确规定，大的干渠分水常常以日为轮，支渠通过烧香定下放水的时间，保证用水不浪费。洞口平时不用时要封闭，用时则要大开，涓涓细流往往容易蓄滞泥沙，有一定流速的水流才能保证渠道的健康。汉中盆地的诸多堰渠中，还有不少跨县的大型堰渠，如杨填堰跨城固县和洋县，山河堰与流珠堰等跨褒城县和南郑县，灌区管理制度中，均对这些跨县堰渠定有明确的分水准则，如杨填堰自古以来即有"城三洋七"的约则，根据两县的实际灌溉面积而定。

以岁修制度为代表的维护制度保证了水利系统的稳定。传统堰渠的拦水坝和堤坝等工程结构多以土和石为主，容易损耗，同时地表径流和河水泥沙带来的淤泥也会堵塞渠道，因此堰渠需要定期进行维护，清淤补堤。这一制度即为岁修制度。清代康熙以前，汉中地区的岁修每年只在春季进行一次，后为了提高田亩产量，尤其是增加冬春季节小麦的产量，又在秋季九月间再增修一次渠道，形成春秋两次的岁修制度。

生态环境的破坏事实上曾给汉中盆地的堰渠修葺带来了巨大的难题，汉中知府严如熤有诗总结了汉中盆地堰渠开发的问题：

"棚民盈川楚，山垦老林荒。翻动龙蛇窟，犁锄快截防。夏秋盛霖，砰旬裂层冈。沙石而下，河身高于堂。渠口日淤塞，碧略堆枉。翰漫浸原隅，高堤塌怒撞。大田苗枯楠，官吏屡忧惶。时势虽迁易，人力贵能匡"[10]。

以诗明确指出堰渠体系衰败的原因来源于山林的垦殖——随着山林的加速开发，汉中山体的水土保持能力下降，河流和山体径流的含沙量增加，渠内泥沙淤积，输水能力大大下降。严如熤提出了通用的方法，即通过加高堤防或迁移渠道来应对这些问题。针对不同堰渠，他也提出了各自因地制宜的修缮方法（表2-3）。

《修复各堰渠示父老词》总结汉中各堰渠特色问题 表2-3

诗文	对应渠网	主要管理问题
冷廉沙溢养，工微谋易臧	冷水、廉水、沙河、溢水、养水诸堰灌区	堰渠规模较小，容易解决问题
山河迫谷口，开港辟急扰。襄南齐宣力，安澜得口庆	山河堰灌区	堰首靠近谷口，需要新港疏水，且需要灌区共同参与管理，协作配合
杨填势纷挐，三七分城洋	杨填堰灌区	杨填堰有城固、洋县用水纠纷，按"城三洋七"执行
五门尤隳颓，东流日汤汤。河拦千丈窍，堤筑十里长	五门堰灌区	五门堰尤其衰败，渠水易泛滥，需要专门加大拦河和筑堤工程

第三节 山丘中的陂渠与冬水田水利

陂塘在汉中地区又称陂池和堰塘，是用于灌溉的蓄水工程[5]。汉中地区的陂塘，根据水源可分为泉塘和堰塘（图2-9）。泉塘"有平地涌泉，凿以为塘，兼收行潦之水，积深数尺，可资灌溉之利，不必尽在堰渠之大也"[17]。即泉塘为泉水水源处涌出积水处挖掘为

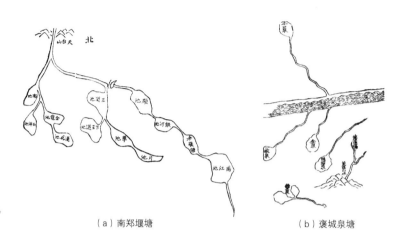

图2-9　古舆图中的陂塘
［图片来源：左图引自《续修南郑县志》，
右图引自雍正《陕西通志》］

（a）南郑堰塘　　　　　　　（b）褒城泉塘

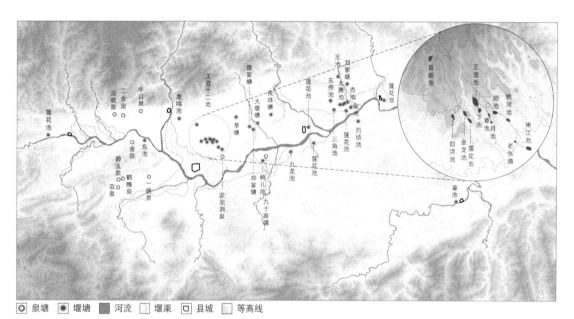

○ 泉塘　● 堰塘　█ 河流　▢ 堰渠　▢ 县城　░ 等高线

图2-10　汉中盆地志书记载明清时期陂
塘分布图
［图片来源：依据地方志书记载绘制，底
图数据源自Google Earth］

塘。而堰塘"凡山峡中两面，夏潦之所归，能为平原害者，皆可因
基挑挖，筑堤截之而为塘"[17]。即为在山洼处筑堤而成塘。

就空间分布而言，堰塘主要分布于汉中平原三级阶梯的波
状地区、浅山山麓和丘陵中，其灌溉范围基本与堰渠不相重叠
（图2-10）：

"水利之兴，其足资灌溉，厚民生者，不独溪河也。高陵

深谷，夏潦秋霖之为山涨者，皆可因地势凿陂塘，设法漏蓄，
以济大田之干涸。昔之良牧为民生计，以邑北乡地势高燥，视
南坝为瘠，凿地为池，以润干枯。老君坝各乡数十里中，处处
有小陂塘"[18]。

可见汉中地区的陂塘水利是与堰渠水利相分离而分布于地势变
化较大区域的水利模式，其主要分布于"北乡"，即山河堰、五门堰
和杨填堰等干渠以北的波状地带。除了干道池等大型陂塘湖中联于仰
小型陂塘在这些地区处处可见，数量不小。

除此之外，在汉中还记载有一些池塘和涌泉。这些池塘和涌
泉并未与泉塘或堰塘一样在志书中记载到"水利"相关的章节中，
而是记录在"山川"和"形胜"等章节中，鲜有灌溉亩数的记载，
这些池塘多为自然洼地水塘改造而成，如城固的莲花池和九十亩
塘等。这些池塘多被征为公用，用于补充灌溉水源、养鱼或种植
莲花。

汉中市武乡镇金寨至铺镇一带，有12口古堰塘。其中，王道
池、下王道池、草池、月池、顺池及南江池史称六大名池，至今仍
然发挥着灌溉的功能（图2-11）。根据汉中市毛寨清道光七年（1827
年）碑刻记载，上述的古池均"始于汉初，创自邴候"[5]。至清
朝，六池已经发展至十二池："王道池宽三百数十亩、下王道池、草

图2-11　王道池现貌
［图片来源：引自《汉中地区水利志》］

塘、月塘三池各宽百余数十亩不等、顺池宽二百八十亩、南江池宽
二百八十亩、铁河池、江道池、高池、塔塘、三角塘、老张塘六塘
各宽百余亩数十亩不等"[19]。

　　表2-4统计了现今汉中市王道十二池的情况，其基本保留并发
挥着灌溉功能。清朝《修李家堰石洞水平记》记载：

> "查天台各山沟水，注李家堰，堰旁小坝十余，溉田各数
> 十亩，其正沟自西而南注之各池塘，冬春干涸，无所谓争。夏
> 秋山水涨发，正沟由石桥分水处南行一里馀注王道池，接注下
> 王道等三池。石桥桥洞下分水为东沟，东流四里许注顺池，接
> 注南江等七池塘。各池塘所灌田藉堰沟，引水潴蓄，以备栽
> 莳……及山水暴涨，即开闸起板，俾水由东沟入汉江。如此，
> 则各池收水均无畸重畸轻，可相安，以复灌溉之利"[20]。

汉中市古池灌溉面积明细表　　　　　　　　　　　　　　　表2-4

名称	志载		今况
	塘面积（亩）	灌田面积（亩）	
王道池	250	420	中华人民共和国成立后改为小型水库，库容13.6万m³，灌田600亩
下池	100	250	小型水库，库容19.8万m³，灌田600亩
顺池	120	380	小型水库，库容10.6万m³，灌田600亩
南江池	120	380	小型水库，库容16.4万m³，灌田1000亩
首新池	150	400	位于武乡崔营村西，以养鱼为主，塘面约10亩
金龙池	120	300	位于老君乡金星村王家营，易塘为田
白洋池	100	180	位于老君乡龙家嘴，易塘为田
莲花池	120	290	位于老君乡何家湾，今名何家塘，面积80亩，灌田450亩
草池	50	120	在金寨乡王道池村西，现塘面30亩，以养鱼为主
月池	50	120	在金寨乡徐家营和牛家湾，塘面20亩，灌田110亩
铁河池	100	280	在金寨乡王家沟村，面积40亩，灌田140亩
老张塘	30	100	在新民乡安然寺村，面积约20亩，以养鱼为主
合计	1310	3220	

[资料来源：引自《汉中地区水利志》]

　　在南郑区北乡，近天台山处建有李家堰，引天台山夏秋季的汇水灌溉周边农田，该水渠下注往古陂池，通过分水口分为三个陂池序列，即王道池与下王道池等四池；新池与金龙池等四池；顺池与铁河池等四池。池南段有一沟洴，接入汉江，在山水暴涨时期用于排洪。由汉中所记载的陂池来看，其呈现出陂渠串联的水利形式，在非灌溉季节，通过灌渠引溪水将陂塘充满；在灌溉季节，优先以灌渠引溪水灌溉，若溪水不足，则打开陂塘闸门灌溉。

　　汉中地区的传统陂塘水利，除王道池等少数大型陂塘以外，多为百姓自己开凿，散布在农田村落之中。根据近代史料记载，在1949年，汉中地区即有陂塘10192口。"大渠、海塘创自官，小堰、泉塘，百姓必有观效而为之者，化惰农为勤农，寂粟如水火，此万世无疆之麻也"。由于陂塘规模小且数量多，许多堰塘在志书中鲜有记载，本研究复原的相关图纸中，陂塘仅标注了历史可考的部分，并不能反映其全貌，但大致能反映其分布的趋势。表2-5梳理了史志

汉中盆地其他县城志书记载陂塘情况　　　　　　　　　表2-5

县城	塘名	位置	记载/注释	塘面积
洋县	明月池	县东南二里		
	七女池	县东南二里		
	大唐池	县西二十余里（今前湾乡）	蓄溪流沼沚灌田。清代又称大池、小池	25亩
	百顷池	县西南十里（今小江乡）	汇小沙河水以灌田	20亩
	莲花池	县东南二里	种植莲花以观赏	
	刘家塘	十里塬溢水		
	王池	十里塬溢水		
	杏池	十里塬范坝		
	鱼池	六陵渡	记载于1996年的《洋县志》，中华人民共和国成立前当地著名堰塘	
	莲花池	十里塬谢村		
	东旁池	十里塬老庙		
	三角池	东坡		

续表

县城	塘名	位置	记载/注释	塘面积
城固县	九十亩塘	西南三十里	约九十亩，又云九圣母塘。按方位里程约在今上元观镇，今镇址北地势低凹，可能为九十亩塘故址。民国时期已辟为水田，塘无存。位于上元观镇西南500m处（三刘村北坎下），古代即玉泉和凉水泉所出泉水汇积而成	90亩
	九龙池	西南一十五里	俗传：有老翁见池畔九龙盘绕，呼众往视不见，惟翁见之。后人神其处，故名。今莫爷庙乡邵家村境内有九龙观	
	莲花池	东三里	产莲最盛，系公用，民不得私取之。位于今城东城关镇莲花办事处莲花池村。池逐步填作水田。今池虽不存，但地势低凹，显池形	10亩
	莲花池	南十二里	此池今已无存	
	鸭儿池	西南三十里	池中泥深，鹜鸟多集，故名。位于今上元观镇西、鲜家庙乡的鸭儿池村，村以池名。池已无存	
	大堰塘	熊家山乡		
	草塘	毛家岭乡		
	郑家塘	崔家山镇	记载于1994年的《城固县志》，清中期以前当地著名堰塘	
	雷家塘	崔家山镇		
	夜珠塘	龙头镇		
勉县	东池	县东三十里	勉水所溢也。唐贾岛寓褒城四十日，至勉与郑余庆避暑东池即此	
	莲花池	位于诸葛读书台		2亩
西乡县	鉴池	县西南	池中植荷，浮小艇其中	

[资料来源：作者根据地方史志记载整理而成]

上有清晰记载的陂塘。

　　汉中地区的泉塘，主要分布于古代褒城县周围，数量并不多（表2-6）。古代褒城县境内有古泉8处。泉塘与堰塘相比，为蓄泉水水源的工程结构，池面多在1亩左右。相较而言，泉塘仅仅是对堰渠和堰塘灌溉的补充，对区域景观体系的影响较小。

表2-6

灌溉用古泉表

泉名	地点	灌田
一碗泉	古代褒城县西南五十里苇池坝	100余亩
金泉	古代褒城县西南三十五里	300余亩
双泉	古代褒城县西南七十里	280余亩
淤泥洞泉	上流承双泉	700余亩
牛口泉	古代褒城县西北二十五里	100余亩
鹤腾泉	古代褒城县西南六十里	—
龙王泉	古代褒城县南五十里	数十顷
涌珠泉	古代褒城县西南五十里	—
没底泉	勉县东南四十里	100余顷
二金泉	勉县东南四十五里	1000余顷

［资料来源：引自《汉中地区水利志》］

　　汉中丘陵山地地区多梯田，而这些梯田大部分采用冬水田[21]之法。嘉庆时期汉中有诗"田高冬水足，树冷夏虫稀……山田无灌溉之利，冬日多雪，谓蓄冬水[22]。"汉中考古挖掘出的水田模型中有一类即为冬水田模型，可见这一模式在汉中地区有着悠久历史。冬水田是指为保来年栽插而蓄水越冬的稻田，能为水利不兴的山区种植水稻提供栽插用水保障，但也有休耕时间太长、土地利用率低等缺陷[23]。

第四节　大型代表性水利工程

　　汉中盆地自古以来就有大量的水利工程营建，且均有较为翔实的记载。其中，最具代表性的即有"汉中三堰"之称的山河堰、五门堰和杨填堰水利工程。这三项水利工程历史悠久，极具代表性，在2017年成功申报世界灌溉工程遗产[24]。同时，这三项水利工程也均是跨县（山河堰跨褒城县和南郑县，五门堰和杨填堰跨城固县和洋县）水利工程。褒惠渠、汉惠渠和湑惠渠又被称为"汉中三惠"，是山河堰、五门堰和杨填堰在民国时期的延续，贯穿多个县城而形成了庞大的渠系规模。

山河堰

山河堰在汉中有文字记载的古堰中历史最为悠久，其形成最早可追溯至汉代，但创立者和时间学术界没有准确定论。"汉中之渠，创之萧、曹两相国"[2]。山河堰的起源有两种说法。一说"兴元府山河堰灌溉甚广，世传为汉萧何所作"[25]。山河堰为汉初萧何所作。一说"山河堰盖汉相国懿英侯曹公所肇创"[26]。山河堰为曹参所作。据记载，山河堰"堰水旧溉民田四万余顷，世传汉萧何所为[27]"。此堰在宋朝之前最大已经可以灌田4万余顷。

入宋以后，兴元知府安守忠设立了山河军，在汉中地区屯田修堰，因此该堰得名为"山河堰"[7]。北宋时期，山河堰工程开始有详细的记载。宋庆历四年（1044年），山河堰已经建成了由山河第一堰、第二堰和第三堰组成的多堰首结构："于谷口作三堰，横截中流，左右分注。第一堰东西分两渠，溉褒城田；第二、第三堰分东四渠，溉南郑田，西四渠，平注褒城田"[16]。这一时期山河堰三个堰均分东西两侧引水，灌区覆盖了褒河东西两侧区域。南宋时期，山河堰经过多次修整，陆续增设堰坝，由原来的三堰增加到六堰。"谨酌民言，堰败，当自外增二垠；渠埋，当竞力通之。异时野水冲激，当浚以新港，出飞槽，俾不为渠病。……合六堰，袤一千二里〔百〕五十步，外增修二垠，皆精坚，可永勿坏。二渠若新港，一万一千九百四十步，悉力浚之"[28]。这一时期山河堰不仅渠网长度达到600km，而且修筑了新港与飞槽等立体水利设施和堰首的"二垠"溢流坝。南宋时期是汉中水利建设的高潮时期，"凡溉南郑、褒二十三万三千亩"[28]，此时记载的山河堰灌区面积最高可达23万余亩。

明清时期，山河堰的规模与南宋时期相比有所缩减。南宋时期的六堰也仅仅保留了两堰，即山河第二堰和山河第三堰，其总灌溉面积约5.4万亩。山河第一堰"在褒城北三里，一名铁桩堰，在鸡头关下桩，筑堰截水，东西分渠，溉褒城田。……今堰久废，其故址亦无可考，疑即自北而西导于褒城之野者"[29]。山河堰灌区的缩减，很大程度上是由于山河第一堰的废弃，导致第二堰干渠以北的大量灌区及褒水以西的大量灌区废弃。山河第二堰则仍在使用，"乃山河堰之正身也。旧堤长三百六十步，其下植柳筑坎，名柳边堰"[29]。山河第二堰堰下共分上下两坝，共溉田地44820余亩，合计有44道灌溉渠道。山河第二堰是明清时期山河堰灌区的主体，被称作"官堰"，其开发修整和用水均受到官府的重点组织和监管。相比之下，山河第三堰被称为"民堰"，尽管周边农民期望能加大第三堰的开发，但为了保证第二堰的用水，官府对第三堰的开发作出了明令限制。山河第三堰在第二堰下游约2.5km处，"于碍龙江中垒石，低小为堰，其工较省于第二堰，灌田之多寡亦悬殊焉"[29]。第三堰灌渠分为东西两沟，合计灌田2600余亩。

民国二十三年（1934年），李仪祉在汉中地区主持修建了褒惠渠，山河堰被纳入褒惠渠系中；1975年，石门水库在褒河谷口建成，褒惠渠工程被纳入石门水库灌区，改称为石门水库南干渠。南干渠北侧的浅山地区则新增石门水库东干渠，其为石门水库的主干渠，设计灌溉面积27万亩。随着汉中市城市的不断扩张，原山河堰灌区的大部分面积已经被城市所侵占。今日，山河堰第二堰所在位置保留有部分遗址，包括渠首残存木桩、溢流段石砌渠堤和干渠分段遗存等，均为清代所筑（图2-12、图2-13）。

山河堰的堰首位于汉中市河东店褒河谷口。其渠首工程历经多个朝代的修葺，曾发生过多次变化，但文献记载最为详细的为明清时期的山河第二堰和第三堰，其中第二堰为山河堰堰首的主体结构。

图2-14为山河堰渠首示意图，其堰首主体工程由拦河堰坝、引水龙门渠和龙门引水口组成。堰首通过堰坝提高上游水位，通过控制引水口向引流干渠输水，然后由干渠向灌区输水，是一个典型的低坝引水工程。在防洪方面，该堰采用了较为独特的干渠侧向溢流堰工程。为了减少洪水对堰首工程的破坏，山河堰"堰败则自外增二垠"[28]。根据周魁一等学者的推测[30]，这"二垠"是指设于引流干渠临河侧的两段溢流堰。当水流盛涨之时，洪水自动溢流，减少对渠首结构的破坏。

山河堰庙又叫肖曹祠或曹公庙，设置于山河堰东岸，"山河堰

图2-12 今山河堰航拍图
[图片来源：作者拍摄并改绘]

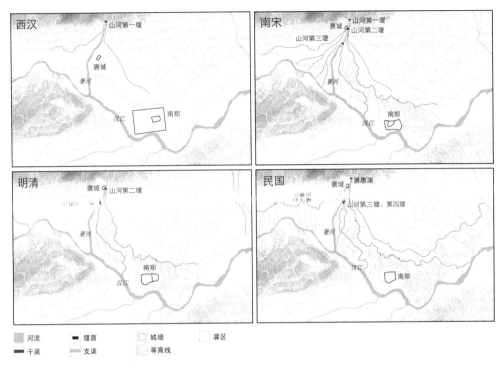

图2-13　山河堰历史演变示意图

[图片来源：作者自绘，依据地方志书记载、《汉中地区水利志》《汉中市水利志》相关图纸绘制，底图源自Google Earth]

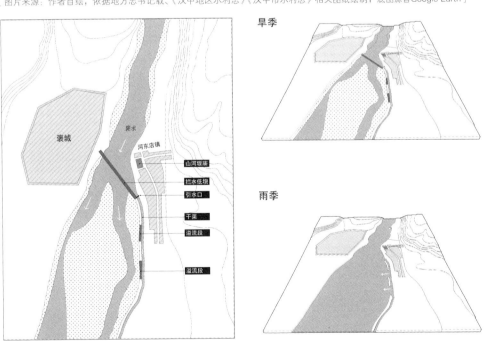

图2-14　山河堰堰首示意图

[图片来源：作者自绘，依据《汉中地区水利志》、周魁一《山河堰》绘制、底图源自Google Earth]

庙，县东黑龙江东岸，山河堰之左，以祀平阳侯曹参"[31]。该庙自宋代以前即已筑成，最初旨在祭祀曹参。明嘉靖二十九年（1550年）该庙被修葺一次，增设萧何像，从此同时祭祀萧、曹两人。古时南郑和褒城的人民都会在春秋时节来此祭祀，以保佑水利农事平安。河东店镇位于山河堰庙一侧，其古镇的发展结构受到山河堰庙的明显影响，其以山河堰庙为中心[32]，形成了一个T字形的典型城镇形态。山河堰庙内设有戏台等设施，亦是古镇重要的公共活动中心。

山河堰堰首不仅仅是水利上的重要枢纽，同时也与周边的古城建设和交通枢纽有着密切的联系。堰首所在之处的褒河西岸即为古褒城城址所在地，同时褒河谷口也是古褒栈道重要的入口之一。这一选址一方面便于当地人管理，另一方面也使堰首成为褒城风景的一部分。

山河堰堰渠经过了多次修缮，不同时期规模有所差异，其渠系应在宋朝最为广阔，但今无详细的史料记载。因此本研究以史料记载最多的明清时期的堰渠为例进行阐述，研究其修建和划分的特征（图2-15）。

图2-15　山河堰灌区明清时期渠网分布图
［图片来源：依据地方志书记载、《汉中地区水利志》《汉中市水利志》相关图纸绘制，底图源自Google Earth］

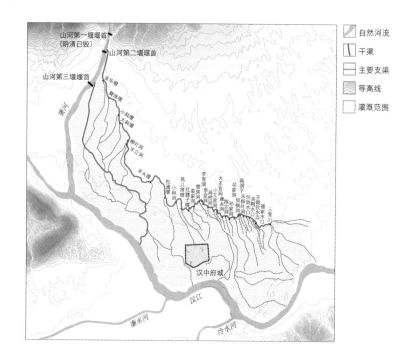

干渠是山河堰的主体，在部分古舆图中，这一结构也十分突出（图2-16）。

图2-16　山河堰古舆图
[图片来源：引自雍正《陕西通志》、民国《重刻汉中府志》、民国《续修南郑县志》]

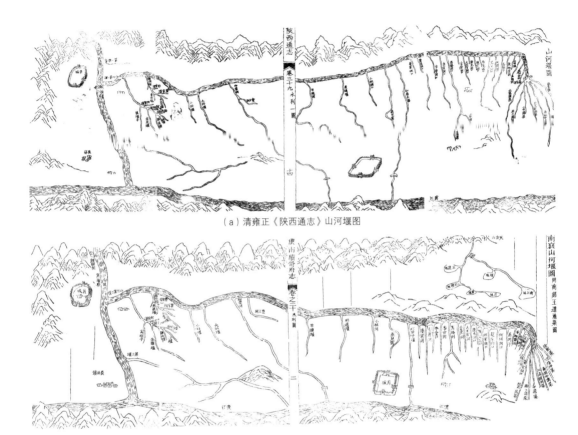

（a）清雍正《陕西通志》山河堰图

（b）民国《重刻汉中府志》南褒山河堰图

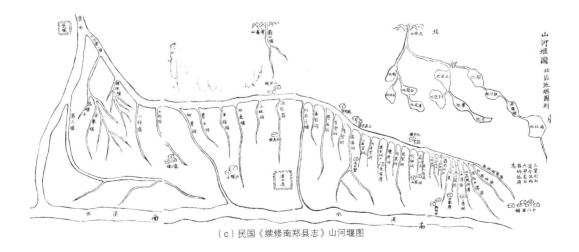

（c）民国《续修南郑县志》山河堰图

《续修汉中府志》记载了山河堰第二堰各支渠的情况：整个山河二堰干渠被分为上坝和下坝两个部分，上坝有金华堰和舞珠堰两个大型支渠，进而划分为12个斗渠，在支渠左右呈树状分布。下坝分高渠和低渠两渠，但根据舆图示意，高渠实为山河堰干渠的东延，低渠与上坝的金华堰和舞珠堰相似，为干渠下的一道支渠，其下有树状分支的三个斗渠。干渠末端至三皇川，呈放射性布局有7条支渠，设有木闸以分水。山河二堰的渠身布局在汉中盆地诸堰中规模最大，层次也最为复杂。

五门堰

五门堰位于城固县北，湑水河上，因为渠首有5个进水洞口而得名。五门堰的创始可以追溯到汉代，"五洞之下筒车九轮，昉自周世；唐公一湃，始于汉朝。……唐公湃始于汉朝，疏小渠以灌溉，流鼻底（斗山）而归河（湑水）"[33]。这一时期"五洞"的堰首结构基本确立，但干渠和支渠的规模并不大，仅仅记载有唐公湃一支渠，并以唐公湃指代整个水利工程，且整个灌区位于斗山以北。唐宋湃上有筒车九轮，灌溉斗山后湾即今许家庙镇竹园、后湾和新马院等村土地。

唐时，五门堰已经出现于文献记载中。"县治北谷，湑水出焉，有堰截水，分割其派，与湑相望而下，不十里皆抵斗山之麓。中抱石嘴，半中筑堤，过水碧潭。去此上流，横沟五门，恐水或溢，约弃入湑，用保是堤，因曰五门堰也"[34]。此时五门堰南不过斗山，在斗山以北形成一潭，名五门潭[35]。至南宋时，五门堰灌区已经十分富足，"岸之北，稻畦千顷，烟火万家"[36]。此时的灌区面积仅有3000余亩。

五门堰灌区的扩大，始于斗山山麓立体水利工程的修建。"访五门之渠，实起自汉矣。相传古来渠口丈八，上从洞口龙门，下至斗山鼻底，额粮车湃摊赔。至宋绍兴年间，薛公可光创斗峰接槽买民址，易渠道，水始下流"[37]。南宋绍兴间，城固知县薛可光主持在斗山山脚利用木槽绕过斗山，向斗山南侧引水。但由于木槽易损毁，斗山以南灌区并不稳定。南宋后期至元代前期，木槽被替换为过水石砌渠堤，引水通过斗山山麓，使得斗山南部灌区趋于稳定，灌溉面积提高到4万余亩。元代，知县蒲庸进一步对斗山的过水渠道进行开发加固，在元后期，五门堰灌溉系统得以稳定下来，灌溉面积达5万余亩。

明朝，五门堰灌溉系统日趋完善稳定。在明弘治五年（1492年），汉中府推官兼摄城固县令郝晟用"火烧水激"之法重开斗山石渠。"石峡（又称石峡堰）开宽后，深二丈，广倍之"，水量倍增，形成了五门堰干渠独特的堰坝——石峡结构。这一时期，灌区支渠网络也形成了三十六洞湃的格局，即由唐公湃、青泥洞、油浮湃等36个湃洞组成的分水渠网系统，灌溉面积可达5万余亩。清前中期，因为堰坝拥堵整修，这一系统有所调整，演变为"九洞八湃一渠"格局，灌溉面积维持在4万亩左右。清后期，这一格局又缩减为"十八湃"。灌溉面积不足4万亩[38]。

民国三十七年（1948年），李仪祉领导修建的湑惠渠建成，五门堰灌区被湑惠渠取代，当年实灌5.5万亩，1949年达到7.6万亩。1952年，由于湑惠渠水量不足，五门堰得到重修。当今，五门堰堰首的寺庙祠堂、引水洞口和部分渠系仍旧得到了较好的保护，为汉中地区保留最好的古堰工程之一（图2-17、图2-18）。

五门堰堰首工程由堰坝、引水口、引水干渠和退水渠闸组成（图2-19）。堰坝横跨湑水河，将上游水位抬升。现在使用的堤坝修

图2-17 五门堰灌区演变图
［图片来源：作者自绘，依据地方志书记载、《城固五门堰》绘制］

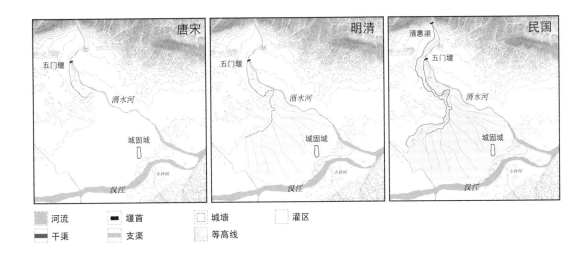

| 河流 | 堰首 | 城墙 | 灌区 |
| 干渠 | 支渠 | 等高线 | |

图2-18 今五门堰航拍图
[图片来源：作者自摄并改绘]

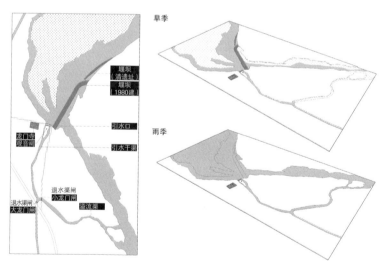

图2-19 五门堰渠首工程示意图
[图片来源：作者自绘，依据《城固五门堰》Google Earth绘制]

筑于1980年，在堤坝的东北有小段清代堤坝遗址留存。五门堰堰首采用的排洪体系为退水渠体系，即在五洞下500m处设置进水龙门和退水龙门两门。灌溉时，开启进水龙门向灌区输水，当洪水来临时，则开启退水龙门，洪水经过退水龙门后的泄水渠，重新排入湑水河中，以减少对渠堤的破坏。

　　五门堰作为城固地区的重要水利枢纽，自古以来就有"宁管五门堰，不坐城固县"的民间谚语，五门堰首就有专人把守管理，以监管五门堰的状况，而其居住的地方就与祭祀建筑结合，形成一组堰庙建筑（图2-20），包括龙门寺与观音阁两处。龙门寺位于堰首西侧，始建于明万历四年（1576年），为东西向三进二院结构，占地面积约1920m²。碑记有云"于堰西创立禹稷庙三间，使人人知重本之意。大门三间，二门三间，两旁官房二十余间，以为堰夫栖止之所，树以松柏，缭以周垣。于五门石堰择人守之，量给水田数亩，令其同时启闭，务俾水利之疏通"[39]。龙门寺历代为祭祀水神和修建五门堰有功名宦及管理五门堰人员居住用房。寺中自西向东延轴线布置有太白楼、禹稷殿和大佛殿三个主体建筑，古时曾塑有平水明王、太白三神、大禹、后稷和历代城固县令像。观音阁则位于五洞梁夹心台上，建于清道光十七年（1837年），与龙门寺一同组成了五门堰的镇水建筑组团——"中塑观音大士，左右配以龙王、土地、取其水土修和，镇静堤洞。"

　　五门堰堰首北部有一河心滩地，是河流多年自然变道而淤积形成，其动荡一定程度上会对堰首造成威胁。古人十分重视这一滩地的水土保持，将其作为五门堰堰首的一部分加以管理：

图2-20　五门堰堰首建筑布局
［图片来源：左图引自《城固五门堰》，右图为作者摄于2018年］

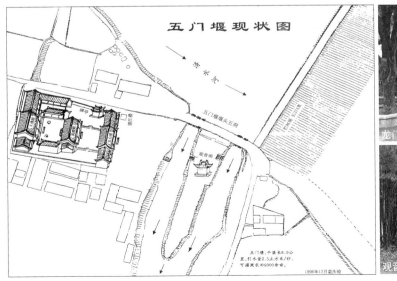

龙门寺

观音庙

"五门堰水利之溥，实为邑诸堰冠。待铺既众，则工程堰址之设备，自不能不极图周全。……本堰上游河心夹地，因数十年河道变更，淤积愈广，估计约足二顷……始将此段夹地，完全判还本堰管业，遂于县署传立专案[40]。"

根据碑记记载，该河心夹地曾因为权属不清晰，周边村民肆意砍伐河心地上的树木，开辟农田，导致频年溃堰，后为了保护这一片土地，该地被纳入堰务所管理。如今五门堰这一滩地仍存，种植有丰富的植被，呈现出一片湿地风光，是五门堰风景观光的胜地（图2-21）。

五门堰堰渠体系亦曾有过多次修葺，本文以明清时期三十六洞湃和九洞八湃一渠时期的堰渠为主要研究对象（图2-22）。九洞八湃一渠格局基本保留了三十六洞湃中的主干堰渠，但相比三十六洞湃灌溉规模明显有所缩减。

五门堰堰渠周边种植有护岸树，以柳和桑为主，以保持水土——"沿渠一带，遍栽柳树，培植堤根于未固"[39]。尤其是斗山等立体水利工程处，在堤岸栽植树木对于稳固工程有积极的作用，"飞槽新开渠道地址，均系五门堰置买……其沿渠栽树抪柳，仍为五门堰之所有"[41]。渠堤栽植树木，能够对堰旁农田起到一定的保护作用：

图2-21 雨季和旱季五门堰坝体及滩地风貌
[图片来源：左图引自中国数码摄影网，右图为作者摄于2018年]

"有五门堰西河坎上水田各一丘，先年被水冲崩，各仅剩田一分有奇，五门堰园绅，见水势直捣，逼近五洞，恐碍堰

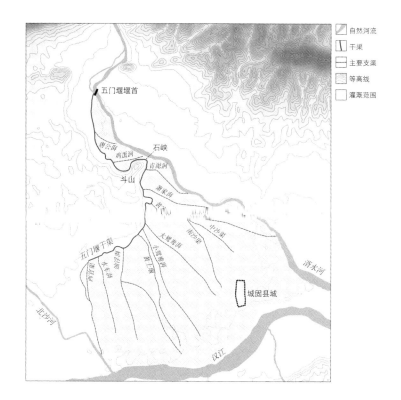

图2-22　明清五门堰灌区渠网布局图
［图片来源：作者自绘，参考《城固五门堰》绘制，底图源自Google Earth］

务，遂与民等田界内坎下，广蓄杨木，藉杀水势，以固河坎，民等所剩之田，于今赖以保存，本属一举两善，多年无敢毁伤"[42]。

　　在五门堰的灌渠工程中，斗山石峡的修建最为重要，也是五门堰工程的重要特点。斗山位于五门堰堰首以南1.5km处，位于湑水河左岸。由于山麓靠近湑水河，整个五门堰灌区被斗山截为南北两个部分，在山麓和湑水河之间的狭长地带建立连接南北灌区的渠道十分困难。至明代修建斗山石渠引水后，整个五门堰灌区才得以真正稳定下来，并形成以山南为主的三十六洞湃灌溉体系。斗山处也设有堰庙，供祭祀和监管人员居住，还开辟有山地梯田，供相关人员生活。"于斗山石峡，择人守之，量给山地耕种，令其常川巡护，以防奸民之阴坏"[39]。元代，斗山处就设置了蒲公祠，以纪念县令蒲庸修建元代的斗山石渠。斗山也因此成为区域景观中尤为重要的组

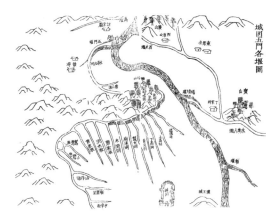
（a）民国《重刻汉中府志》城固五门各堰图

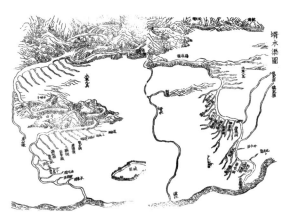
（b）清雍正《陕西通志》湑水渠图（左侧为五门堰）

图2-23　五门堰古舆图
［图片来源：引自民国《重刻汉中府志》、
清雍正《陕西通志》］

成部分之一，明代乐城十景之一的"斗山石鼓"描述的即为斗山石渠处的景观。斗山之重要，甚至强于堰首，在古舆图中，这一结构也被突出地表现出来（图2-23）。

杨填堰

杨填堰位于城固县北，湑水左岸，距离五门堰约5km。杨填堰的灌溉区域跨越了城固和洋县两县，有着独特的灌溉系统和管理体制。

杨填堰最初为南宋杨从仪所创，其名正源于"宋开国侯杨从仪填成此堰"[43]。在此之前，该地区记载有"杨填等八堰，久废不止"，即杨填堰并非新筑，而是杨从仪在过去八堰的基础之上修葺而成。

明朝杨填堰曾有较大一次修葺。据《重修杨填堰碑》所载，明万历二十七年（1599年）之前，杨填堰灌溉面积已经达到1.65万余亩，但是由于堰坝工程简单，堰体容易被洪水冲毁。此次重修改筑石渠，增加了渠口的五洞和沿岸的堤坝，并在渠口设立木闸，形成与五门堰相似的泄洪结构——"敞其门为五洞，傍其岸为二堤。水涨则用木闸以洳泛滥，水消则去木闸以通安流。"清初之后，杨填堰亦有几次大修，至清同治九年（1870年），杨填堰灌区的面积趋于稳定，约2.37万亩。杨填堰灌区在城固县境内有丁家营洞、姚家洞和梁家洞等8道支渠；在洋县境内有新开洞、柳家洞和北高渠共11道支渠。合计起来，杨填堰当时已有19道支渠。清康熙年间，由滕天绥颁布的杨填堰分工约和分水约中首次提出了"城三洋七"的用水和用工比例，这一分配方式一直延续到了民国时期。

　　民国三十七年（1948年），杨填堰的渠系被整合到湑惠渠灌区中。渠首迁移至湑水谷口，但修后该渠出现了部分供水不足的问题，因而又重修杨填堰，这一过程与五门堰是相似的。而"城三洋七"的分水比例，也调整为"城七洋三"。当今，杨填堰遗址留存有部分古堰坝，主体结构已经被民国时期修筑的新坝所替代，整体格局仍有所保留（图2-24、图2-25）。

图2-24　杨填堰演变图
［图片来源：作者自绘，依据地方志书记载与《洋县水利志》，底图 Google Earth］

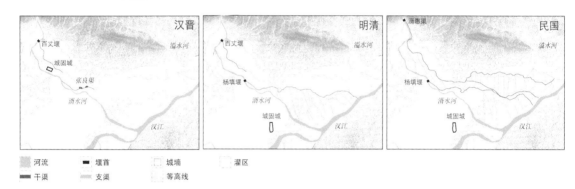

图2-25　今杨填堰航拍图
［图片来源：作者拍摄并改绘］

　　杨填堰堰坝又称截河堰。堰坝早期采用紧密的工程结构，完全挡住了河流，常常被冲毁，后来人们改用比引水洞口低的竹笼设施，使得水过大时可以有排泄的余地，堰坝得以不被冲毁。这与严如熤的修渠说所总结的理论经验是一致的。

　　杨填堰主要的泄水工程有两处，一处为堰首的邦河堰和湑水龙门，另一处为干渠所经宝山山麓的鹅儿堰。杨填堰的溢流结构为效仿五门堰所设计，名为湑水龙门，位于引水渠首下游950m处，在明万历二十三年（1595年），由城固知县高登明主持修建，具有泄洪和排沙的功能。除了湑水龙门外，堰首还有一处工程名为邦河堰，应为杨填堰龙门引水渠的一段堤岸，相传在清康熙时期就已经存在。邦河堰与山河堰第二堰的侧向溢流结构较为相似，可将洪水泄流到渠旁的河中，从而有效地保护干渠。在当代的杨填堰遗址和20世纪70年代的航拍影像中可以看出杨填堰引水龙门渠段有较长一部分滩地和林地，没有明显的农田开发痕迹，这可能就是邦河堰过去的泄水区。在雍正《陕西通志》的《堰水渠图》（图2-26）中，邦河堰的位置有一处双线示意，突出地表现了出来。但这一时期的图纸并未标出湑水龙门，可能这两种泄水工程是不同时期解决堰首泄洪问题的方式。

　　杨填堰的堰庙称为杨公庙，又名杨公祠、杨侯庙或杨四（泗）

图2-26　杨填堰古舆图
[图片来源：左图引自雍正《陕西通志》，右图引自光绪《洋县志》]

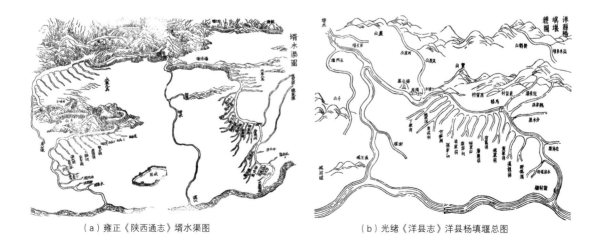

（a）雍正《陕西通志》堰水渠图　　　　　　　　（b）光绪《洋县志》洋县杨填堰总图

将军庙，位于杨填堰拦水坝下游4km，靠近杨公墓，在水北村（今丁家村）东。杨公祠不仅仅是祭祀的空间，也是水务管理的中心，其中设有堰局（图2-27）。在光绪《洋县志》的《洋县杨填堰总图》中，靠近杨公墓处也清晰地绘制了堰局建筑（图2-26）。杨填堰由于灌溉了城固、洋县两县的土地，水利纠纷较为严重，需要专门的机构进行管理。堰局就是负责商议这一用水纠纷的场所，堰渠的维护、工人的调度和费用的核算等相关工作都在此完成。根据记载，清同治年间杨公祠因战乱被毁坏，严重影响了由此进行的水务管理，民众十分重视此事，数年后对杨公祠进行了重修。记载有"于公局旧丘修杨公祠，上殿三楹，前殿三楹，后建小亭，与墓道相通，随修东西两廊官厅、上下工房、厨厩，统计大小屋宇四十余间"[44]。建成的新祠庙规模宏大，有着多层次的殿宇，有大小房屋40余间，而且有专门的道路通往杨公墓，形成一个整体性的建筑组团。当代的杨公祠和杨公墓只剩较为破败的遗址，并不如五门堰堰首的堰庙保存良好，其最盛时期的建筑格局已无史料可考，只能大致推算其空间位置。当代杨公祠的衰败可能与分水制度的改变、水务管理由堰局转向专门的水利局管理等原因有关，过去的乡村水利信仰和水利管理方式逐渐被替代。

明清时期杨填堰的灌渠系统，由杨填堰干渠和16条支渠组成，

图2-27　杨填堰渠首示意图
［图片来源：作者自绘，依据UGSC历史影像图绘制］

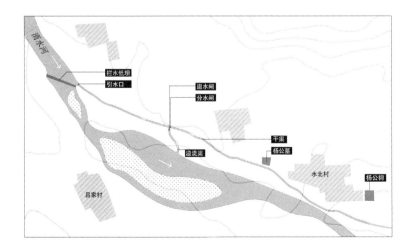

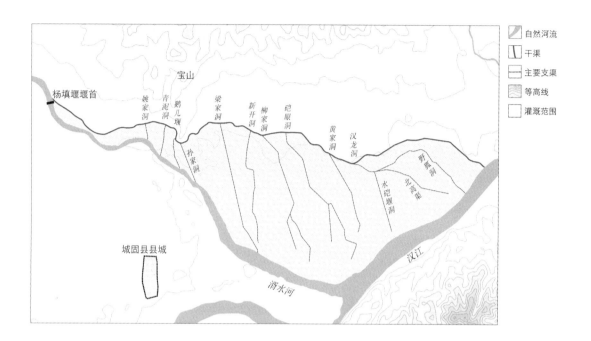

图2-28 明清杨填堰渠系示意图
[图片来源：作者自绘，依据地方志书记载与《洋县水利志》绘制，底图数据源自Google Earth]

支渠由梁家洞处分开，西侧支渠灌溉城固县，东侧支渠灌溉杨填堰（图2-28）。这些支渠下还分设有更小的渠洞，"合计一堰大渠内分水洞口，自留村起至谢村镇止，共四十九洞，其小渠内洞口难以悉计"[45]。其中30多条较小的支渠，在现存的史志中并没有准确的记载。

杨填堰过宝山山麓处修建有鹅儿堰，是杨填堰第二处重要的泄水设施。宝山山麓距湑水河很近，杨填堰干渠夹在湑水河和山麓之间，容易受到山洪冲刷的影响而崩溃，因此古代专门设鹅儿堰泄水。宝山上的惠香寺则在作为寺庙的同时，也供监管和修缮山麓水利工程的人们住宿休憩。

汉中三惠

"汉中三惠"即民国时期汉中盆地修筑的三个代表性水利工程：汉惠渠、褒惠渠和湑惠渠。因工程类型与修建时期等相似，因此在本节统一论述。

民国二十一年（1932年）和民国二十三年（1934年），陕西水利局局长李仪祉两次于汉中考察，制定了汉惠渠、褒惠渠和湑惠渠三渠的设计方案，开创了汉中近代水利建设的先例（图2-29）。

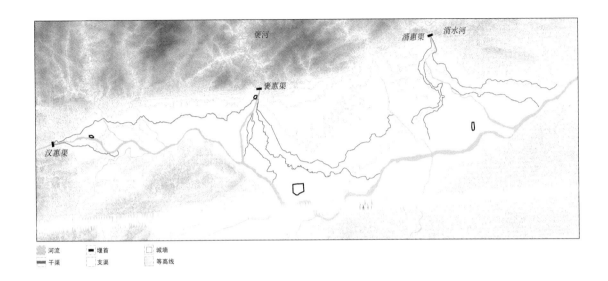

图2-29 民国时期"汉中三惠"渠网示意图
〔图片来源：作者自绘，依据《汉中市水利志》《勉县水利志》《洋县水利志》《城固五门堰》绘制，底图数据源自Google Earth〕

汉惠渠于民国二十八年（1939年）年开工，民国三十年（1941年）年大坝和北干渠基本建成并引水灌田，当年灌田1.4万亩。民国三十二年（1943年），开始二期南干渠建设，次年竣工，灌溉面积达到5.93万亩，1949年发展到6.27万亩。1957年，北干渠延长8.4km，从华阳河至褒河西岸。汉惠渠的修建，改变了汉中盆地"汉江不灌田"的旧谚，首次成功从汉江引水灌溉。1985年，石门水库修成，北干渠华阳河以东2万亩有效面积划归石门水库西干渠。

褒惠渠亦于民国二十八年（1939年）开工，民国三十一年（1942年）建成，当年灌田8.4万亩。褒惠渠工程分南北二干渠，其中南干渠由山河堰渠网改造而成。褒惠渠在建成后持续扩建完善，灌溉面积逐年增长，至1949年灌溉面积已增长至12.74万亩。中华人民共和国成立后，褒惠渠主要有以下几个增改：一是增加抽水站，到20世纪70年代已能灌溉上塬3万亩；二是1956年增建斗渠17条，三是修建蓄水工程，从1958年冬开始先后修建八里桥、段家沟、狮子沟与三岔沟4个小型水库和许多小型陂塘。至1973年，褒惠渠灌溉面积已经达到21.7万亩。1975年，石门水库建成，褒惠渠改称石门水库南干渠。

湑惠渠建于民国三十年（1941年），民国三十七年（1948年）初步建成，当年灌溉面积5.49万亩，1949年达到7.64万亩。湑惠渠分东西两干渠，渠系覆盖湑水诸堰区（五门堰、杨填堰和百丈堰等），但由于渠系本身取水量不足，建成之后并未完全取代五门堰和杨填堰的功能，古灌区仍然从原堰渠处取水。中华人民共和国成立后，1951年东干渠从石佛堂延长至雷草沟，1956年又延长至范坝，尾水入溢水河。1950年西干渠延长至文川河。1956年灌区修建大型水库雷草沟水库，到1978年建成小型水库16座，陂塘数十口。至今湑惠渠仍然发挥着灌溉作用。

　　汉中三惠渠为近代水利工程，渠首原理与古堰的堰首相似，但材料、做法和管理方式均不同。民国时期三惠渠渠首工程基本由拦河坝、进水闸和冲沙闸组成，褒惠渠还设有沉沙槽、排沙闸和渠闸（图2-30）。拦河坝为浆砌石溢流坝。进水闸与古龙门引水口功能相近，冲沙闸位于拦河坝一侧，靠近进水闸口，开启冲沙闸门，借水流的冲刷作用，将积淀在进水闸前的泥沙经闸孔泄至下游河道。

　　三惠渠渠首位置均位于盆地边缘的河谷谷口，为历史至今最高的取水点。褒惠渠位置据调查可能为古山河堰一堰堰首位置，湑惠渠渠首位于城固县以北升仙村湑水口，汉惠渠则位于汉江入汉中盆地谷口。与古堰堰首相比，近代渠系渠首位于陡峭的山谷中，在周边配置有管理站。

　　汉中三惠渠中的褒惠渠和湑惠渠均是在古堰渠基础之上建成，干渠位于古堰渠干渠以北，更靠近山麓，且干渠往往延伸至其他河

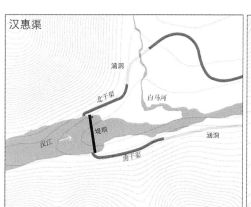

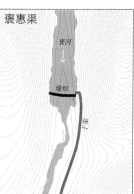

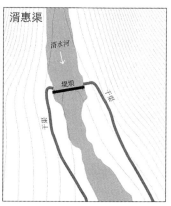

流支流排水，长度更长。因此渠系的灌溉面积和引水水量均强于古堰渠。汉惠渠由于引汉江水，渠网布置形式与古堰渠大相径庭，横穿沿途多个小型河流和古堰渠系，但干渠基本沿山麓布置，这与古堰渠顺应地形的开发方式是一致的。

渠网分水处设斗门向斗渠输水，分水闸分水，退水闸泄洪。与其他水系、地形交汇处也设有立体水利工程，主要为涵洞和排洪渡槽，主要水利设施旁多设有管理建筑。

三惠渠干渠相较于明清时期的堰渠网络更靠近山麓地区，在地形变化较为剧烈的地区，大量建设飞槽和涵洞，使得整体的灌溉面积大增，同时干渠逐渐由土石护岸向混凝土护岸转化，耐用性提高。

民国以前，由于人们对自然地形的改造能力较低，渠网多为顺应地形而建。汉中的阶地平原，尤其与波状地相接的部分地形并非绝对平坦，因此传统渠网在形态上更加弯曲多变，最突出的即山河堰干渠。民国时期，原有的渠网部分采取了截弯取直的处理，新修建的渠系也以平直的渠网为主，渠网的结构更加清晰、简洁，但与自然地势及水体的关系较为简单粗暴——很多与地势的冲突通过混凝土工程来解决，渠网天然的风貌有所减弱。

中华人民共和国成立后，三惠渠工程也得到了多次整修，在水

图2-31　20世纪70年代影像与渠系叠加图
［图片来源：作者自绘，依据《汉中市水利志》《勉县水利志》《洋县水利志》《城固五门堰》绘制，底图数据源自20世纪70年代KH卫星影像］

河流　　■堰首
干渠　　支渠

利模式上也有了一定变化，随着沿途水库和堤塘的增建，逐渐形成了以引为主，引蓄结合的"长藤结瓜"式的灌溉系统[5]。此时的蓄水水库和陂塘多位于波状地与平原阶地的边缘，古代分明的陂塘灌区和堰渠灌区在这一时期有所糅合，但仍然十分分明，从20世纪70年代影像图可以看出，干渠渠网作为两种景观类型的边界仍然十分清晰（图2-31）。

参考文献：

[1]　马强. 北宋以前汉中地区的农业开发[J]. 中国农史，1999（2）：29-37.

[2]　（清）严如熤《乐园文钞》卷七·修渠说三.

[3]　郭清华. 浅谈陕西勉县出土的汉代塘库、陂池、水田模型[J]. 农业考古，1983（1）：127-131.

[4]　秦中行. 记汉中出土的汉代陂池模型[J]. 文物，1976（3）：77-78.

[5]　《汉中地区水利志》编纂委员会编. 汉中地区水利志[M]. 西安：陕西人民出版社，1994.

[6]　（北魏）郦道元《水经注》卷二十七·沔水一.

[7]　鲁西奇，林昌丈著. 汉中三堰 明清时期汉中地区的堰渠水利与社会变迁[M]. 北京：中华书局，2011.

[8]　（北宋）文同《丹渊集》卷第三十四·奏状·奏为乞修兴元府城及添兵状.

[9]　（民国）李仪祉《陕西之灌溉事业》二·泛论灌溉.

[10]　（清）严如熤《乐园文抄》卷一 汉南集·修复各堰渠示父老词.

[11]　（清嘉庆）严如熤《汉中府志》卷二十·水利·陈鸿训 杨填堰重修五洞渠堤工程纪略.

[12]　张芳著. 中国古代灌溉工程技术史[M]. 太原：山西教育出版社，2009.

[13]　（清同治）《金洋堰移窑保农碑》.

[14]　（汉）周公旦《周礼》夏官.

[15]　穆育人主编；城固县地方志编纂委员会编. 城固县志[M]. 北京：中国大百科全书出版社，1994.

[16]　（清）《褒城县志》卷六·艺文志·窦充 修汉曹相国庙碑.

[17]　（清）严如熤《乐园文钞》卷七·塘田说五.

[18]　（清）严如熤《乐园文钞》卷七·修李家堰石洞水平记.

[19]　（清）严如熤《汉中府志》卷二十·水利.

[20]　（清）严如熤《修李家堰石洞水平记》.

[21]　（民国）王德基《汉中盆地地理考察报告》文化方景·农业.

[22]　（清）张问陶《留坝》.

[23]　陈桂权. 稻作与环境：清代以来四川冬水田的历史变迁与技术选择[J]. 自然科学史研究，2018，37（4）：461-471.

[24]　ICID: World Heritage Irrigation Structures (WHIS): https://www.icid.org/icid_his1.php.

[25]　（元至正）《宋史》卷九五·河渠五.

[26]　（清）严如熤《汉中府志》卷二十五·艺文上.

[27]　（北宋）欧阳修《司封员外郎许公行状》.

[28]　（宋）阎苍舒《重修山河堰记》.

[29]　（清）严如熤《汉中府志》卷二十·水利.

[30]　周魁一. 山河堰《水利水电科学研

究院科学研究论文集第十二集》. 北京：水利水电出版社，1982.

[31]　（清嘉庆）严如熠《汉中府志》卷十四·祀典 坛庙 祠宇.

[32]　李滨. 河东店镇传统聚落空间的演变与发展研究[D]. 西安：西安建筑科技大学，2011.

[33]　（清）《唐公车湃遵旧规按亩摊钱碑》.

[34]　（唐）周元贾《五门堰碑记》.

[35]　穆育人校注；城固县地方志办公室编. 嘉靖城固县志校注[M]. 西安：西北大学出版社，1995.

[36]　（南宋）比丘道虞《妙言院碑记》.

[37]　（清）《唐公车湃水利碑》.

[38]　郭鹏. 城固五门堰[M]. 汉中：汉中市地方志办公室，2000.

[39]　（明）黄九成《重修五门堰记》.

[40]　（民国）李杜《河心夹地碑》.

[41]　（民国）马文渊《五门堰接用高堰退水碑》.

[42]　（民国）《五门堰傅青云等认罚赎咎碑》.

[43]　（清）《城固县志》卷四·水利.

[44]　（清光绪）《洋县志》卷四·水利志.

[45]　（清康熙）《洋县志》卷二·建置志·陂堰.

第三章

农业生产塑造大地景观

第一节　农业生产系统的发展演变

汉中农业生产系统的发展演变主要体现在作物种植种类比例、农田类型和农田规模的变化。图3-1还原了不同历史时期汉中盆地不同类型农田大致的空间分布。

根据李家村文化遗址所发掘出的水稻遗迹，汉中盆地的农业起源可以追溯到距今7000年前。考古发掘研究得知这一时期以种植水稻、粟和豆类为主，汉中和西乡等地的遗址中发掘出石铲、石锄及骨铲等工具证明当时耕作的土地有软硬之分，分别对应水田与旱地。汉中地区在这一时期很可能为水旱兼作区。根据考古研究，汉中盆地最早普及的是以种植粟为主的旱地农业，主要位于高亢的平原和丘陵地区。这一时期，由于工具简陋，地广人稀，农田开发分散而无规则。

战国时期，汉中已经成为与关中平原、成都平原齐名的重要粮食产区。从中国西部地区的整体发展方式来看，这一时期沟洫农业是主要的水利利用模式，即依靠沟渠排水而非引水。井田制是主要的土地管理制度，而火耕水耨应为主要的种植方式。汉中

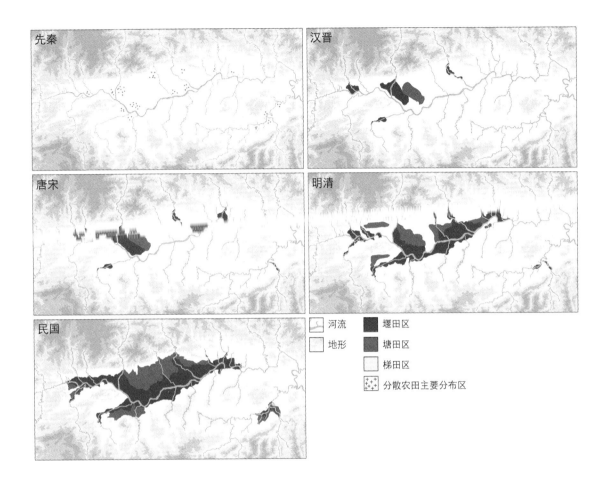

先秦　　汉晋

唐宋　　明清

民国

河流　　堰田区
地形　　塘田区
　　　　梯田区
分散农田主要分布区

在战国时期具有重要的战略地位，"取其地，足以广国也；得其财，足以富民[1]"，秦国夺得南郑后，进一步加大力度开发当地农业，日益富强，最终一跃成为七国之首雄。

秦汉时期，汉中农业得到突破性开发。山河堰、张良渠和王道池等引水与蓄水灌溉的水利设施在此时期初创，极大地提高了汉中的农业生产能力。汉中作为都城辅佐，成为关中的重要粮仓。汉武帝时期试图整修褒斜水道漕运，也是因"极需汉中之谷[2]"。在今汉中市郊区和勉县老道寺陆续出土过一系列的陶制陂塘和稻田模型[3]（表3-1）。这些模型一定程度上反映了该时期农田和水利设施的样貌。此时期汉中地区的农业以水田农业为主，多为塘田和冬水田，主要作物为水稻。

图3-1　汉中盆地农业生产系统演变图
［图片来源：作者自绘，依据志书记载绘制，底图数据源自Google Earth］

汉中地区出土汉代农田与陂塘模型　　　　　　　　　　　表3-1

模型照片	结构示意	简介	来源
		陂池模型1 考古推测为水库模型，水库中塑有蛙、螺、菱叶	1964年汉中县汉代砖室墓出土
		陂池模型2 考古推测为陂塘模型，圆形，池内有荷花、荷叶、鱼、龟、鳖、蛙和菱角。池坎上有一鸭子和蚂蟥	1978年勉县老道寺东汉墓出土
		陂池模型3 考古推测为陂塘模型，形态和内容与陂池模型2、陂池模型3类似	1978年勉县老道寺东汉墓出土
		陂池模型4 考古推测为陂塘模型，塘内无它物，塘底中间有一个圆孔，可能为放水孔。塘的一角塑有一只青蛙	1978年勉县老道寺东汉墓出土
		水田模型1 考古推测为水田模型，中间由一道田埂将水田分为两块，田埂正中有一个放水孔，田面上刻画有不规则的横向阴线	1978年勉县老道寺东汉墓出土
		冬水田模型1 考古推测为冬水田模型，田内有不规则形田埂，田块内有青蛙、鳝鱼、螺蛳、草鱼、鳖等动物	1978年勉县老道寺东汉墓出土
		陂池稻田模型1 考古推测为陂池（左）和稻田（右）模型，陂池和稻田中间有一低于模型边框的坝，坝中安有闸门，出水口为拱形，为提升式平板闸门，可控制水量。池底有鱼、鳖、螺和菱角。水出闸后向两旁分流。陂池高于稻田	1964年汉中县汉代砖室墓出土

续表

模型照片	结构示意	简介	来源
		陂池稻田模型2 结构与陂池稻田模型1相似，右侧农田中间有一渠道分隔，直对闸门。稻田上有横竖的田畦	1978年勉县老道寺东汉墓出土

［资料来源：作者根据考古资料整理而成］

　　魏晋南北朝时期，由于战事频繁，汉中农业发展有所衰退。隋唐时期，汉中地区的农业逐渐恢复发展。一方面，平川地区已经普遍实行稻麦分种，同时也增种了桑、麻和茶等经济作物。清康熙之前有记载"以原则麦，以田则稻，是以岁止一秋……渠堰所及之田，自冬徂春，皆为旷土，民不知其可麦"[4]。即在高田种麦、低田种稻，这一时期小麦与水稻分别依靠旱田和水田，分区明显。另一方面，此时期汉中的山地地区兴起了畲田农业模式，即以刀耕火种为主的粗放垦殖方式。人们开发土地的范围向山区拓展。唐代诗文中多见描绘汉中农业景观的句子（表3-2），表现了当地的农业风貌。

唐诗中的汉中农业景观　　表3-2

诗人	作品	诗句	描绘农田类型
（唐）岑参	《过梁州奉赠张尚书大夫公》	芃芃麦苗长，蔼蔼桑叶肥	小麦田
（唐）岑参	《梁州陪赵行军龙冈寺北庭泛舟宴王侍御》	唱歌江鸟没，吹笛岸花香	水稻田
（唐）岑参	《梁州陪赵行军龙冈寺北庭泛舟宴王侍御》	江钟闻已暮，归棹绿川长	水稻田
（唐）岑参	《与鲜于庶子自梓州，成都少尹自褒城，同行至》	水田新插秧，山田正烧畲	水稻田、畲田
（唐）郑谷	《送祠部曹郎中邺出守洋州》	开怀江稻熟，寄信露橙香	水稻田

［资料来源：作者根据地方史志记载整理而成。］

　　宋代，以山河堰为首的水利设施得到了大力修缮，汉中农业生产达到了空前的规模，在许多诗句和文献均记载了当时的农田景观（表3-3）。元朝时期汉中战事频繁，屯田开发不断向山地拓展，加速了丘陵地区的农业开发。

　　明清时期汉中"沟塍绮错，原隰龙鳞，灌溉脉在，畎浍周布，沮如污莱，悉茂稻粮"[5]，已然成为西北地区水稻种植的重要地区之一，这一时期农业最大的突破来自水利制度变革引发的冬水利用——清康熙三十年（1691年），滕天绶知汉中府，在调查中发现汉中堰渠"冬月渠水涸厥，田龟坼。……汉南气燠，无坚冰，冬水滢活，无不可灌者"[6]。即在清以前，汉中堰渠灌区只在春季修浚一

宋代文学作品中的汉中农业景观　　　　　　　　　　　　　表3-3

作者	作品	语句	描绘农田类型
文同	《丹渊集》	平陆延袤，凡数百里，壤土衍沃，堰埭棋布，桑麻禾亢稻之富，引望不及	整体农田风貌
吴咏	《汉中行》	稻畦连陂翠相属，花树绕屋香不收。 年年二月春风尾，户户浇花压醙子	整体农田风貌
不详	《妙严院碑记》	灌溉民田，盖其博也	五门堰灌区
王象之	《舆地纪胜》	稻畦千顷，烟火万世家	五门堰灌区
不详	《昌黎公洋川诗碑》	展开步障繁花地，画出棋坪早田。 野沃稻田秀，丰茸沿沟畦	洋县灌区稻田
韩亿	《洋州》	展开步障蘩花地，画出棋枰早稻田	洋县灌区稻田
蔡交	《洋州》	翠垒环封岭，清流跃野渠	洋县灌区稻田
韩缜	《崇法寺》	野沃稻田秀，末稆沿沟畦	洋县灌区稻田
郑郿	《游洋州崇法院》	晓色熹微麦陇间，杖藜徐步扣禅关。 两浇水足东西堰，一抹云收南北田	洋县灌区麦田
黄裳	《汉中行》	汉中沃野如关中，四五百里烟蒙蒙。 黄云连天夏麦熟，水稻漠漠吹秋风。 七月八月罂椑红，一家往往收千钟	小麦田、水稻田
陆游	《予行蜀汉间道出潭毒关下每憩罗汉院山光轩今复过之怅然有感》	麦陇雪苗寒剡剡，柘林风叶暮飕飕	小麦田

［资料来源：作者根据地方史志记载整理而成］

次，在秋季水稻收割后，并不做维护，而是等到下一年。滕天绥自此开始在灌区推行稻麦复种制，即在秋季再次疏浚堰渠，在收获后搁置的稻田上种麦，使得当地的麦产量大增。因此明清时期汉中农业生产也十分富足，在诗文中均有所描写（表3-4）。

随着明清人口数量的增多，低山丘陵地区的农田垦殖迅速扩大。"况复近岁来，低山尽村庄，沟岔无余土，但剩老青冈"[7]。旱地小麦的种植面积有所缩小，玉米和薯类等外来的粮食作物传入汉中，小麦和杂粮的复种模式也开始盛行，尤其影响了山地地区的小山种植。"清乾隆二十年（1765年）以前，秋收以粟谷为大庄，与山外无异……山内溪沟两岸及浅山低坡尽种苞谷、麻豆，间亦种大小二麦"[8]。

民国时期随着"汉中三惠"等渠系的修建，汉中堰田区相对占比扩大，塘田区则有所缩减。这一时期油菜开始广泛种植，多与水稻轮作，形成水稻、小麦和油菜一体化的轮作模式。由于油菜与其他经济作物相比种植面积大，花期景观突出，在西北地区独树一帜。

明清文学作品中的汉中农业景观　　　　　　　　　　　　　　　表3-4

时期	作者	作品	语句	描绘农田类型
清	邹溶	《瑞麦》	处处村庄庆麦秋，老农罕见此丰收。 轻花籔籔攒双穗，香粒垂垂簇并头。 翠浪受风低复湧，绿云接地刈还稠。 瞻蒲已获经年利，好向唐虞鼓腹游	麦田
明	文图	《入洋县道中》	沃野平平千里去，金城历历四山齐。 闲情更羡村居美，春绿池塘水满堤	水利设施与农田景观
清	佚名	《创修秋堰记》	四郊之外，沟洫交错，阡陌鳞集…… 将见冬水涓涓不竭，而四野麦浪翻秋	水利设施与农田景观
清	王穆	《游斗山记》	沟塍绣错，庐舍栉比	水利设施与农田景观
清	严如熤	《秋获词》	湖田到秋熟，山田"寒露"后； 原陇之间七八月，抢宝那能略停手	湖田和山田的差异
明	范时修	《分水》	作堰在春野，省耕来麦秋。 一渠新绿活，均作万家流	水利设施与农田景观

[资料来源：作者根据地方史志记载整理而成。]

第二节　旱田与水田

　　汉中盆地的农田类型，可以依两种体系分类，在空间上呈现出不同的分布状况（图3-2）。按所种植的农作物种类可分为旱田与水田；以农田所依托的水利类型可分为堰田、塘田与梯田。图3-2中，旱田与水田在空间上斑驳混杂分布，没有确定的边界，通过两者的占比显示其分布特征；堰田、塘田与梯田则根据地形和水利条件形成不同农田区域，有着清晰的分区边界。

　　水田、旱田两种类型的农田在汉中地区的分布与农田的水利形式、自然地势特征有着密切的关系（表3-5），《汉中盆地地理考察报告》总结了对应的规律——就水田的数量和面积而言，盆地中部泛滥平原及阶地平原由于堰田广布，水田数量众多，"尤密集于汉江各

图3-2　两种分类体系下农田类型空间分布状况图
［图片来源：作者自绘，改绘自《汉中盆地地理考察报告》］

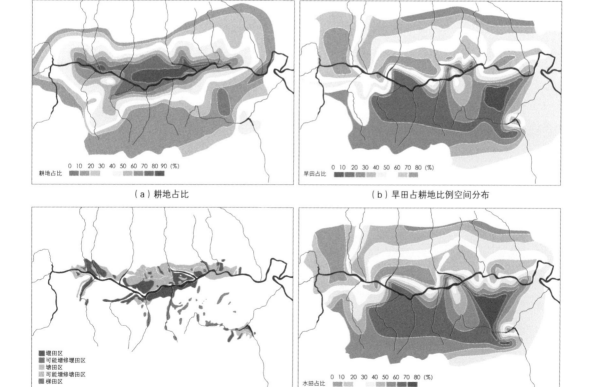

（a）耕地占比　　　　　　　　　　　　（b）旱田占耕地比例空间分布

（c）堰田—塘田—梯田分区　　　　　　　（d）水田占耕地比例空间分布

支流下游附近，谷地宽坦之火成岩丘陵地次之，余则水田寥寥"[9]。而若论及水田和旱田的占比，则大相径庭——丘陵地和山地反倒水田占比更大。报告对这一现象作出了如下解释：

> "盖以丘陵地及山地皆因地形关系，耕地稀疏，而此少数之耕地，率皆分布于适宜之田及种稻之谷地及其附件之低坡，故水田占耕地面积之百分比因而较高，反之，旱地则以在波状地带及阶地平原占耕地百分数最高　向外递减　下盆地山地，山势峻峭，水源不足，旱地增加，水田则相对减少也。"

汉中盆地水旱两田制与水利模式、地势特征的关系　　表3-5

地势特征	水田占比	水利模式
盆地中部波状地带及阶地平原之大部	<30%	堰田为主
火成岩丘陵地	>60%	塘田为主
盆地边缘山地	>50%	冬水田、山沟田为主

[资料来源：作者根据民国《汉中盆地地理考察报告》整理]

我国传统农业呈现出南稻北麦的典型特征，农业景观差异巨大，汉中盆地位于我国南北的分界带上，因此种植作物具有过渡特征。汉中盆地的传统粮食作物以水稻和小麦最具代表性，其中水稻产量最大，为汉中主要民食；小麦虽产量不如水稻，但其种植面积却最大[9]。除此之外，还有玉米、甘薯、马铃薯和黄豆等粮食作物。

在汉中地区，旱田区域多实行小麦和杂粮的复种制度。水田区域，自清开始，实行水稻、小麦复种制度，小麦在水稻收获之后种植，于冬季生长。这一种植方式使得汉中盆地不同季节呈现出不同的粮食作物景观（图3-3）。除了传统的粮食作物以外，汉中地区的

图3-3　汉中盆地不同季节粮食作物景观示意图
[图片来源：作者自绘]

油菜在近现代发展迅速，成为当地的重要作物。根据记载，20世纪70年代，以油菜为代表的经济作物占汉中地区作物种植面积的10%。20世纪80年代，经济作物生产快速发展，粮、经作物种植比例转变为4∶1；20世纪90年代达到7∶3。汉中地区油菜的种植面积，从中华人民共和国成立时的11.19万亩，到1995年已经提升到64.00万亩，2018年已达112.00万亩，增长极为迅速[10]。汉中油菜除在一部分丘陵山区种在旱地上外，大多与水稻轮作，是水稻的优良前作物。民国至今，油菜所形成的农田植物景观已经逐渐成为当地农田景观的重要部分。

第三节　堰田、塘田与梯田

汉中地区的农田类型与水利开发有着直接的联系，古人就将汉中与关中对比，认为汉中水利对于当地农业发展的影响正如郑白渠之于关中平原，是区域富庶的重要原因：

"神口治沟洫，耕凿歌尧乡。郑白二渠浚，关中称富强。汉南天下脊，形胜扼井疆。自古口武地，转输济口梁。膏沃千万顷，稻田水泱泱。内以足民食，外以裕军粮。美利怀创始，萧酂曹平阳。武侯继修治，宣抚为参详"[11]。

清代汉中地区的《浚水歌》以生动的语言，描写了汉中地区水稻生产、农田丰收与水利建设的紧密联系：

"汉南多杭稻，精者柔且旨。虽云树艺功，美利则资水。我来三载税桑田，遍历农家考源泉。共言酂侯辟沟浍，灌溉于今千百年。世世耕者食其利，只恐横流冲激至。因之绸缪未雨先，甫际冬春工即始。里井同时荷番锚，筑防决塞依成法。千支万派浸原田，直引褒斜水出峡。忽逢旱夏贵如琛，东肝西陌两相侵。为爱农工不忍废，停车劝讼待平心。始知滋培不容易，一茎一粒等兼金。南褒河，城洋西，泉流汩汩土成畦。但愿年年祝豚蹄，满车满篝乐鸡栖，余亦时来看一犁"[12]。

根据水利方式的差异，汉中农田可分为堰田、塘田和梯田三种类型（图3-4、图3-5）。该分类在《汉中地区地理考察报告》等诸多

图3-4 汉中地区农田类型对比图
［图片来源：作者自绘，数据源自Google Earth和20世纪70年代KH卫星影像］

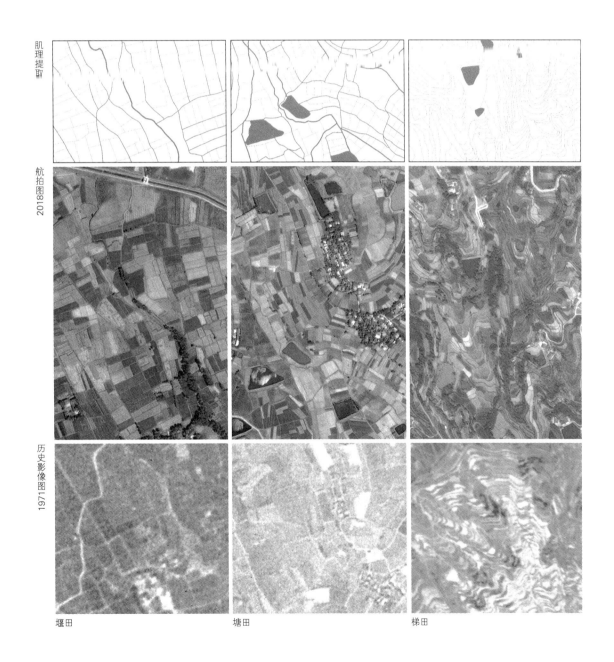

肌理提取

航拍图 2018

历史影像图 1971

堰田　　　　塘田　　　　梯田

图3-5 堰田、塘田和梯田航拍图
［图片来源：作者自绘，照片源自《真美汉中》］

资料中广为采用。民国《全县经济调查报告书》中还将汉中田细分为河堰田、山沟田、土旁田、漕田、雷公田、坝地、坡地和山地八种，其中坝地、坡地和山地分别描述了农田所在地理特征，其余则是水利利用方式。记载中提到"其中以河堰田及坝地为最优，唯数量甚少。山沟田、土旁田、漕田及坡地为数较多，可视为中等田地；高地及多山地方，仅有雷公田及山地"[13]。

堰渠灌溉农业区位于汉中一二级平原阶地，主要分布于汉中盆地和西乡盆地中部，地势较低且坡度平缓。由于水源充足，地势适合挖渠引水自流灌溉，该区以堰渠灌溉为主，鲜有陂塘等蓄水设施，所作之田在当地被称为堰田。该区是整个汉中地区农业最发达的地区和最主要的粮油生产基地。

堰田既可作水田，也可作旱田。汉中盆地降雨量不如我国湿润多雨的东南地区，旱田水田比例的分配不当极易导致用水分配不均，对一些优质的农田造成浪费。在当地的农田管理制度中，水田和旱田的比例、位置都是根据堰渠的状况而定的，不得私自更改，尤其是不能私自将旱田改为水田。

堰田以种植粮食作物为主，其中又以水稻和小麦最多。经济作物则以油菜为代表。其中，水稻播种面积占该区总面积的40%，是该区最主要的作物。小麦的数量仅次于水稻，旱地和水田种植均有。

梯田与塘田都是地形起伏较大地区的农田形式：

　　"渠堰灌溉以外，亦有赖塘水或蓄水田中灌溉者，是既所谓之塘田与冬水田，亦以火成岩丘陵地分布为最广，水成岩丘陵地、波状地区、阶地平原及山地中亦散布之。在火成岩丘陵地之塘田、冬水田及引溪流灌溉之田约各占三分之一"[9]。

　　陂渠灌溉农业区位于汉中三级平原阶地。该区林地覆盖较差，水土流失比较严重，由于地形起伏，难以从河道引流灌溉而易积水，灌溉形式以小型的陂塘为主，陂塘通过堰渠串联形成陂渠串联的灌溉形式，所灌农田在当地被称为塘田。散布于起伏丘陵中的陂塘与依地势条带状分布的田块是该区典型的农业景观风貌。灌渠则依地形环绕在农田当中。该类型的农业以旱作为主，但也有部分水田。作物种类主要有小麦、玉米和薯类。水田则种植水稻和油菜为主。其中，小麦是该地的主要作物，与其他杂粮复种。

　　梯田集中于汉中盆地南侧的大巴山浅山丘陵地区。梯田的灌溉依附于冬水田水利。"山田土较瘠，冬仍蓄水以养地力，兼防次年乏水，俗称冬水田。又名一季田"[14]。梯田所在地形更加陡峭，田块在肌理上顺应地形走势，弯曲曲折，田块小而密集。

参考文献：

[1]　（西汉）刘向《战国策》秦策·司马错论伐蜀.

[2]　（东汉）班固《汉书》食货志.

[3]　秦中行. 记汉中出土的汉代陂池模型[J]. 文物, 1976（3）: 77-78.

[4]　（清嘉庆）《汉中府志》卷二十七·艺文志·邹榕《汉中守滕公劝民冬水灌田种麦碑记》.

[5]　（明嘉靖）《汉中府志》.

[6]　（清嘉庆）《汉中府志》卷二十七·艺文志·邹榕《汉中守滕公劝民冬水灌田种麦碑记》.

[7]　（清）严如熤《三省边防备览》卷十四·艺文下·严如熤《棚民叹》.

[8]　（清）严如熤《三省边防备览》卷八·民食.

[9]　（民国）王德基《汉中盆地地理考察报告》文化方舆·农业.

[10] 郭鹏主编；汉中市人民政府主修；汉中市地方志编纂委员会. 汉中地区志[M]. 西安：三秦出版社，2005.

[11] （清）严如熤《乐园文抄》卷一 汉南集·修复各堰渠示父老词.

[12] （清）梁文煊《浚水歌》.

[13] 民国《全县经济调查报告书》.

[14] 民国《续修南郑县志》卷三·政治志·实业.

第一节　交通系统的发展演变

　　夏商时期，汉中南北的山地中即开始修建道路，成为中原沟通西南的重要通道。"褒斜之道，夏禹发之，汉始成之，南保北斜，两岭高峻，中为褒水所经。春秋开凿，秦时已有栈道"[1]。在夏禹时期，褒斜道等驿道为普通的山路，春秋战国时期，秦国和蜀国各据关中和四川盆地，汉中位居两者之间，是南北交通联系的枢纽，也是两国反复争夺的军事要地。在两国之间频繁的军事活动下，各个栈道逐渐修建完善，秦灭巴蜀以后，为了加强对西南地区的控制，又进一步加快对栈道的扩建，"栈道千里，通于蜀汉"[2]。这一时期，陈仓道、金牛道、褒斜道、米仓道、瀍骆道、子午道等栈道均已建成。

　　夏商时期，汉江已经有用作渡河的记载——《尚书·禹贡》中写道"西倾因桓是来，浮于潜，逾于沔，入于渭，乱于河"[3]，其中"沔"即为汉江。

　　栈道系统自秦汉时期格局即已定下，是当时重要的军事设施。两汉开始，栈道系统因为南北的战事反复拆毁和重建。因此虽然有

大量栈道的兴修，但这些栈道也在战乱中遭受了各种程度的破坏，
于曲折中逐步发展。南北朝至唐代之间，完成了连接陈仓道北段和
褒斜道南段的连云栈开通工程、金牛道北段的改道工程以及广元经
阆中至成都的金牛道复线的整治工程，蜀道主线的地位逐渐凸显和
固定。此外，汉中盆地内部的郡道在这一时期也建成了沿汉江，连
接南郑与褒城的T字形干线。

　　秦汉之后，我国各个朝代长久定都于关中地区，这极大地促
进了汉江航运的发展。中南地区的物资利用汉江水陆转运至京城，
成为最便捷的途径。沿汉江干流前往汉中盆地的中心南郑，由秦
岭栈道北运而入关中，这是江汉平原一带与关中交通往来最便捷
的路径。

　　唐朝，国家趋于稳定，也是关中地区在历史上最为鼎盛的时
期，为了巩固南北的联络，国家大力支持栈道的维修和扩建。直至
宋朝，国家的国力和经济发展迅速，栈道系统成为关中与四川盆地
间商贸交易的重要渠道。这一时期栈道功能由军事逐渐向商业或行
旅过渡，栈道的形制也逐渐充实，邮驿和亭阁等设施大量出现。"旧
路自凤州入两当至金牛驿十程，计四百九里，阁道平坦，驿舍马铺
完备，道店稠密，行旅易得饮食，不为艰苦"[4]。栈道更多地为往
来的商人和旅客所用。不少文人通过栈道往来南北游学，在旅途中
留下了大量描绘栈道山水风光的诗画，赋予这些交通设施诗画的景
观意象。安史之乱大运河漕运中断，汉江一度成为全国性的经济动
脉。北宋时期，因汉中是距西北游牧民族最近的茶区，其也成为茶
马互市的重要货物集散地。

　　明清时期，关中地区已不再是国家经济政治中心，栈道的发展
也因此进入衰落期。大量的栈道因为年久失修而逐渐凋敝，往来的
商贸行旅也逐渐减少。原本郡道等级的许多道路在这一时期被辟为
官马支路。

　　在夏、商、周、秦、汉、西晋、隋唐以及北宋时期，以输送贡
赋钱粮为主的官府漕运是汉江水运的功能核心。远离政治中心后的
汉江在朝廷的眼中不再是直接关乎朝廷或社稷安危的漕运枢机。

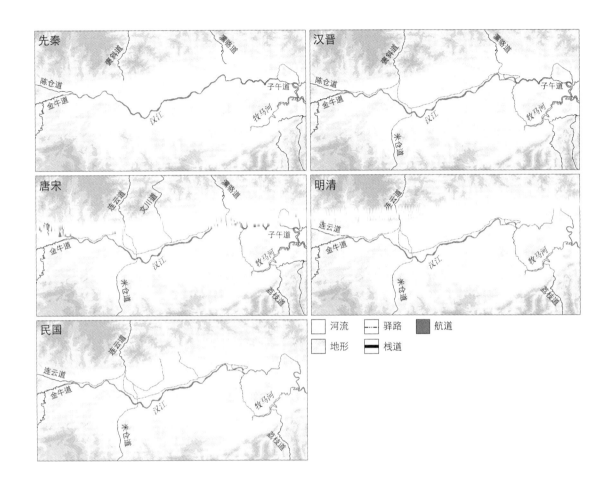

民国时期，公路运输开始于汉中出现，其基本在原有的驿路系统上建设而成。汉中地方公路始建于民国二十一年（1932年），即汉中城西关至龙江铺公路。抗日战争期间，汉中围绕汉白和川陕干线公路修建了南石、烈阳、沔阜与恒关公路，总共188km，但因经费不足，建设并不完整。民国三十六年（1947年），政府把经过汉中的西万、汉白和褒棋公路规划为国道，纳入网络[5]。民国时期修建的公路，由于资金、技术和材料等多种因素制约，路桥不能配套发展，仅有鸡头关永久性公路大桥1座，余多为石台木面临时性或半永久性桥梁，汉江和嘉陵江仍以船渡为主（图4-1）。

图4-1　汉中盆地交通系统演变图
［图片来源：作者自绘，依据《秦巴栈道》、《陕西古代道路交通史》绘制，底图数据源自Google Earth］

第二节　跨区对外交通网络

　　"栈阁北来连陇蜀，汉川东去控荆吴"[6]，汉中盆地自古以来就是连接我国几个重要地理单元的枢纽。从国土尺度的交通网络来看，汉中通过跨越秦巴山脉的栈道系统连接南北方向上的四川盆地和关中平原，通过东西方向的汉江水运连接我国东部地区，尤其是江汉平原地区（图4-2）。

　　汉中对外的水路交通以汉江航运为主，牧马河和洋河也可通航，三者均为古代陕南地区和汉江流域重要的航运段。汉江在平坝区的诸多支流鲜有航运功能，仅褒水、湑水等大型水体有放运木材的功能。汉江在汉中盆地平坝区河流宽度、摆动幅度比山岳区显著增大，江水不深而河床多变迁。由于汉江南部多为花岗岩丘陵区，由花岗岩风化所成之沙随江流冲刷入汉江，在汉中盆地段产生了大

图4-2　汉中盆地古代对外交通干网示意图
［图片来源：作者自绘，依据《秦巴栈道》《陕西古代道路交通史》绘制］

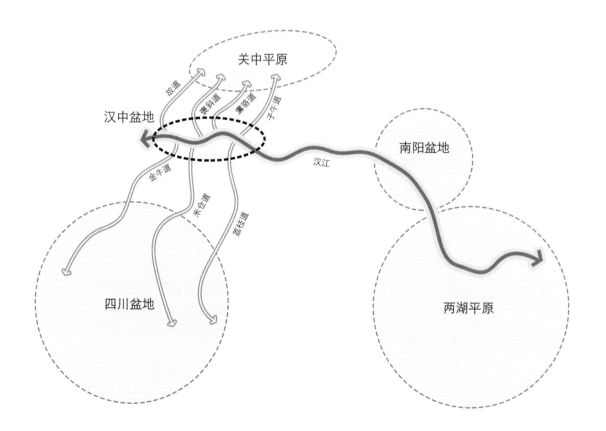

量的沙滩。盆地区共有36处险滩，多集中于黄金峡航段内（自勉县至洋县间有险滩6处，在黄金峡航段内即有22处）。因沙洲繁多，河流坡降和水深较浅，汉中盆地的汉江航运并非便利，尤其以黄金峡航段最为险要。但作为联系秦岭巴山和江汉平原地区的要道，汉中地区的航运事业仍然较为发达，以十八里铺、桃园子、城固、新庄子和洋县的码头贸易最为繁荣[7]。

航运与灌溉均需要保证一定的水量，因此在用水上存在矛盾。一方面，汉中灌溉用水对河水截留影响了航运所需的水量，尤其在每年的4月至9月期间，或是遇上干旱年份，农田需水量大增，由于汉中盆地各支流均修筑有诸多堰渠，支流水量被大量截取，汉江水位明显下降而严重影响航运。另一方面，堰渠水系与江南地区的人工渠系不同，受堰坝控制分为放水期和干旱期，水位低，渠面窄，水量不稳定，因此并没有运输的功能。除民国修建的汉慧渠外，中华人民共和国成立前汉中盆地的灌溉取水水源均为汉江大小支流，而这些支流由于修堰导致航运被堰坝工程所阻隔、水位也难以满足航运需求，因此这些用于灌溉的支流也鲜有用于航运者。但汉江支流有运输竹料和木材的记载，即在山地区采伐后，于农闲时期向水中放木，数月后便可达盆地平坝区。由于五门堰、杨填堰等堰坝每年岁修所用竹材不下百万斤，耗材巨大，这种运输方式尤其用于运输堰坝修筑的材料上，成为岁修过程中的一个重要环节。

汉中盆地被高山环抱，对外陆路交通必须翻越秦岭巴山层叠的山脉，其对外的传统陆路交通即为在山间穿越的栈道系统。栈道又称阁道、栈阁和桥阁等，是古人在悬崖绝壁间凿孔安梁，架桥连阁而形成的悬空通道。栈道的一般建造方式是在水位的一定高度上（一般为3~8m），凿壁孔插入平梁，再在河床岩石上凿柱孔安插立柱，托平梁并铺木板，形成道路。除此之外，还有在山体上开凿隧道，直接在岩石上开挖凹槽，或是在栈道上修建棚盖等多种建造方式。栈道与周围的自然环境巧妙地结合，随形就势，创造出多种的廊亭作为短暂休息或是观赏风景的驿站。

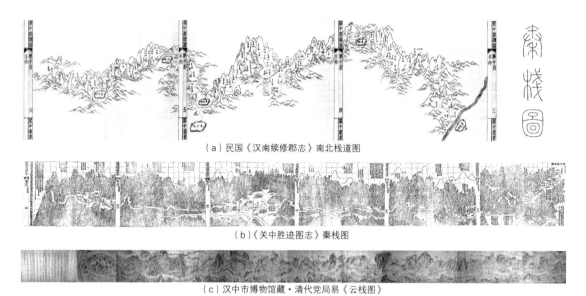

（a）民国《汉南续修郡志》南北栈道图

（b）《关中胜迹图志》秦栈图

（c）汉中市博物馆藏·清代党局易《云栈图》

图4-3 古代栈道图
[图片来源：由上至下依次引自民国时期
《汉南续修郡志》南北栈道图，《关中胜迹
图志》秦栈图，汉中市博物馆藏·清代党
局易《云栈图》]

　　栈道雄奇险峻的特征吸引了古代大量文人墨客进行诗画的创作，栈道图和栈道诗在汉中地区的史料文献中十分常见（图4-3）。栈道图有单张的风景画，也有描绘整个栈道系统的长卷，汉中盆地作为其中的节点之一往往有所描绘。尤其在清代党局易《云栈图》中，对南郑、褒城和其周边的水利网络均有深入的刻画，是后续研究城水关系的重要参考。

　　以汉中盆地为中心，向北跨越秦岭至关中平原有陈仓道、褒斜道、文川道和傥骆道，向南跨越巴山至成都平原有金牛道、米仓道和荔枝道（表4-1）。这些古栈道在山谷中多与汉江各支流相依而建，如褒斜道在褒水、文川道在文川、傥骆道在濊水、米仓道在廉水。对于汉中盆地内部而言，栈道系统的修建使得谷口成为区域重要的空间——由于栈道路途艰难，又是军事关隘重地，出栈道、由山地转向平原的谷口地带往往是历代文人政客转变心境的关键空间，因此谷口景观营造颇多。同时，由于靠近河流上游，谷口也是堰坝修筑的最佳位置，水利和栈道工程使得谷口形成风景组团，周边村镇也在水利和交通事业的带动下繁荣发展。

汉中地区主要古栈道　　　　　　　　　　　　表4-1

区位	名称	主要使用时期	全长	入栈盆地谷口
北栈 （汉中盆地—关中平原）	褒斜道	秦汉—唐	200km	褒谷（褒河谷口）
	傥骆道	三国—唐宋	375km	骆谷（灞水谷口）
	陈仓道（故道又、散关道）	先秦—?		不直接与盆地相连
	子午道	秦汉—唐宋	500km	不直接与盆地相连
	文川道	唐	400km	文川河谷口
	连云栈道	北魏—明清	235km	
南栈 （汉中盆地—四川平原）	金牛道（石牛道、南栈）	秦—明清	600km	汉水西谷口
	米仓道	汉—明清	240km	濂水河谷口、冷水河谷口
	荔枝道（巴蜀道、洋巴道）	汉—明清	1000km	不直接与盆地相连
	容裒道（漾白道）			漾家河谷口

[资料来源：作者根据《秦巴栈道》《陕西古代道路交通史》整理而成]

第三节　盆地内部交通系统

　　汉中盆地内部的交通系统主要由沿江的驿路系统和桥渡系统组成。

　　驿路也称驿道，是古代交通大道，即为传车或驿马通行而开辟的大路，沿途设置驿站[8]。在汉中盆地内部的传统交通系统中，驿路是地上交通的主干，亭、驿和铺等设施均沿驿路而设置。汉代设亭和驿（图4-4），一般三十里一驿，十里一亭。亭又叫邮亭，其并非观赏性的单一亭子，而是建筑组团，有理民施政、管理治安交通、组织修缮维护和军防等多种功能。驿的规模则比亭大得多，以驿传事务为主要功能。不同朝代驿亭系统的布局要求不一，如晋朝即"四十里一驿，二十里一亭"[9]。汉中大多数栈道始建于春秋战国和秦汉时期，因此多遵循汉制。隋唐时期，馆舍兴盛，馆是州县

图4-4　亭、驿建筑示意性平面图
[图片来源：作者自绘，依据汉中市博物馆邮亭模型、驿站实体模型绘制]

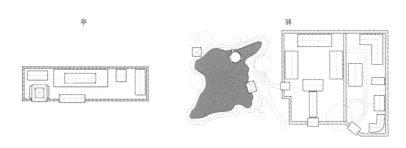

亭　　　　　　　　　　驿

以上的地方设置的宾馆，一般位于县、州或府城内，不一定临近驿路，称为客馆、宾馆或馆第。唐代的驿馆往往规模宏大，馆舍有正厅、别厅和旁屋之分；驿内有酒库、茶库和植库之设，并有沼、舟、轩、堂、庭院和堂庑等，建筑宏敞，花木成荫，景色秀丽，汉中的褒城驿就是其中的代表。"严秦修此驿，兼涨驿前池。已种千竿竹，又栽千树梨"[10]。"池馆通秦槛向衢，旧闻佳赏此踟蹰。清凉不散亭犹在，事力何销舫已无"[11]。唐代，褒城驿曾是一处有着丰富园林营造的建筑，诸多文人墨客行旅于此，在这里留下了风景诗篇。

北宋，邮递事务从驿站分离出来，成立了专门的通信和运输组织，即"递铺"，"元制，设急递铺以达四方文书之往来"[12]，一般按照5km、7.5km或10km设一急递铺。该制度一直延续至明清时期。

就分布而言，汉中盆地的递铺多按元制在盆地中均匀分布，驿站则集中于汉中盆地的几条重要栈道连接线上（图4-5）。因汉中重要的栈道（金牛道、故道、褒斜道和子午道等）多集中于盆地中西部，驿站也多集中于这一区域，尤其是勉县和褒城县境内。

汉中地区江河堰渠密布，因此也有大量桥梁和渡口的建置，以跨越河道（图4-6）。

图4-5 明清时期汉中盆地驿站、递铺分布图
［图片来源：作者自绘，依据地方志书记载、《汉中邮电志》《汉中盆地地理考察报告》绘制，底图数据源自Google Earth］

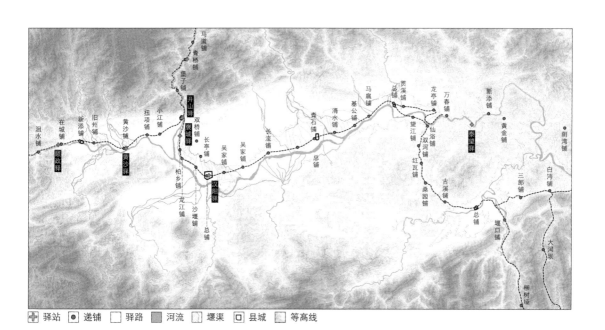

驿站 ● 递铺 □ 驿路 ▨ 河流 ▦ 堰渠 ▢ 县城 ▨ 等高线

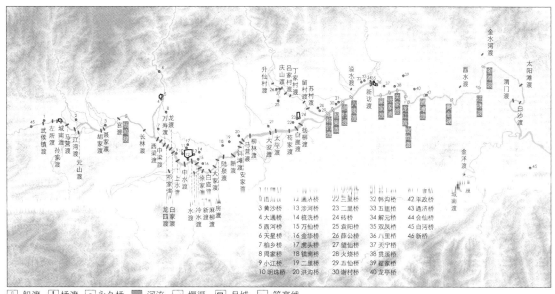

图例：⫿ 船渡　⫿ 桥渡　● 永久桥　■ 河流　⫿ 堰渠　□ 县城　□ 等高线

图4-6　民国时期汉中盆地桥梁、渡口分布图
[图片来源：作者自绘，依据地方志书记载、《汉中盆地地理考察报告》绘制，底图数据源自Google Earth]

汉中盆地传统的跨河交通有桥梁和渡口两种，不同位置根据河道水位涨落、沿岸地质和是否为对外通路等因素而采用不同跨河方式。有常设渡口或桥梁的，也有随着季节改变交通方式的——最常见的为冬桥夏渡，即在冬春旱季搭建轻便的木桥，夏秋雨季则拆除木桥而改为渡船（图4-7）。堰渠上多终年为桥，汉江支流以冬桥夏渡居多，而汉江干流则以湑水河口为界，以西多以冬桥夏渡为主，以东则以渡口为主。

终年所用之桥以石桥为主，由于大部分桥位于堰渠之上，桥下无通航的需求，因此以平桥为主。部分桥上设置有亭廊，亦是当地

图4-7　跨江木桥与跨渠石桥
[图片来源：左图引自汉中市档案馆，亚瑟·穆尔摄于1940年；右图引自汉江航运博物馆]

景观的焦点。冬桥夏渡之木桥修建，多设置简单的木架，上铺寸许木板，每节长约丈余，节节搭连，宽度一般仅容一人通过，一些较宽的河流上则在桥中途设置横向木板，以供多人相对过桥时停歇让路，或直接设置双桥，使来往不受影响。若有船需驶过桥梁，则可拆除局部木板，船过后即可放板复原。渡口不仅连通了两岸的交通，也实现了县城之间的近距离航运，但这种县城之间的航渡并不多见，汉江沿东西方向的航运仍然以对外交通为主。

参考文献：

[1]　（清）顾祖禹《读史方舆纪要》卷五十六·陕西五.

[2]　（西汉）刘向《战国策》卷二·西周·秦策.

[3]　（战国）《尚书·禹贡》.

[4]　（清嘉庆）徐松《宋会要辑稿》方域·道津.

[5]　郭鹏主编；汉中市人民政府主修；汉中市地方志办公室编纂. 汉中地区志[M]. 西安：三秦出版社. 2005.

[6]　（清）郑日奎《汉中府》.

[7]　（民国）王德基《汉中盆地地理考察报告》文化方景·交通.

[8]　郑天挺，吴泽，杨志玖. 中国历史大辞典·下卷[M]. 上海：上海辞书出版社. 2000.

[9]　（唐）房玄龄《晋书》·载记第十三·苻坚上.

[10]　（唐）元稹《褒城驿》.

[11]　（唐）薛能《褒城驿有故元相公旧题诗，因仰叹而作》.

[12]　（明）宋濂、王祎《元史》·卷一〇一·兵志四.

第一节　城乡聚落系统的发展演变

　　明清以前汉中盆地城乡聚落系统的发展演变，可考证的主要为区域中心的城邑聚落，乡村和市镇可考证的史料有限，尤其是对地理分布的考证。图5-1显示了汉中盆地城乡聚落系统的演变过程。

　　汉中盆地的聚落起源于原始社会的新旧石器时代。史前时期的聚落遗址大致可分为四个阶段——距今约100万～20万年的旧石器文化遗址；距今10000～7000年的李家村文化遗址；距今7000～5000年的仰韶文化遗址；距今5000～4000年的龙山文化遗址。汉中盆地早期的聚落遗址均为河谷阶地台地型遗址，主要分布于汉水河谷及其支流的河谷地带，大多集中在河谷的第一、二级阶地上。汉中盆地早期遗址都距离水源很近，又都与水面有一定的高差，便于获取生活用水的同时也能减弱洪涝的威胁。

　　夏商之际，汉中地区由多个方国所统治，其中以褒国为最盛，其借助于优势的地理位置，逐渐兼并盆地中的小国，成为汉中盆地的一个大国。春秋战国时期，褒国灭亡，秦巴两国争抢汉中盆地，最后秦国获胜，设汉中郡，含南郑县城和城固县城，而南郑则为整

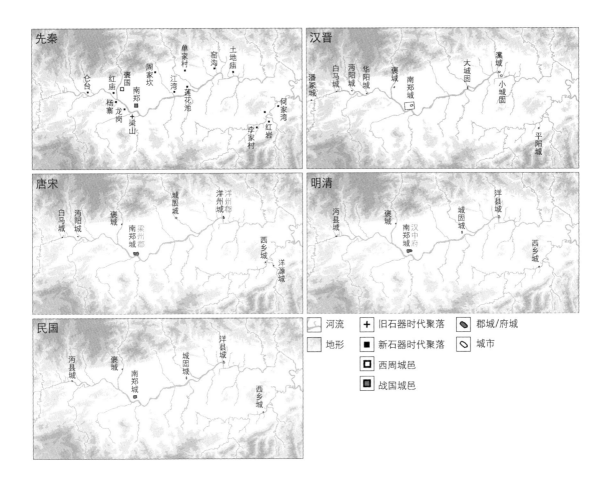

图5-1　汉中盆地城乡聚落系统演变图
[图片来源: 作者自绘, 依据地方志书记载、《城墙内外》绘制, 底图数据源自 Google Earth]

个汉中盆地的中心。

秦汉时期汉中盆地区域就有明确的城市建置, 区域的聚落形式由"聚居"向"城居"转变。"城居"与"聚居"相比, 更加强调聚落的防御作用, "城居"形态下, 一些大型聚落为了满足社会动乱中的军事防御和战略需要, 多筑墙垣。在魏晋南北朝时期, 汉中盆地常年处于动乱之中, "百姓流亡, 所在屯聚"[1], 这一背景极大地推动了筑城活动, 产生了大量的城市、坞堡和戍垒。《水经注》记载了北魏时期汉中盆地"城居"营造的状况。此时期的聚落除了南郑和褒城等汉代故城外, 还有大量以保聚民众为目的的军事堡垒和少部分流民所筑的聚居城堡, 大部分城市选址于汉江沿岸高地 (表5-1), 多凭借地势筑城, 鲜有挖掘壕沟城池的记载。

《水经注》记载的汉中盆地城市聚落 表5-1

城市聚落	城市类型	地理位置	《水经注》描述
沔阳故城	城市	今勉县稍东处、汉水北岸	其城南临汉水，北带通逵。南面崩水三分之一
襃县故城	城市	今襃河站西北打钟寺附近	本襃国矣，汉昭帝元凤六年置
南郑县城	城市	今汉中城东	大城周四十二里，城内有小城。南凭津流，北结环雉。金墉漆井，皆汉所修筑
大城固	城市	今城固县汉王城遗址	又东南迳大成固北，城乘高势，北临洤水
龙下亭	城市	今洋县龙亭镇龙亭铺村	沔□ 山下山，叫□山□叫□□叫□□□□□山下□
万石城	流民聚居	今汉中梁山镇附近	城在高原上，原高十余丈，形若覆盆。南、西、北三面阻水
胡城	流民聚居	今城固县柳林镇古城村	三城奇对，隔谷罗布，深沟固垒，高台相距
扁鹊城	流民聚居	今城固县柳林镇附近	
武侯垒	军事堡垒	今勉县老城附近，汉水以北	—
诸葛亮垒	军事堡垒	今勉县老城附近，汉水以南	背山向水，中有小城，回隔难解
西乐城	军事堡垒	汉江以南，八道河以西	城在山上，周三（十）里，甚险固。城侧有谷
黄沙城	军事堡垒	今勉县黄沙镇附近	—
汉阴城	军事堡垒	今汉中大河坎镇	汉水南岸
城固南城	军事堡垒	今城固县三合乡秦家坝	—
瀼城	军事堡垒	今洋县城南关	—
小城固	军事堡垒	今洋县贯溪乡东联村	—
平阳城	军事堡垒	今西乡县城西南十五里	—

　　大部分唐宋时期的州县城都沿用了南北朝后期特别是西魏和北周所筑的城垣，或在其基础上移置改建。受战乱破坏的城市往往就近另筑新城。

　　尽管唐宋时期延续了魏晋南北朝的城居格局，但城市功能逐渐丰富，尤其是中唐以后，里坊制瓦解，街市逐渐兴盛，城市开始修筑罗城，功能由单一的军事功能向军事、行政和商业为一体的复合性功能转变。国家行政体系的完善使得汉中盆地的部分聚落演化为区域政治经济文化中心的县城，产生了有着明显层级区别的城市。
汉中盆地被划入山南道，设府治为兴元府，府治于南郑城，辖17州。
汉中盆地西部大部分区域为梁州（兴元府），南郑成为汉中盆地政
治和经济的中心。盆地东部平原上的洋州和西乡二城则划分到洋州
（洋川郡），西乡曾在短期内被设为郡治，但后郡治又转为洋州，并
持续至宋末（表5-2）。这一时期，汉中盆地内部的6个县城已经基本
确立，并在汉江南岸廉水灌区设置有廉水县，筑有城。其中，南郑
和洋州为政治经济中心，前者治褒城、勉县、廉水、西县和城固，
后者治西乡，形成了区域中"双核六城"的格局。

唐宋五代时期汉中主要城市行政等级　　　　表5-2

城市	城市级别	所属行政单元	所在地理位置
南郑	府治（次赤）	梁州（兴元府）	今汉中古城以南
城固	县城（次畿）	梁州（兴元府）	隋唐城固县治在汉晋城固故城之西约六里，南宋城固县治当在隋唐北宋城固县治之西北十余里处
廉水	县城（次畿）	梁州（兴元府）	城在南郑郡西南七里
褒城	县城（次畿）	梁州（兴元府）	今褒河站西北打钟寺附近
西	县城（次畿）	梁州（兴元府）	今勉县附近
洋州	县治→郡治（次赤）	洋州（洋川郡）	今洋县城
西乡	郡治→县治（次畿）	洋州（洋川郡）	今西乡县城西南十五里

［资料来源：作者根据《元和郡县图志》卷二十二·山南道三·兴元府，《太平寰宇记》卷一百三十三·山南西道一·兴元府、卷一百三十八·山南西道六·洋州整理而成］

　　唐宋时期，随着水运和陆运交通的发达以及国家政治经济环境
的发展，区域的农村聚落规模日益拓展，尤其是一些水利发达，耕
地广阔的村落，凭借充足的农业物产和手工业，发展商业贸易，村
落以街道为中心快速发展，形成以商业交换为主要功能的市镇。此
时汉中盆地的镇名，有"长柳、柏香、西桥、元融桥、弱溪、褒城、
桥阁、仙流、铎水、昔水"[2]，如表5-3所示。

汉中盆地宋朝乡镇　　　　　　　　　　表5-3

县治	乡村	镇市
南郑	五乡	三镇，长柳、柏香、西桥
城固	七乡	二镇，元融桥、弱溪
褒城	三乡	二镇，褒城、桥阁
西	八乡	二镇，仙流、铎水
兴道	二十一乡	一镇，昔水
西乡	一十五乡	无镇

[资料来源：作者根据《元丰九域志》卷八·利州路整理而成]

　　明清时期，区域聚落格局向"一城居中，五城拱卫，市镇辅佐，村落点布"的结构转变。兴元府改为汉中府，府治南郑县城，汉中盆地中的勉县、城固、洋县、褒城县和西乡县城均属汉中府管辖，廉水不再设为县城。这一时期，除洋县外，其余所有县城的城址均在宋朝的基础上有较大的变动，新建的各个县城均有完整的城池建设，城市内外的水利开发和景观营建逐渐成熟，其确立的格局一直延续至今。

　　至清朝时期，汉中盆地区域中聚落单元除城市外，还有市镇和村落。府志中，乡村是区域聚落单元的统称，包含以农业为主的村落、商业贸易的市集和巡逻军卒驻扎办公的铺舍。后两者多与村落相结合，形成市镇和铺镇，而汉中地区的镇又多以市镇为主。汉中地区商品交换，除了在城中进行的，还有在县城城门外即城关处进行的贸易。这一时期很多古城不足以容纳增长的人口，因此就在城关增加居住区和各种功能设施。最终一些城关发展为基础设施齐备的关城，一些关城甚至筑起城墙或挖掘城池，这种现象在汉中盆地十分常见，如南郑东关城、西乡东关城和勉县东关城。商品交换的区域，除了设在各个城市的城关外，还设在了各个乡村的市集上，很多乡村沿主路一侧开辟了商业街道，或在城中、城边设有专门交换的场坝，一些大型场坝还设有专门的马场和骆驼场。一些乡村随着商业和农业的发展逐渐扩大，成为市镇。这一时期市镇和乡村的数量较唐宋时期明显增多，表5-4列出了清光绪时期乡村的数量和市、镇的情况。至民国时期，已有原公镇、十八里铺、马畅镇和上元观等规模较大的市镇。这些市镇属于区域次级的经济中心，是乡村和县城的中间聚落层级[3]。

清光绪年间汉中盆地乡村统计　　　　表5-4

	南郑县	褒城县	城固县	洋县	西乡县	勉县
乡村数量（个）	154	21	43	43	29	27
铺舍数量（个）	8	10	4	19	12	3
市集数量（个）	3	7	4	4	5	3
市镇	无记载	长林镇	上元观、原公镇	真符镇、渭门镇、谢村镇	无记载	黄沙镇、元山镇
农村占比	92%	19%	81%	47%	41%	77%

［资料来源：作者根据嘉庆《汉中府志》整理而成］

　　民国时期汉中盆地的城乡聚落基本延续明清时期持续发展，个别城市如勉县因洪涝频繁而城毁迁地。随着人口的增多，一些城市的关城逐渐扩大，同时位于波状地、丘陵地和山地的村落逐渐增加。

第二节　村镇：依渠集聚，聚商成镇

　　汉中盆地的村落多集中于平原地区，有村、庄、堰、渠、池、塘、井、滩、坎、台、店、屋、街、巷、桥、庙、庵、寺、殿、驿、铺、堡、寨、营和关等为名，其名大多与农村位置和功能密切相关，其中有兼具商业、工商业和宗教活动功能的聚落，但本质仍然以农业生产为主。除以"村"或"庄"命名的聚落外，以堰渠、池塘为名的聚落数量最多，可见堰渠陂塘水利对当地农村发展的影响。

　　在波状阶地和丘陵区，农村名称以坡、坪、塝、碥、湾、沟、槽、嘴、坝、垭和门子为主，均以其所在地形得名。其中，坡、坪、塝和碥均为建在山坡上的聚落，坡度依次递减。湾、沟、槽和嘴均为建在河谷不同位置的聚落，坝为建立在河水冲积层上的聚落，垭和门子均建立在马鞍式地形的鞍部。这些聚落靠近水源，易于滞蓄雨水，周边多水田及陂渠。部分位于波状阶地较高地区的村庄以山或岭为名，周边多旱田。

汉中盆地的聚落空间格局与灌溉水网有着密切的关系，根据其所处的灌区类型，可分为平原地区的堰渠聚落和丘陵/波状地区的陂渠聚落（图5-2）。在山地和较为陡峭的丘陵地区则多为散居聚落。

图5-2　三种灌溉类型下形成的典型村落格局

[图片来源：作者自绘，依据20世纪70年代KH卫星影像绘制，高程数据源自Google Earth]

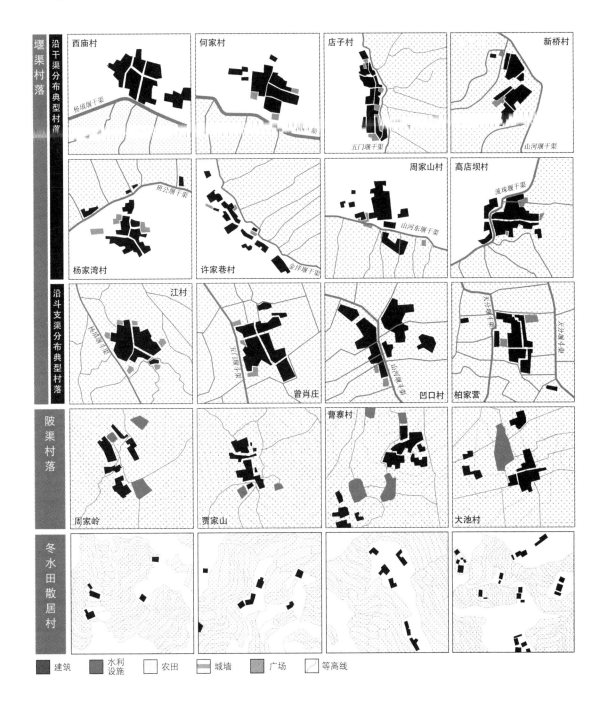

平原地区的聚落往往依堰渠建造，紧邻堰渠的干渠、支渠和斗渠旁分布，而其中干渠周边村落的规模更庞大，尤其是在分水洞口处，常常营建有较大的村落。这种肌理的形成机制有多种，一方面，汉中地区水利管理制度是"由受益田亩分担"，而干渠上的分水洞口多是按村划分，村落靠近干渠更有利于村民对堰渠水网进行管理维护，也便于获取生活用水。在很多大型灌区中，村落所属的田亩是与支渠和斗渠统一管理的，形成一渠对一村的所属关系，村落修建于干渠分水洞口处，能够便于村民更好地管理自己所属田亩的供水。部分管理水务的机关或者祭祀建筑也修建在村内。另一方面，大型的渠道旁多有道路，形成村落间的交通网络，促进了村落的形成和发展。除此之外，在山脚建立大型聚落，建筑朝阳，既具备良好的气候条件，又可以减少对耕地的侵占。

在以陂渠串联水利为主导的波状地区或丘陵地区，村落建设多与陂塘相结合，形成"一塘一村"的格局。不少村庄直接以陂塘名称命名，如"上南江池""下南江池""顺池""草堰塘"等。陂塘不仅能够滞蓄洪水，也能用于生活取水和养鱼，是村落的重要公共空间。该类型的村落规模一般较平原聚落小，陂塘面积往往在1hm^{2}以内。

位于山地和浅山丘陵区的村落大部分呈散居形式布置，且靠近梯田耕地。建筑往往建于地势较低的河谷坝中或山坡上。这一地区的水利灌溉多采用冬水田模式，没有集中的水利设施，这也是聚落较为分散的原因之一。

汉中盆地的传统住宅建筑，基本可分为一字形房屋、曲尺形房屋、三合屋和四合屋。一字形房屋和曲尺形房屋多见于波状地区、丘陵地区和山区，或为平坝地区较为贫困的佃农所居住，屋顶盖瓦或草。一字形房屋多为三间，中为厅，左右为厨房或卧室，屋前稍有空地；曲尺形房屋多连两到三间，屋前有一空场，周围围有垣墙，空场常种蔬菜，或打麦用。三合屋和四合屋多见于平坝地区，为较为富裕的农户所住，多建为三合土瓦屋。三合屋由三个瓦屋围合成院落，中间为空场，院落未设瓦屋的一侧往往除大门和院墙外还设有走廊，供磨面、砻米或圈牲畜。四合屋则由4个瓦屋围合成院落。

　　汉中盆地传统的乡土建筑营造往往就地取材。远离河流又远离山林的建筑，多以泥土为材料筑造。靠近河流的建筑则多用砾石巩固墙基，以防洪水冲刷。大部分地区的建筑屋顶用瓦，唯有山地丘陵区多以稻藁、高粱茎及野草覆盖。

　　乡村中的公共空间多为广场。庙宇或祠堂等公共建筑前有广场，这些广场多为村落交易活动中心。接近河坝的村落则以河坝的空场作为交易的场所。部分乡村除了农业生产活动外，也进行一定的工商业生产，比如以部分农产品为原料制作工业品。这些工商业生产尤以造纸业和酿酒业为盛，两者均需用水。村落建于堰渠旁，能够为这些产业提供充足的水源。在堰渠旁还建有磨坊和碓房，对农产品进行加工，这些建筑根据水量的变化可随时搭建拆除。冬春季节河流水量适中而稳定，这类临时建筑就集中于河流两岸；夏秋季节河流水量过大，堰渠水量充沛，这些建筑就集中搭建于堰渠旁。

　　市镇是介于乡村和城市之间的一种聚落单元，既是某一级行政机关所在地，也是一定范围内的物质、文化交流中心和商品集散地。在汉中地区的历史文献中，市镇也被称为铺镇或集镇。

　　汉中盆地的市镇都由村落发展而成。直至明清时期，当地已有数十个市镇，其中以十八里铺、原公镇、马畅镇、新集和上元观规模最为庞大，至民国时期各个市镇的人口均达到2500人以上[3]。

　　市镇的发展很大程度上依赖于灌溉事业（图5-3）。从空间分布来看，市镇均位于灌溉发达区，且靠近上游灌渠干渠。一方面，靠近上游灌渠意味着灌溉不容易受到下游支渠分渠的影响，因此常年灌水充沛，无水旱忧患，农产收获丰富。稳定的农业生产带来了充足的原材料和劳动力，促进了手工业发展，使日常用品的交易和对外销售逐步增多。另一方面，根据汉中地区渠系开发的历史时序，上游渠系往往是开发较早的区域，这些古镇在早期就依赖灌区优异的生产条件，依靠长久以来的积淀优先达到市镇的规模。马畅镇就是一个很好的例子，《汉中盆地地理考察报告》有记载：

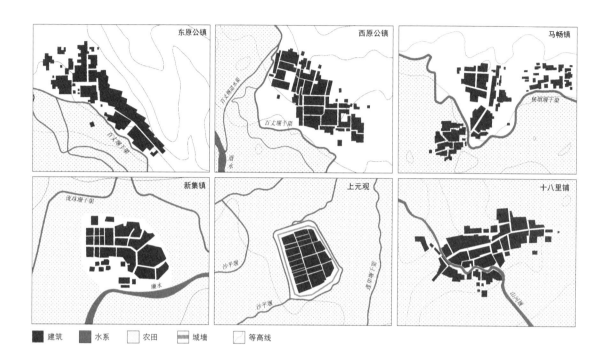

■ 建筑　■ 水系　□ 农田　▨ 城墙　□ 等高线

图5-3　明清时期汉中盆地典型市镇与水网关系平面图
[图片来源：作者自绘，依据《汉中盆地地理考察报告》、20世纪70年代KH卫星影像绘制，高程数据源自Google Earth]

"自赞候开堰渠始，以迄杨填堰之屡次兴修，堰渠改修一次，则马畅发展进一步。吾人于此，殊无多疑，因水利修明，农产日富，人口繁增，聚落自日大矣"[3]。

市镇中，除十八里铺为跨沟河外，多与堰渠网络直接相连，其中东原公镇、西原公镇、马畅镇和新市镇均位于堰渠干渠一侧。由于干渠多为单侧分水灌溉，因此不少市镇都位于农田的对岸一侧，以减少对耕地的侵占，干渠也成为市镇与农田之间的空间边界。由于干渠多布置于山麓地带，镇后多有浅山和丘陵，共同形成"山体—市镇—干渠—堰田"的格局。

市镇中，往往设有集中交换商品的广场。与村落类似，这些广场设置在堰渠河坝旁或寺庙广场上，在不同时期举办商品交易的集会，是镇中主要的公共空间。街道也是镇中重要的交易场所，街道两旁的建筑多设有两进或三进的院落，靠近街道的房屋用于经商，内部则用于居住。

第三节　城市：据山坐水，环水护城

　　汉中盆地中的城市，基本呈现出以南郑和洋县为中心，其余城市相拱卫支撑的城市体系。南郑和曾经的洋州城是汉中府府城和洋州郡郡城，是整个汉中盆地的政治、经济和文化中心。其他城市有各自偏向的职能——勉县和褒城位于谷口，具有镇守交通与军事要口，坐镇大型水利堰首的功能倾向；城固位于盆地中广阔的平原上，耕地面积广大，农业发展兴盛；西乡位于相对孤立的西乡盆地中，各项功能较为完备和独立，由于空间限制，规模不大，是盆地外围山地中的一个小型中心，支撑和管控着汉中盆地东南浅山丘陵地区的发展。

　　城市是社会发展到一定阶段所形成的政治、经济和文化中心。汉中城市的建设离不开区域水利网络的支撑。大部分城市的城池水网均靠近自然河流，并与区域的灌区堰渠相连，形成一个内外相连的整体结构（图5-4）。到明清时期，汉中盆地的县城城址基本稳定，各个城市虽都临滨江而建，但由于在区域上的选址不同，人们对周边水网环境开放利用的方式亦不相同。汉中留存至明清时期的几座主要县城，基本都位于平原阶地上，但与河流、河谷和堰渠网络的关系却大相径庭，由此延伸出不同类型的城水关系。根据县城的规模和其与区域水网的关系，可分城水互融型和水利支撑型。

　　南郑县城和洋县县城属于城水互融型城市，呈现出城市与水网融合密切的格局关系。历史上它们曾长时间作为区域的政治、经济与文化中心，历代城址变迁较小，因此城市和区域的水网环境格局较为稳定。

　　由于这两个城市人口集中、占地面积较大、基础设施齐全而且又是当地官僚贵族居住之地，城市内部的水网营造明显要比其余城市更加丰富——多引水入城，以水为中心建造多个官府园林、私家园林或公共园林。这类城市内部的水景多以湖池为主，与城内的渠系共同丰富了城市中的公共空间，同时也是城市中重要的蓄水抗洪设施和观景胜地。

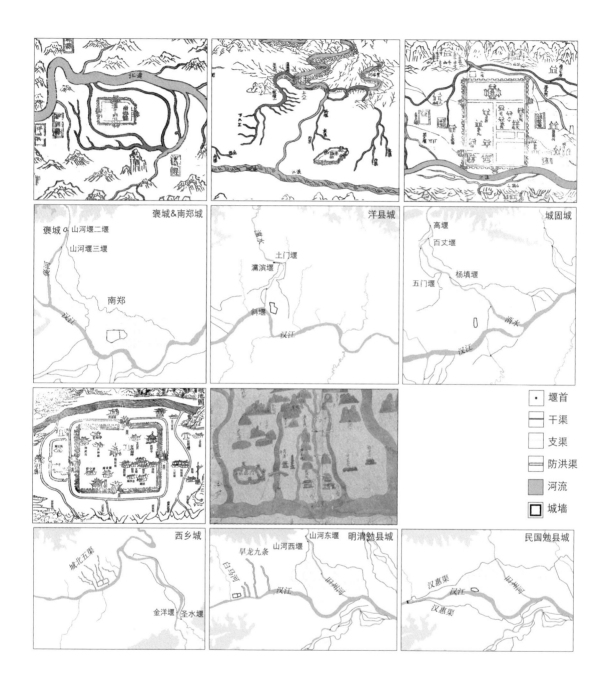

图5-4 明清至民国时期区域水网与城市关系
[图片来源：作者自绘]

城市外围的水系统往往为南郑和洋县两城提供灌溉、航运和军事功能的支撑。它们均位于汉江支流与主流的交汇口：南郑建于褒水和汉江交汇口，洋县建于滹水和汉江的交汇口。靠近汉江能够为南郑和洋县两城提供十分便利的交通和商贸条件，而滹水和褒水则是灌区重要的取水水源，一方面靠近水源有利于从灌区中引水，以供给城市用水；另一方面，灌区丰硕的物产也为城市的稳定发展和商贸提供了支撑。与区域的聚落村镇相比，城市在灌区中的角色相当于用水端，是粮食等作物的出口地，因此城市并没有与大多数聚落一样修建在干渠或靠近堰首或分水洞口的位置，而是选择在堰渠输水的末端以减少对灌溉水源的占用，并成为将灌区资源向汉中盆地外部输出贸易的端口。除此之外，城市两面临水也造就了天险的军事防卫环境，有一定的军事价值。

西乡、褒城、城固和勉县四城虽然自汉代以来就有悠久的营建历史，但规模较小。不同历史时期城市迁移的距离也较大。因此，除了均具有环城的城池以外，大多数城市没有形成一个相对稳定且内容丰富的城市内部水系。相对而言，这些城市外部的水系对城市的发展起到了更重要的支撑作用。这些城市，大致可分为谷口型城市、小型盆地型城市和阶地平原型城市等类型。

谷口型城市如勉县和褒城两城，分别位于汉江（沔水）和褒河谷口，城市也因此得名。谷口面积狭窄，且多位于河流的上游，靠近灌区的水源处。城市在地势上高于灌区，因此难以引水作池，灌区水系与城市用水多是分离的。但谷口自古以来就是交通运输的要道和水利设施营建的关键区域，栈道、堰首和防洪体系等设施的营建使得谷口型城市与其他类型城市相比独具特色。

阶地平原型城市如城固，就地理环境而言与洋县和南郑十分相似，其所在平原面积甚至更加广阔，具备开拓灌区所需的良好地势条件，再加上有着稳定充足水量的湑水作为取水水源，城固水利的开发尤其以灌溉事业为重。城固有句古话叫"宁守五门堰，不坐城固县"，可见堰渠灌溉水利对于城固的重要性。城固中也有引水入城、蓄池造园的记载，但规模远比南郑、洋县两城要小得多。相比之下，城固与汉江有一定的距离，又鲜有战事，因此水利系统在军事、航运和防洪方面的建设和功能并不突出。

小型盆地型城市如西乡，与汉中盆地诸城不同，西乡位于与汉江冲击盆地有一定分隔的牧马河冲积盆地中，在地理上常常也被单独视为西乡盆地。由于牧马河体量远远小于汉江，西乡盆地冲击出的平坝面积并不大。狭小的盆地对西乡的灌区开发有一定的限制作用，导致很多堰渠较为分散——西乡盆地最大型的金洋堰灌区就与西乡城隔牧马河而望，与其他城市紧靠灌区的格局相异。相比之下，西乡与排洪渠网联系更加密切。西乡以北靠近山麓，因此面临着山洪的威胁；以南靠近牧马河，城—河之间的余地很小，滞洪区十分有限。因此，西乡的用水十分重视防洪，尤其注重靠山一侧排洪渠道和靠水一侧堤防的建设，这在汉中盆地的其他城市中是少见的。

参考文献：

[1]　（唐）房玄龄《晋书》·列传第
　　　七十·苏峻传.

[2]　（北宋）王存《元丰九域志》·卷
　　　八·利州路.

[3]　（民国）王德基《汉中盆地地理考察
　　　报告》文化方景·聚落.

与自然山水、水利、农业、交通和城乡聚落等实体相比，汉中地区在悠久的历史发展中也孕育了多样的地方文化。这些军事政治、宗教信仰和园居游赏的文化积淀带动了区域中的景观营造。

第一节　地方文化的孕育与发展

新石器时代，汉中地区根据时间顺序先后发展出公元前8000～7000年的李家村文化、公元前5000～3000年的仰韶文化和公元前2500～2000年的龙山文化。夏商周时期，汉中盆地涌现了多个地方部落方国，其中规模最大的褒国一直依附于夏商周各朝，势力渐强。历经三个朝代，褒国逐渐吞并汉中盆地内的其他小国，成为独占该地区的大国，后在战乱中灭亡，政权几经更替。

秦朝汉中盆地由汉中郡统辖。项羽灭秦后占领关中，刘邦被发配至汉中，他自立为汉王，建都南郑，以汉中为根据地抢夺了项羽的政权。在之后的西汉时期汉中依托其优势的区位，持续繁荣发展。两汉更替之际，群雄割据，汉中的发展也受到限制。这一时期，汉中地区还孕育了以道教为首的本土宗教信仰。

三国时期汉中盆地为蜀汉所有，蜀汉于此设汉中郡，郡治南郑。西晋至南北朝时期，中国呈分裂局面，汉水流域大多数地区为南北政权的争夺地带，行政建置变化十分复杂。魏晋南北朝时期变动的政治环境导致汉中地区发展减缓，但同时也促进了不同民族文化之间的交融，孕育了不少与军事战争有关的历史文化。

隋唐至北宋时期，汉中地区政治和经济环境稳定，水利和农业建设达到鼎盛的局面，文化和艺术繁荣发展，城市的面貌尤其是城市内部的私家园林建设达到新的高度。隋大业年间，汉中地区设汉川郡，治南郑。在唐代，这里是长安的重要后方，汉中盆地内有兴元府和洋州府两府，分别管辖东西地区，五代十国时期至北宋也基本延续了唐朝时期的建置。隋唐时期，以佛教为代表的外来宗教进入汉中，与道教等宗教共同影响了当地人文景观的营建。

南宋至元朝，汉中地区在战乱影响下发展减缓乃至衰退。南宋时期蒙古军占据汉中，境内战乱不断。元至元二十三年（1286年），设兴元路总管府，其治所设于南郑。兴元路隶属陕西省，为汉中隶属陕西之始。

明清至民国，汉中地区从战乱中逐渐恢复，但由于关中—汉中—四川所在的经济圈不再如隋唐时期繁盛，汉中地区发展速度远不如前。明洪武三年（1370年），兴元路改为兴元府（后改称汉中府），洋州府被降为县。至此，汉中盆地的行政划分基本稳定，形成汉中府领褒县、城固、洋县、勉县和西乡5县的基本格局。明清至民国时期，汉中地区十分注重教育，以教育和文化传播为功能的建筑和基础设施在城市中涌现。城市内外还营建了大量祠庙，多是祭祀先祖、水利祈福和保佑平安的场所，与求仙拜佛的寺庙相比更为世俗化。

第二节　军事政治

汉中在秦汉时期就是兵家必争之地，留下了诸多英雄名士的事迹与传说，这些传说往往与景观营造有所联系，成为极具地域代表性的人文内容。刘邦与韩信，刘备与诸葛亮等君臣之间的诸多轶事都成为后世文人吟咏的对象，汉台和拜将台等传说遗留的场所也备受地方管理者重视，很多景观得以流传下来并不断丰富。

在汉中诸城的山水形胜堪舆中，无不强调其军事地位的重要性，主要体现在两个方面：

一方面，汉中盆地位于秦巴山地之中，南北方向上夹在关中平原和川西平原两个古代政治经济中心之间，东西方向上又顺汉水而连接南阳盆地、襄阳地区和江汉平原，在军事交通上极具战略意义。尤其是关中平原和川西平原，前者在古代很长时间内都是国家政治中心所在地；后者独占四川盆地绝佳的地理环境，在都江堰水利工程的带动下繁荣昌盛。这两者被险峻的秦巴山脉所阻隔，交通并不便利，正如李白诗描述的"蜀道难，难于上青天"。两个地区一旦发生冲突，秦巴之间的军事交通必然会成为战略的重点。而汉中相当于这条交通要道上的枢纽，夺取汉中则意味着在秦巴山地有了一个坚实的战略后方和进军的落脚点。历史上秦巴地区之间的多次争夺中，汉中的抢占争夺都是战略中的重中之重。

另一方面，与秦巴山地其他河谷盆地相比，汉中盆地平坝面积相对广阔，具有最佳的农耕环境，这为屯田提供了基础。由于有军事集团的介入，耕作活动组织性强，耕地面积大，耕作方法相对先进，一定程度上促进了当地水利技术的发展和农田的开发。汉中的诸多大型水利工程，如山河堰，就是在屯田开发过程中修筑而成。屯田的建设不仅仅为汉中军事枢纽提供了物资上的丰厚支持，还进一步加速了区域的开发，影响了汉中盆地传统景观体系的演化发展。

司马迁曾指明汉中是刘邦夺得王权的根基和西汉王朝的起源地，而汉中的文化也离不开这一段历史。汉元年项羽推翻秦朝，将刘邦等人发配至汉中，但刘邦利用汉中的军事战略优势，通过"明修栈道，暗度陈仓"等一系列途径巧夺关中地区。刘邦屯集战力的过程中，汉中盆地的人居环境也得到了快速发展——修筑都城、修建栈道、开垦屯田、兴修水利。汉代的离宫别苑和军事堡垒，如汉台、汉王城和拜将台等均是这一时期的产物，不少建筑和景观作为遗址留存至今。汉中最古老的大型水利工程——山河堰和王道池都是在此时修筑。汉中水利开发的功臣萧何也是刘邦军事集团的核心力量之一。西汉建立之后，常将汉中作为兴王之地的政治文化符号，有"汉中开汉业"的美称，造就了当地人引以为豪的"汉文化"。

三国时期汉中战事频繁，留下了诸多军事故事和文化。尤其在汉中盆地西侧的勉县地区，以诸葛亮为核心的武侯文化一直流传至今。至今汉中西部还有诸葛读书台和马超祠等三国时期的历史遗址。最为有名的战事在东汉建安二十年（215年），刘备率领大军攻打汉中的曹军，史称"汉中之战"。最终刘备占据汉中，进而称王。诸葛亮在汉中屯兵8年，鞠躬尽瘁，最终归葬于勉县定军山下，在此修筑的武侯墓和武侯祠也成为当地重要的文化遗产。在当地的"八景"体系中，自然山川景观也多与诸葛亮的事迹产生关联，诸葛亮所葬的定军山也是汉中地区重要的名山之一。

第三节　宗教信仰

古代汉中地区的宗教以佛教和道教为主，同时由于对于水利的依赖，水利信仰也十分繁盛，这些信仰促进了当地自然山水的风景化过程和水利设施的风景化过程（图6-1）。当地也十分重视教育，营建了许多祈祷文运昌盛的建筑，如魁星楼、文峰塔和文庙等，都成为城市内重要的景观。

汉中是道教的发源地之一，道教也是汉中地区原生的本土宗教，其兴起于两汉相交之际，在汉中宗教中占据主导地位。相对独立封闭的环境为道教的发展提供了沃土，东汉中平元年（184年），道教的代表流派"五斗米道"在汉中创立。随着张鲁投靠跟随曹操，汉中道教向北方中原和长江中下游地区迁移，逐渐成为取代早期道教诸流派的一条正宗门径，流传并贯通了中国历史。汉中地区也成为道教崇拜的胜地，促进了以道观为主的寺庙园林的开发。汉中地区的许多名山都有道士修仙得道并化鹤飞升的传说。

佛教对汉中而言是外来宗教，从唐宋时期逐渐兴盛，也对汉中

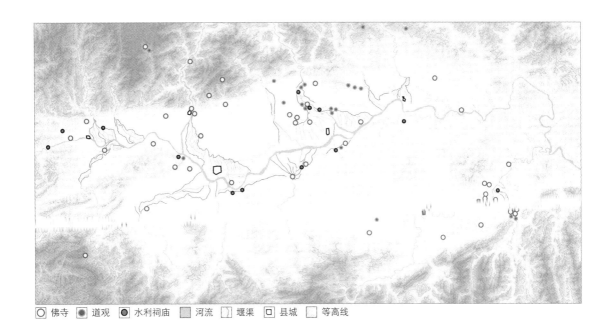

○ 佛寺　◎ 道观　● 水利祠庙　▦ 河流　⬠ 堰渠　□ 县城　▫ 等高线

地区产生了深远的影响。隋唐时期是汉中佛教发展的鼎盛时期，有诸多名寺营建的记载，有修建在城中的，也有修建在郊野的。大型的寺院还设有佛塔，高耸的佛塔在区域的景观体系中充当着视线焦点的作用，是传统景观体系营造的重要内容之一。

以道教和佛教为代表的宗教深刻影响了当地景观营造，尤其是自然山川中的园林营建。它们衍生出观、宫、庙、殿、寺和院等多种建筑，一方面点缀了区域的山水环境，赋予自然山川以人文的内涵，从而促进了自然山川风景化；另一方面在城市内部建立园林、佛塔与楼台，推动了城市景观体系的形成。除了道教和佛教以外，汉中地区在明清之后零星出现了伊斯兰教和基督教，规模较小，对整个传统景观体系的影响较弱。

水利信仰是汉中地区重要的民俗信仰。汉中各地均有祭祀水利的节事，多在堰庙举办，祭祀对象多为堰庙中所祭神灵、名人或当地的水利功臣（表6-1）。五门堰就有不少水利节事：每年清明节举行开闸放水仪式，县令带领众人叩拜奠酒，燃烛焚香，宣读祭文，颂扬水神惠泽万民之功，并设宴庆贺；六月六日为平水明王生日，

图6-1　明清时期宗教信仰影响下的重要人文景观分布图
［图片来源：作者自绘］

汉中地区传统水利节事		表6-1
节事名称	参与地区	时间
金洋堰河神会	西乡	六月六日
杨填堰会	城固、洋县	六月六日
平水明王生日	城固	六月六日
使君大玉会	城固	六月二十四日
开闸仪式	城固	清明节

注：表中时间为农历日期。

［资料来源：作者根据地方史志记载整理而成］

人们举办酬神活动以祝贺诞辰，农户和香客捐赠的钱财用于修缮神庙和水利营建；六月二十四日还有使君大玉会，在斗山山麓举办，五门堰各个支渠的负责人都要来斗山拜神和饮酒祈福。

其余大型堰渠，也往往有自己的堰会，多在堰庙举行，时间大部分定于六月六日，如金洋堰河神会和杨填堰会等。之所以选在六月六日，有两种可能性：其一可能与当地气候有关——汉中地区把六月六日称为"天贶节"或"曝晒节"，是季节转湿热的节气，为了防止腐坏，各地都有洗浴和暴晒的习俗，还有盼六晴、炒面茶、串麦索和送斗篷等大量与农业生产相关的活动；其二可能与神话传说有关——六月六日是诸多传说中与治水有关的神灵和名人诞生的日子，包括大禹和"平水明王"杨从义。这些角色都是祠庙供奉的对象，很多节日也直接以"生日"命名。

教育在古代汉中颇受重视，城市和郊野中建设了诸多祈祷文运昌盛相关的设施，如文庙、魁星楼和文峰塔等。其中，文庙是重点建设项目，多配有渠网和湖池水景，成为城市中风景优美的园林景观。魁星楼和文峰塔是城内或近郊的制高点，成为观景和点景的重要建筑。

第四节　园居游赏

唐宋以后，一些有着优良文学艺术素养的官员积极推进了城市园林的营建。不少文人学士或任职南郑，或途经此地。杜甫、岑参、薛能、胡曾、唐彦谦和李商隐等都留下了不少吟咏汉中山川胜迹或记事抒怀的名篇佳作。除了文人以外，当地的居民也会有踏青等郊游活动，或在城中湖池周边等环境优美的场所展开公共生活。

　　对汉中园林营建影响最大的人莫过于北宋著名文人——文同。文同在北宋熙宁六年（1073年）于兴元府（即汉中府）做知府，在北宋熙宁九年（1076年）改到洋州做知府，对汉中的山川地理和风俗民情有真切的感受和高度的评价。他先后在《奏为乞修兴元府城及添兵状》《奏为乞置兴元府府学教授状》和《奏为乞修洋州城并添兵状》中提出要加强城池防护和发展教育，为当地城市建设和经济文化发展作出了巨大贡献。文同任知府期间尤其重视城市中的景观建设，使得这一时期南郑和洋州二城营建了众多园林。文同又尤为喜爱画竹，常在洋州郊区的山野竹林中游历，留下了不少的诗篇画作，一些经常光顾的场所还修建了园亭以供休憩。文同与苏轼等文人还有大量的诗歌与文章往来，这些诗歌多吟咏汉中风景，为北宋时期汉中历史景观的复原研究留下了宝贵的资料。其中与苏轼、苏辙和鲜于侁以"洋州三十景"为题而作的写景抒情组诗尤为珍贵。

　　当地文人和居民的游赏大致分为城内和城外两种。城市内的游赏和诗文的创作多发生在城市中的园林和台楼中——或是园林中的居游体验，或是台楼间的观望远眺；城市外的游赏往往发生在自然山水之中，也常常聚集于水利设施旁——或是直接游赏自然风景及农田渠网，或居游于寺庙道观等宗教园林或堰庙之中。汉中各个县城在漫长的历史过程中总结提炼，逐渐凝练出当地的"八景"体系，相关内容将在下篇进行详述和总结。

第七章　区域传统景观体系特征

第一节　山水结构下的水利网络骨架

汉中盆地的古堰渠顺应地形而建，构建出一个与自然相协调的人工系统。地势地貌影响了渠网等水利网络的布局与结构，河流干流构成了整个汉中盆地灌区群的主轴，多个灌区子单元则以支流为骨架展开。

山势定渠形

图7-1　水利网络与山势关系示意
［图片来源：作者自绘］

汉中盆地灌渠网络依地势而布局，大致可分为三种类型（图7-1）。

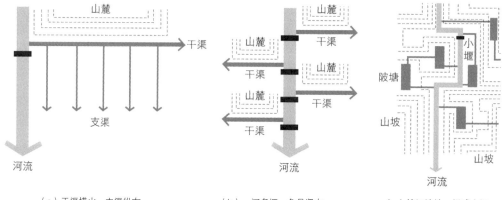

（a）干渠横山，支渠纵布　　　　（b）一河多堰，鱼骨紧布　　　　（c）塘汇坡地，坝成小堰

（1）**干渠横山，支渠纵布**。该网络结构在一首型的灌区中较为明显，如山河堰和民国三惠渠。这一类灌区主要聚集于汉江以北宽广的平原上。该类型灌区灌溉面积大，渠系层级复杂，有清晰的干—支—斗—农结构。由于整个渠网基本依靠自流灌溉，将干渠修筑在山麓能够最大程度利用地形高差。山河堰干渠就位于汉中北部三级阶地边缘，五门堰和杨填堰也绕斗山、宝山和庆山等浅山丘陵山麓修建。以干渠为主轴，支渠和斗渠由山麓流向河流，将平原地区切割成网格状。由于整个汉中盆地地形在东西方向上也有较中的高差变化，整体呈现西高东低的态势，因此汉江以北的大部分支渠和斗渠都呈东南走向。

（2）**一河多堰，鱼骨紧布**。在平坝面积狭小且分散的河流流域，许多堰渠并没有复杂的层级结构，而是在同一条河流上设多个堰坝。这种开发方式使得干渠沿河呈现鱼骨状分布。这类灌区在汉江以南非常常见，养家河、南沙河、小沙河、廉水和冷水上的堰坝就属于这一类型。

（3）**塘汇波地，坝成小堰**。陂塘和引溪流的小堰渠分散在汉中盆地边缘的波状地与丘陵中的小型坝地中。波状地起伏较为平缓，波状山丘的山坡、谷口和山麓均是陂塘集中营建的区域；丘陵地山势更加陡峭，这一地区更多是在小的溪谷坝地修建引水小堰渠，分散于丘陵当中。

堰渠网络是人工对自然干预的结果，其改变了盆地自然本底的水文网络结构。图7-2为利用ArcGIS10.2绘制的汉中盆地自然水文网络模拟图，其中流量大于1000的汇水线被筛选出来。可以看出，自然河流走向基本符合水文模拟的结果，其他低流量的汇水线走势基本与灌区内的支渠和斗渠网络相近，而干渠网络则与这一自然汇水网络相冲突（相当一部分为垂直相交）。堰渠水利一定程度上影响了盆地的自然水文状态。

河流作水轴

古堰灌区引水而建，自然河流是堰渠修建的根基。汉中盆地的古灌区往往以流域为单元划分灌区区块。《陕西县志》和《汉中府志》等史料记载汉中地区的水利建设时，均以"湑水诸堰""廉水

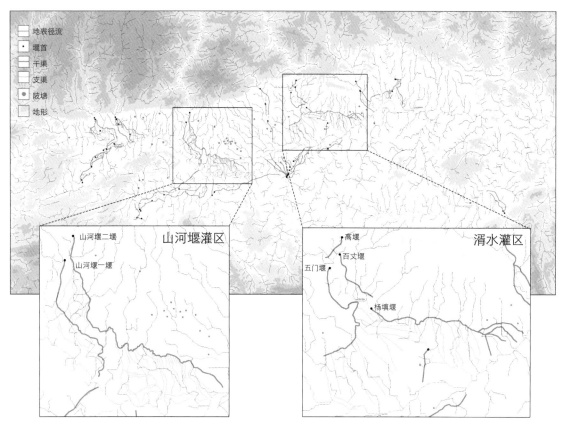

图7-2　汉中盆地自然水文网络模拟图
［图片来源：作者自绘，DEM数据来自Google Earth］

（a）沙河堰图　　　　　　（b）湑水渠图　　　　　　（c）瀼滨溢水渠图

图7-3　古舆图中以自然水系划分的灌区单元
［图片来源：引自雍正《陕西通志》］

诸堰"和"冷水诸堰"等为单元记载水利工程（图7-3）。汉中盆地
的自然河流呈现出以汉江为骨干、以南北支流为鱼骨状分布的形态。
这些南北流向的支流均是优异的取水水源。大型支流上均有堰渠的
营建，形成了以河流为轴的数个灌区子单元（图7-4）。

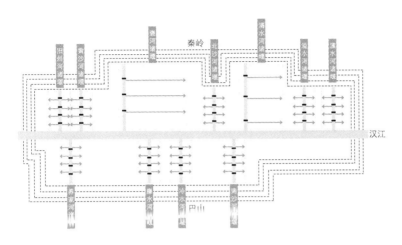

图7-4 汉中盆地自然—人工水网结构示意图

[图片来源：作者自绘]

第二节 紧密耦合的"水利—农田—乡村聚落"格局

水利营建是古人改造自然山水的重要途径。在水利系统的支撑下，草原湿地等自然地貌被改造为农田，并发展出农村聚落，形成了汉中盆地3个区域人居环境耦合区（图7-5）。

堰田覆平原，聚落随渠聚

堰渠水利灌溉量大，灌溉的土地拥有很高的生产力，形成了整个汉中盆地农业生产力最为集中的区域，水利、农田和乡村聚落形

图7-5 水利—农田—乡村聚落格局示意图

[图片来源：作者自绘]

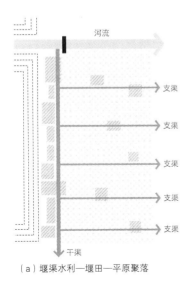

（a）堰渠水利—堰田—平原聚落

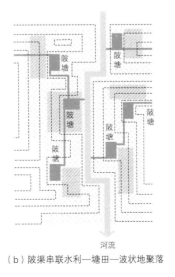

（b）陂渠串联水利—塘田—波状地聚落

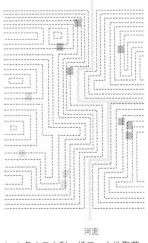

（c）冬水田水利—梯田—山地聚落

成了"堰渠水利—堰田—平原聚落"的格局。堰田区平原地形平缓，因此农田肌理基本由堰渠的布置而定，呈横平竖直的块状结构。堰渠水利区中，堰渠的渠网结构对农业聚落的分布和规模有很大影响，靠近干渠和渠首的聚落往往借助优良的灌溉条件，发展规模更大。许多灌区干渠都形成了干渠聚落带。

塘田随地势，聚落傍陂塘

陂渠串联水利灌溉能力逊于堰渠水利，尽管波状地在盆地中占有很大的面积，但这一区的农田和聚落都较堰渠区规模小、布局分散且发展滞后，水利、农田和农村聚落形成了"陂渠串联水利—塘田—波状地聚落"的格局。陂塘是农田和聚落的中心和重要的支撑结构。塘田田块比堰田小，随波状地势而布局。陂塘多紧邻聚落，便于管理灌溉的同时也用于村中的生活用水和水产养殖。

梯田拓山地，聚落散山中

梯田区生产力低，仅仅占据汉中盆地的很小一部分。在这一地区，水利、农田和农村聚落形成了"冬水田水利—梯田—山地聚落"的格局。与塘田区相比，梯田所在地势更加陡峭，因此田块肌理更为窄小。梯田用水主要依赖于冬水田系统，没有形成实体的水利网络形态。聚落则多呈现散居的形态，少有较大规模的村落。

第三节 交叠互补的灌渠路网

交通网络作为区域商贸、邮递和军防的支撑系统是与水利网络不同的另一种网络系统，影响了沿线城镇的选址和聚落的发展。水利网络与交通网络之间呈现出一种交叠互补关系（图7-6）。

路渠依叠，谷口汇聚

渠网和乡村路网往往相互叠加依附。在支渠与农渠等低等级的渠网中，田间小路沿渠网建设便于农田的耕作管理。道路等级和渠网等级一般是相称的，在干渠旁有乡村中的干路，将干渠聚落带上的村镇连接起来。

谷口既是山间栈道的出入口和交通关隘，也是许多渠首布设的

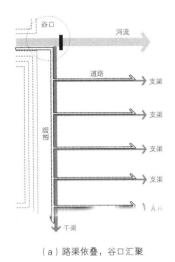

（a）路渠依叠，谷口汇聚

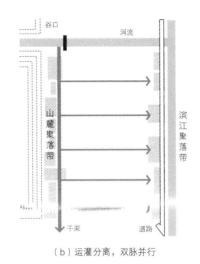

（b）运灌分离，双脉并行

图7-6　渠网与路网关系示意图
［图片来源：作者自绘］

地区，因此谷口多是水利网络和交通网络核心的汇聚之处——这一特征使得汉中盆地的诸多河流谷口都是郊区营建的焦点，也是景观汇聚之处。古代汉中最为有名的谷口景观有三处：（1）褒河谷口为褒斜栈道入口和山河堰堰首，既有大量刻于岩壁上的摩崖石刻，又有亭廊等观景建筑，还有石门等大型栈道工程奇观，清朝即有"褒谷二十四景"的总结。汉中地区的县城之一褒城原位于褒河下游，明清时期移至褒河谷口，镇守栈道关隘和山河堰首，进一步促进了当地景观营建的繁荣；（2）洋县傥骆道所出谷口为骆谷，其旁有一谷为芸筜谷，明清"洋川十二景"和宋朝"洋州三十景"均有收录。该谷口还设有土门堰渠首，是当地最为重要的水利工程之一；（3）西乡洋巴道所出谷口为午子口，谷口有一午子山，自古以来即为当地名山，午子口也是金洋堰堰首所在之地，堰口有村镇、祠庙和石刻。

　　纵观汉中盆地其他谷口，有单设置堰首的，如湑水庆山谷口、溢水谷口和黄沙河谷口等；还有单设置栈道关隘的，如文川道谷口和米仓道谷口。但这些区域既未成为当地风景名胜汇聚之处，也无城镇营建。可见谷口景观营造与栈道和堰首的协同营建有一定联系——栈道与堰首交织之处也是区域景观汇聚之处。

运灌分离，双脉并行

由于水量和流速等因素，汉中盆地的河流灌溉与航运功能分离明显。

汉江和牧马河作为盆地中的干流，是重要的航运河道，并不用于灌溉取水；褒河与湑水河等支流则是灌溉取水的主要河道，无航运功能。这一功能的差异导致了区域聚落格局特征的差异。

汉江和牧马河沿途渡口众多，盆地中的驿路也基本沿河流设置，是区域的交通干线，这条干线上的城关和市镇，尤其是以渡口、码头、驿站和递铺等为主要功能的聚落发展突出，形成明显的滨江聚落带。

相比之下，各个支流沿岸则鲜有聚落，一方面是由于支流难以用作航运，聚落得不到交通之便；另一方面是由于渠网尤其是干渠往往远离河道，聚落多随之偏离河道。远离河流，也便于村镇躲避洪涝灾害。由于干渠多沿山麓分布，汉中盆地沿山麓也形成了一条清晰的聚落带。

山麓聚落带和滨江聚落带分别与山水的走势平行排布，形成了区域聚落分布的特色结构。

通过空间相关性分析可以更加直观地显示出聚落、水利网络和交通网络之间的相关关系。图7-7为在ArcGIS平台中对民国时期汉中盆地渠网、路网以及村镇聚落展开的空间相关性分析结果。其中村镇的数据为点要素，由于村镇发展规模不同，直接计算点的密度难以体现村镇的发展状态。在能获取的开放数据中，村落面积能够解译、测度并统计，在一定程度上能够反映村镇发展规模差异，因此在计算时以村落面积为权重进行加权。标准差椭圆分析结果可见渠网和村镇聚落的标准差椭圆有极高的吻合度，相反路网的标准差椭圆则差异较大。说明从整体分布来看，渠网对于村镇聚落的影响更为突出。村镇聚落的核密度分析结果显示村镇的大部分聚集点均位于干渠以及驿路周围，山麓聚落带和滨江聚落带的双带结构较为明显。

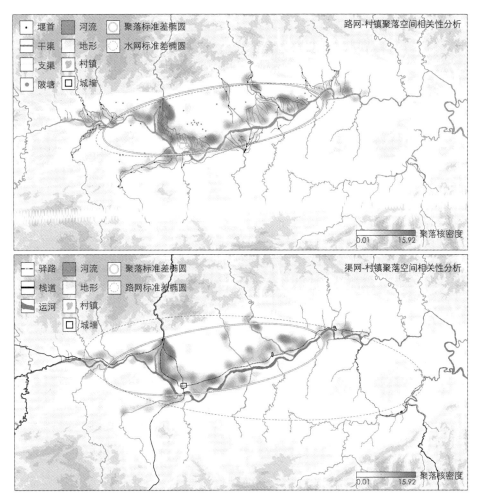

图7-7　渠网—路网—村镇聚落空间相关性分析结果
［图片来源：作者自绘，底图数据源自Google Earth，村落数据参考民国时期《汉中盆地地理考察报告》和20世纪70年代KH卫星影像绘制］

第四节　区域焦点的城市发展

　　城市的选址和景观营建受到了水利系统和交通系统的复合影响，同时也反过来影响着区域景观格局。

城随水筑，因地理水

　　城市的选址多靠近汉江与牧马河等干流，更加依靠交通网络，与村落有所不同。城市往往位于灌区网络的末端，一侧临江，另一

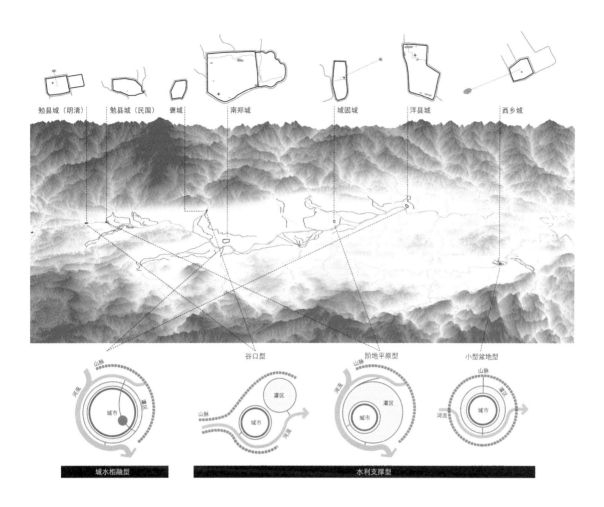

图7-8　区域水网与城市景观营建类型图
[图片来源：作者自绘]

侧临山或灌区。具体的城水关系将在下一篇详细讨论。

城市的景观营建受到周边自然山水、水利、农业和交通的综合影响（图7-8）。曾为区域中心的城市，如南郑和洋县，同时占据水利和交通之利，城市与水系网络有着紧密的关系，形成了城水互融的模式。城固、西乡、褒城和勉县则各自占据水利或交通之利，城市景观营建有着不同的倾向，包含谷口型、小型盆地型和阶地平原型等主要类型。

渠随城汇，城境成区

城市是一个区域发展的中心，汉中盆地的多个灌区均围绕某一城市聚集，呈现出明显的向心性，形成多个空间组团。两县边界的交界处往往也是灌区尾端。由此，以城市为中心，以水利为骨架，

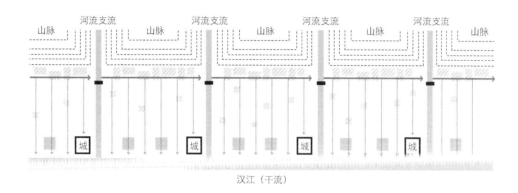

山脉　河流支流　山脉　河流支流　山脉　河流支流　山脉　河流支流　山脉

城　城　城　城

汉江（干流）

农田与聚落形成多个组团，并由交通系统所串联。在汉中地方志书中，所有的记述都是以某一城市及其郊区为单元展开的，尤其在汉中府志和陕西通志这一类区域志书中（图7-9）。

图7-9　城市与区域网络之关系示意图
[图片来源：作者自绘]

第五节　人文驱动的人居环境风景化

汉中深厚的人文历史推动着人居环境的风景化，各类功能性的人居空间实体逐渐转变为人们津津乐道的地域景观意向。

军事政治文化的驱动

汉中大量的军事和政治逸闻促使了墓与祠庙的修建，也为许多景观增添了历史故事和文化底蕴，形成了不少广为流传的风景名胜。从空间关系来看，这类风景有一定的规律，大体分为两类：一类多位于盆地谷口位置，如勉县的诸葛读书台与武侯墓等，这些地点与栈道系统联系紧密，是盆地的交通要口，因而也是战略重地，自古以来许多重要战役在此处开展；另一类主要位于南郑和洋县两城中，即汉中盆地行政中心之内，这类景观孕育于"汉"文化，以"汉台"等为代表，多与城墙或府衙结合，形成既有观景作用又有军防政治与纪念作用的景观。

宗教信仰文化的驱动

佛道教对于我国人居环境的风景化有着深刻影响，汉中也不例

外。佛寺和道观的开发尤其促进了区域自然山水的风景化。同时，
汉中水利农业的开发也伴随着水利信仰深入民心，成为与佛、道教
信仰不同的一种强烈的民间信仰，大量的水利祠庙聚集在水利网络
旁，使得水利设施旁修筑起独立的祠庙园林，并由单一的水利基础
设施向人文活动场所转变。佛、道教和水利信仰带来的景观营造也
有明显的重叠现象，即在水口等地带往往会有佛寺与道观营建。除
此以外，当地人对文运昌盛的美好愿望也催生了塔楼的营建，成为
城市内外重要的观景建筑之一。

园居游赏文化的驱动

文人活动和本地居民的休憩娱乐对于区域景观的营造有着直接
的影响。对于文人来说，汉中的郊野景观给来此游玩旅行或居住工
作的文人们留下了深刻的印象，这些印象通过诗画不断传承，促使
山川田野逐渐成为人们喜闻乐见的风景名胜。以文同为代表的文人
同时也是城市的管理者和建设者，在他们的思想影响下，在城市中
营建了不少公共园林和观景建筑，为城市居民的游憩提供了场所，
也一定程度上改变了城市的景观结构。文人们营建的私家园林也丰
富了城市园林景观的内容。当地居民也会在郊野或城市中游赏，尤
其是在寺庙园林和公共园林之中及周边活动，促进了风景地的开发。
同时居民们在山水田野中的生活场景——如爬山、渡船、牧牛和耕
种等，也构成了人们游赏风景的一部分。

第六节　随水而变的区域景观演进模式

对比不同历史时期的景观演进过程（图7-10），可以看出
水在区域发展过程中起到了重要的带动作用，影响了农田的扩
展、村镇的发展和城市的搬迁，其区域景观演进模式主要有三种
（图7-11）。

水之兴衰，田村变迁

灌区网络与自然山水的格局会随着区域的兴衰而变，同时影响
农田和村落格局的演变。越靠近引水河流上游的堰坝干渠输水量越

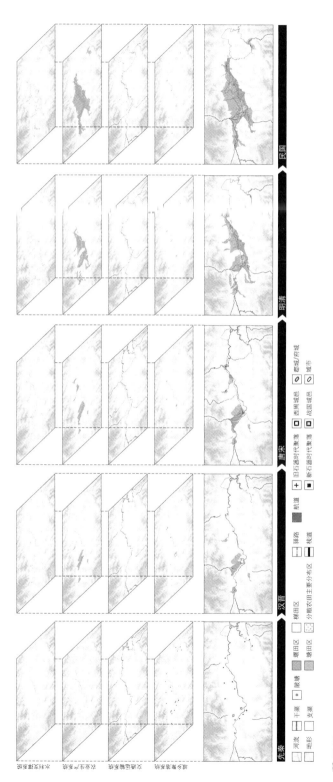

图7-10 区域水利—农业—交通—聚落系统的景观演进过程

〔图片来源：作者自绘〕

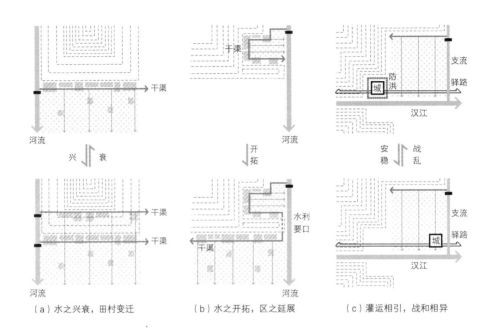

（a）水之兴衰，田村变迁　　　（b）水之开拓，区之延展　　　（c）灌运相引，战和相异

图7-11　随水而变的区域景观演进模式图
[图片来源：作者自绘]

大，水流自动力越强，能灌溉的灌区面积也越大。然而，越靠近上游，河流势能越大，对堰坝的冲击越强，越需要一个稳固的拦水工程。同时，由于引水干渠在山前地带不断淤积冲刷而来的泥沙，渠底高程不断积累上升，如果缺乏疏浚，堰渠势必会逐渐拥堵，影响下游供水。区域发展越盛，水利工程技术越高，管理维护越好，堰坝就越能靠近上游取水，整个渠网体系尤其是干渠离山麓的距离也就越近。由于聚落往往会聚集在干渠周围，这一变迁也会影响聚落的格局。

山河堰三堰的兴废就体现了这一变化的过程。在宋代，山河堰第一堰位于最上游，下游设第二和第三堰，此时整个灌区灌溉面积达23万余亩。而明清时期由于缺乏修缮，山河堰一堰废止，整个干渠自第二堰和第三堰取水，灌溉面积直接缩减至5.7万亩。到民国时期，随着工程技术的提高，山河堰在古代一堰的位置附近修筑了褒惠渠，灌溉褒河以东面积达到14.4万亩，干渠也在明清干渠基础上北移5里。由于工程技术的进步，民国时期所修建的大部分干渠都呈现出往山麓方向迁移的趋势。中华人民共和国成立以后，随着水库的修建，取水点继续向上游搬迁，灌溉面积不断扩大，甚至覆盖了以三、四级阶地为主的丘陵地区。

水之开拓，区之延展

灌溉网络的开拓也带动着农田的发展和聚落的扩建，自然汇流规律与水利建设需求发生冲突的水利要口往往是制约区域人居拓展的关键。随着技术的进步，这些水利要口的灌渠网络被打通，从而使得灌溉网络能够延伸至新的区域。这些过去鲜有人迹的地区也随着水利网络的开拓而变成宜居之地。

五门堰的斗山石峡工程就是一个典型案例。斗山石峡修建前，五门堰灌区仅有斗山北麓的一小部分，城固县城位于五门堰灌区对岸的百丈堰灌区内。明朝时石峡建成，五门堰灌区得以南延，灌区面积大大提高。这一时期的城固县城也转移至五门堰灌区内，获得了更好的交通和农业发展条件。

灌运相引，战和相异

城市的选址并非完全依赖于灌区，事实上，在战乱的年代，许多城址都选于交通和军事条件优异的区位，尤其以谷口地区为主。这一区域空间狭窄，难以发展大面积的灌溉农耕事业，因此灌渠水利并不发达，城市和灌区的联系往往较弱；相反，由于贴近险峻的江河和高耸的群山，洪涝是这一区域所面临的主要水利问题，包括山体的泄洪和河流的冲刷，因此防洪渠网和防洪堤组成的防洪水利是这些城市赖以生存的水利基础设施。

在和平年代，原本占据谷口地区的城市发展条件反倒远不如位于灌区的城市，洪涝问题也给城市带来了巨大的挑战，因此在和平年代，谷口地区的城市或是降低行政等级（如褒城），或是搬迁至平旷的地区（如勉县）。勉县的转移就伴随着新的渠系修建（汉惠渠），勉县新城由汉惠渠灌区供水，城市与区域水系的关系发生了较大的转变。

中篇

汉中盆地城市传统景观营造

城市是汉中盆地传统景观体系营造的中心，集中体现了汉中盆地传统景观体系的内容和特征。总的来说，这些城市在汉中盆地自然山水基底和灌区为主导的人工水网骨架上建立起城墙内外的景观体系，在地方文化的影响下形成独具特色的地域风景。各自来看，不同城市又因为山形水势和水利营建的差异，具有独具特色的传统景观营造内容：作为汉中中心的南郑、令人惋惜的园林故城洋县、变动的关隘城市勉县、镇守堰首谷口的褒城、与灌区密不可分的城固、在治水防洪中反复探索的西乡……这些城市因地制宜地回应自然，展现出同一区域下城市与自然文化共生的多种可能性。

城市传统景观体系结构示意图
[图片来源：作者自绘]

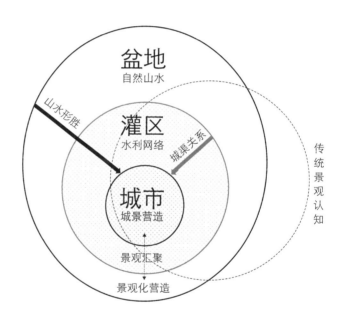

第八章

汉中之中：南郑

南郑城即今陕西省汉中市城市的前身，历史上也曾被记载为兴元府城、汉中府城。自古以来，南郑城几乎都是汉中盆地政治、经济和文化的中心，其规模在汉中盆地诸城中最大，其传统景观的营造也最为丰富多样。

第一节　山水溯源：盆地之中

山形水势

南郑城位于汉中盆地的中心位置，周边平坝区域最为广阔。以城市所在平坝为中心，南北往外依次层层过渡，形成由低到高、浅山高山变化丰富的山体层次：以南为巴山丘陵区，有汉山、中梁山、立石山和青锉山等起伏的小山；再往南则以巴山诸高山，如金华山、宝顶山和米仓山构成背景屏障；以北有宽阔的波状地区，古代以"岭"或"坡"称谓，也被称为"九岭十八坡"，包括白云岭和玉泉岭等岭地；再往北则为秦岭诸高山，其中以天台山最为知名。

在众多山脉中，天台山、中梁山、龙岗山和汉山地势突出，在

"天汉八景"等记载中多有记述，为当地名山。天台山为南郑城的主山和祖山[1]，因山顶平旷如台而得名——"天台左有杜阳，右有连城，面列斗山，带环汉沔，俱圣仙迹。其山大顶有无量石殿，岩下有神泉，再下蜿蜒扶舆，磅礴郁积，台山之秀，多钟于是"[2]。中梁山位于南郑城西，"左汉右廉，介然东来，当褒水如汉之冲，为一邑中镇者"[1]。中梁山位于褒水、汉水和廉水三水交汇之处，西连定军山等山脉，是南郑城西部的重要山体。中梁山以东不远，还有一处余脉小山，名为龙岗山，也是当地名山。汉山又名旱山或天池山，是廉水和冷水之间的分水岭。汉山自秦汉之前就是汉中地区重要的神山，以汉山为对象的奠祭可以追溯到褒国时期。汉山主峰海拔高度1473.3m，在汉江南部的丘陵地带尤为突出，其"高与天台并峙"，与天台山构成互为对峙的结构。由汉山所在的丘陵地区往南为大巴山脉的主脉——米仓山，山体绵延而高耸，形成了区域重要的远山背景，有孤云山和两角山等多处高峰。

南郑城位于汉水之北，西邻褒河，隔汉江有冷水与廉水朝城市汇去。褒水又名黑水、黑龙江或让水，源自太白山西南，经褒城下流汇至汉水，是山河堰的取水水源。褒河在秦岭山脉所流经的谷地被称为褒谷或褒斜谷，古褒斜线道和连云栈道就修筑于该谷中。

廉水又称濂水或剪子河，源自西南高天垭，"廉水出巴岭山，流经廉川，故得其名"[3]。廉水是汉江南部的重要灌溉水源——"沿河鳞次作堰，灌田数万亩，南、褒之南坝，均称膏沃，此水之利，与褒水相平"[4]。冷水又称池水，南出自龙头山喷水岩和巴山小南海。冷水河亦是重要的灌溉水源——"沿水居民截水溉田，下游堤堰甚多"。郦道元谓"夹溉诸田，散流，盖纪实也"[4]。

山水形胜下的城市格局

志书中记载了南郑的形胜：

"南襟江汉，北控褒斜，东环褒水，西峙牛山。中梁耸其南，云栈绕其北，缘侧适于巅岩，缀危栈于绝壁。隶封汉中，跨据秦陇，此一邑之大概也。其余层峦竞奇，江流呈险，石运斗折，云林潎㶁，不可具数矣"[5]。

南郑县城位于汉中盆地的中心位置，与其他县城相比要远离山麓关隘，战乱影响较小，这为南郑的发展提供了有利条件。其他县城镇守汉中盆地各处，呈拱卫之形：

"邑为附郭。东西平衍，北枕天台，故三面之险皆不在邑境。……勉县之青羊驿，褒城之鸡斗羊，城固之柫杆石冽，洋县之华阳、黄金峡，西乡之茶镇、大巴关，又皆门户所在"[6]。

南郑的城址选择和山水关系与我国传统风水观念中城市的最佳选址模式是符合的。其中，秦岭诸山为祖山和少祖山，是城址背后山脉的起始山。天台山为主山，是少祖山之前，基址之后的主峰。汉山为案山，即基址之前隔水的近山。米仓山和巴山诸山为朝山，即基址之前隔水及案山的远山。中梁山和龙岗山为白虎山，上梁山则为其护山。秦岭诸山为龙脉，南郑城位于龙穴。尽管城址东侧没有明显的青龙山，但靠近三级阶地，地形略高。这样的山水结构使得南郑城的景观营造呈现出以下特征：

一、秦岭诸山—天台山—白云岭组成的北部山体层次和汉山—米仓山诸山组成的南部山体层次，形成丰富的山形轮廓和"平远、深远、高远"兼具的山水意境。

二、汉山和米仓山隔汉江与城市对峙，形成了城市前方的远景，限定出山水空间。

三、南北诸山与城址基本位于同一轴线上，呈现出汉中作为府城或郡治所突出的礼教观念，但东西山体的不对称又顺应了自然山水结构。

城内轴线与周围山体有明显的对位关系（图8-1）：北部轴线直指天台山山顶；西部轴线直指中梁山山脊，过龙岗山；南部轴线无正对的浅山山体，指向远处的米仓山山峰；东部轴线上无明显朝对的山体。城墙西南侧的折墙与汉山正好相对。相对而言城市东侧较

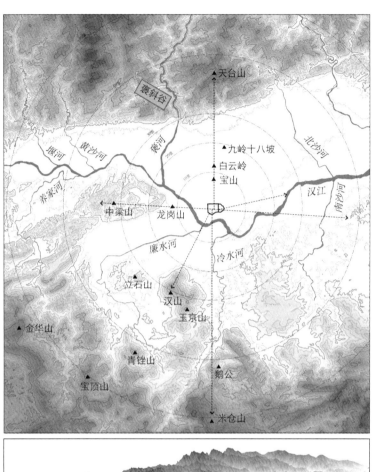

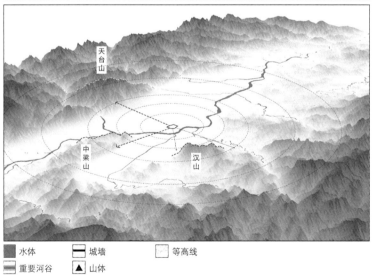

图8-1 南郑山水形胜结构分析图

［图片来源：作者自绘，依据地方志书记载绘制，底图数据源自Google Earth］

为平旷。城中的观景建筑大部分集中于城市的东侧，对城市东侧的景观有一定的补充作用，包括古汉台、三台阁和净明寺塔等，此外城市外扩（东关城）也以东方为主。

汉水是历代城市建造所依靠的重要水系，其"绕汉中郡城东下"。明清南郑城形态与汉江水形有所呼应，其西南角与东南边均非直角——而是与汉江流向平行的折角，从而使得汉水环抱城址，形成"汉水下流，环围若带"[5]的格局。除此之外，南郑城选址还位于褒河、冷水河和廉水河交汇处，这使得南郑城既可以借汉江航运与车防之利，又可以借三河灌溉之利。

自然山川的风景化营造

寺庙园林是城市外传统景观营造的主体，其一方面利用了自然山川优美的环境，另一方面也使得自然风景向人文风景胜地转化。南郑城外有多处名山胜景，而佛寺、道观和庙宇也循名山而建（表8-1），有的建于山顶山坡，成为区域风景的焦点和观景的胜地；有的建于谷口山麓，与山下溪流结合，成为人们登山朝拜的入口，其统计如表8-1所示。其中尤其以天台山和中梁山风景化营造为最盛。

南郑县宗教园林　　　　　　　表8-1

	始建	村落	山水
寺院	汉	铁香炉寺	
	唐	法华寺、莲花寺	乾明寺（中梁山）
	宋	大历寺	石堰寺（王子山）
	元明清	广济寺、孤魂堂、海秀寺、石谷寺、圣水寺	天台寺、涌泉寺、铁佛寺（天台山）、金华寺（金华山）、云峰寺（旱山）、宝峰寺（宝峰山）、望江寺（汉江）
道观	元明清	青龙观、高峰观、老君观、玉井观、九仙观、朝天宫	
庙宇	元明清	五郎庙	

［资料来源：作者根据嘉庆《汉中府志》、民国《续修南郑县志》整理而成］

天台山是汉中道教圣地，山上有灵官垭、黄峁嘴、南天门、天台寺、斗母庙、铁瓦寺和岱顶等建筑。山顶有一组寺庙建筑，现称天台寺，为明万历年间修建，寺的主殿供有孙思邈坐像，故名“药王殿”。根据药王殿内碑文记载，天台山及其附近有十八胜景——诸葛古堡、石堰交流、呼吸奇泉、飞仙灵崖、太极神图、张邋遢硐、梅花古碑、晴天夜雨、早种晚收、蜡烛笔立、避难地穴、二仙围棋、银硐白光、琴泉雅奏、白云风硐、青龙昂首、七孤堆峰和岱顶风光。天台山是当地的风景胜地，吸引了众多游人：

“而且境内居民，每岁扶老携幼，攀跻伸拜跪，络绎不绝者，实以数万计，非山之灵，曷克致是。其上有三清殿、三官殿、雷祖殿、祖师殿，更有关王、圣母、灵官殿，楼阁层出，台观迭见。游斯山者，观览之下，莫不称仙居而赞胜地”[7]。

中梁山建有乾明寺和龙岗寺。乾明寺唐朝时为陕南规模最大的寺院之一：

“宋太平兴国三年（978年），诏赐兴元府中梁山伽蓝号“乾明禅院”。……西望嶓冢，北眺褒斜，东瞰洋川，南睨巴丘。溪谷窈窕，林径盘纡而上，有石马池，水春冬不涸，时出云雨见怪物”[8]。

乾明寺经过多年建设，在宋朝时已经有着颇大的规模——“若楼殿、堂室、祠庙、亭宇，以至宾寮厩舍，无虑千楹。辟田畦，水陆百顷。饭禅衲，岁不下十余万人”[8]。“寺有凌霄阁，下瞰汉川”[9]。宋朝有诗曰“上方梯磴绕崖头，谁就孤高更起楼。直望汉江三百里，一条如练下洋州”[10]。乾明寺既点缀了中梁山，也是山上的观景建筑。在中梁山余脉的龙岗山山麓还建有龙岗寺，至今保存较好，“为近郭游览佳胜”[1]。

汉山上也有名寺，叫云峰寺，明弘治年间建。有记载“一峰突起，插入旱山西南。寺踞其上，精洁宏敞，……前有连抱香樟六七株，葱茏掩映，古致宜人"[11]。云峰寺选址在汉山突出的峰顶，成为汉山山顶的重要点缀和观景点。

图8-2标注了南郑郊区主要的风景化营造分布，左图叠加了视域分析结果，右图则为这些景观点的核密度分析结果与方向分布（标准差椭圆）分析结果。其中，视域分析反映的是城市内部观景点与周边地形之间的可视关系，视域颜色变化反映了城内所有观景点的累积可视性，地形显示颜色越深，说明越能在更多的观景点看到此处，即与城市之间有更好的互望关系。可以看出，南郑周边名山寺庙与城市之间有着良好的视线关系，形成了区域互望的景观体系。右图核密度能直观显示出周边景观点汇聚的空间规律，可以看出寺庙整体较为分散，但天台山和中梁山呈现出高度

图8-2 南郑自然山水中的景观营建示意图
［图片来源：作者自绘，依据地方志书记载绘制，底图数据源自Google Earth］

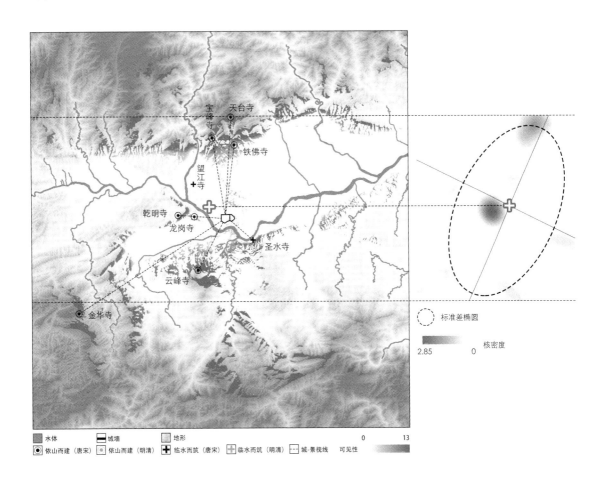

的集中性。标准差椭圆显示出景观点分布的方向特征（即椭圆长
轴方向），在周边可参照的地物中，其与褒河走向较为一致，可能
存在潜在的空间关联。

第二节 水利溯源：山河堰之尾

水利营建变迁

由于明清至民国时期有文献详细记载城市与人工渠系的空间关
系，而明清以前只有少量的文字记载，难以在空间位置上考据复原，
因此本节包括其他城市的水利营建分析均聚焦于明清至民国时期。

南郑区域水利开发，以山河堰和六大名池分别为堰渠与陂塘水
利的代表，上篇"大型代表性水利工程"一节已详细阐述过。除山
河堰外，南郑还分布有多个小型堰渠工程，主要分布于汉江以南的
冷水和廉水流域（图8-3）。

廉水灌区在古代为南郑、褒城两县共用，是汉中盆地汉江以南
规模最大的灌区。设有马湖堰、野罗堰、马岭堰、流珠堰、鹿头堰、
石梯堰和杨村堰七堰，与龙潭堰（实为引泉水）曾称"廉水八堰"。
各堰的灌溉面积和所灌村田如表8-2所示。八堰中，大部分堰渠为明

图8-3 明清—民国时期南郑水利网络图
［图片来源：作者自绘，依据地方志书记
载、《汉中盆地地理考察报告》《汉中地区
水利志》《汉中市水利志》绘制，底图数
据源自Google Earth］

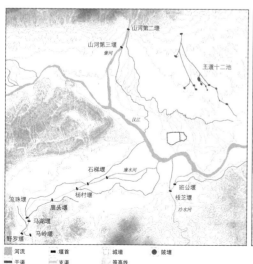
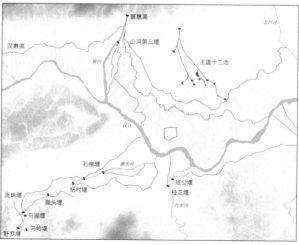

代以后所建，唯有流珠堰和鹿头堰建置历史最为悠久。流珠堰为汉
相萧何所筑，宋元明多次修葺，因"堰水星喷势若流珠"，故名流珠
堰。鹿头堰传为汉时所筑，至今未废。

廉水八堰 表8-2			
堰名	所灌村	灌南郑田（亩）	灌褒城田（亩）
马湖堰	七里坝（褒）、刘家营（南）	180	230
胚砠堰	小山坝	120	60
马岭堰	王家营、水南坝、高台坝		167
流珠堰	新集（南）、水南坝、高台坝、小沙坝	2430	1240
鹿头堰	孟家店（南）、萧停坝（褒）	1014	1800
石梯堰（柳堰子）	上水渡	3860	
杨村堰	螺蛳坝	3871	
合计		38710	3497

[资料来源：作者根据嘉庆《汉中府志》整理而成]

冷水上筑有班公堰，建于清嘉庆七年（1802年），由南郑知县
班逢扬所修筑。初建时干渠自李家街子上起，一直到城固干沙河
止。清嘉庆十三年（1808年），知府严如熤在其基础上相度地势，
增建中、下渠道，形成上、中、下三段结构，始于赖家山石鼓寺，
止于山河，以黄龙沟与郑家沙河为分界，各灌田2300、1300和3300
余亩，是冷水流域规模最大的堰渠体系。班公堰堰渠与南部丘陵
山麓汇水有多个交口，因此建有多处堰沟排水——"光绪元年秋，
河水横发，冲崩老堰六十余丈，别购地十余亩，新开堰沟，创修
龙门"[12]。除班公堰外，冷水流域还设有芝子堰、小石堰、隆兴
堰、黄土堰、杨公堰、复润堰和三公堰等多条堰渠，灌溉面积从
200~900亩不等，其中除芝子堰为单独从冷水河取水外，均从旱山
沟水、梁山泉水、观沟河水和老溪水等小型山体汇水中取水，最
后排入冷水河中。

水网格局下的城渠关系

　　山河堰规模庞大，在区域景观体系中十分重要，明代汉江图和汉中府疆域图等图中略去了沙河和养家河等汉江支流的标注，却以与河流相近的图例绘制了山河堰渠（图8-4），可见其在区域水系中的地位。

　　山河堰与南郑城构成了双层环绕结构，清党居易《云栈图》中能清楚地看到这一层关系（图8-5），内层环即护城河环，其直接与

图8-4　古舆图中的南郑城水渠关系
[图片来源：引自明嘉靖《陕西通志》江汉图与汉中府疆域图]

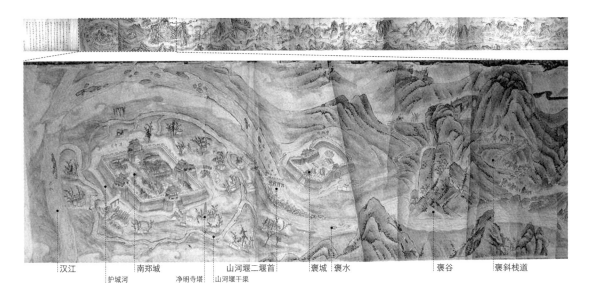

汉江		南郑城		山河堰二堰首		褒城	褒水		褒谷	褒斜栈道
	护城河		净明寺塔	山河堰干渠						

图8-5　《云栈图》所示南郑城与山河堰关系
[图片来源：作者改绘自汉中博物馆藏·清党居易《云栈图》]

山河堰沟通，由山河堰渠系调配管理。外层环则是由山河堰二堰干渠下分的两个斗渠组成，两渠由南流至南郑城，东西分流，最后汇聚于南郑城东南角，汇入汉江。

南郑城北引山河堰水进入护城河，与区域的灌溉体系连为一体，向南流入汉江，使得整个山河堰渠系也承担了调蓄城池水系的作用。唐宋时期南郑城并没有明确的城壕记载，但文同诗云：

> "芰盘团团开碧轮，城东壕中如养鳞，汉南俗味旧有所，日日岸上多少人。骈头鬌霖露秋熟，绿刺红针割寒玉。提笼当筵破紫苞，老蚌一开珠一掬"[13]。

可知宋朝城外有城壕，且较宽，不仅有防御的作用，而且还种有芡实等水生植物，池中亦生长有蚌等水生动物。

明清时期，南郑城修建了完整的城池体系。有记载：

> "万历三十年，知府崔应科禁人耕城畔，以固城根，环以池，阔十丈，深一丈八尺"[14] "嘉靖壬寅……岸植杨柳，内种芡荷，至今水木交翠，景色满目，气佳哉郁郁芬芬"[15]。

经过多次修缮，明清护城河加宽，周围种植水生植物和柳树，禁止耕作。从文献所载可见城池不仅仅用于军事防御，而且通过堤岸植物景观的营造而强化其景观效果，成为城市景观的一部分。

南郑城周边渠系对其关城的发展也有一定影响，图8-6为民国时期南郑城与渠系测绘图，可见其关城多以渠系为边界，且主要街道都平行渠道方向而建。

人工水网下的风景汇聚

南郑灌区水利对区域景观营造的影响可以分为三类（图8-7）：

堰首风景之汇聚。山河堰堰首是当地风景汇聚的中心，全域来看，山河堰所在的褒河谷口就是区域景观营建最为集中的地区。山河一堰位于褒谷谷中，有褒斜道及诸多亭台、石峡和碑刻；山河二

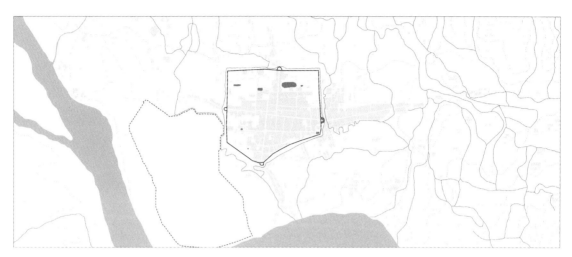

图8-6 民国时期南郑城周边堰渠分布测绘图
〔图片来源：作者改绘自中国台湾地理资讯数位典藏计划藏·民国陕西省县市镇地形图〕

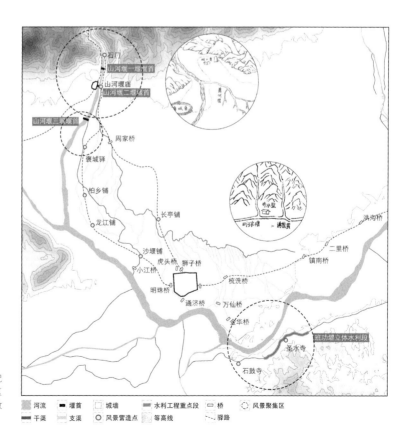

图8-7 南郑水利网络下的景观营造
〔图片来源：作者自绘，依据地方志书记载、《汉中盆地地理考察报告》《汉中地区水利志》《汉中市水利志》绘制，底图数据源自Google Earth〕

堰位于褒城旁，有山河堰庙和开山寺等寺庙；山河三堰位于褒城驿旁，褒城驿中有池，多依堰渠之利而维持。堰首景观在上篇"大型代表性水利工程"一节中有详述。

干渠要口风景之汇聚。地形险要、洪涝频发和水系交叉的水利要口也是风景汇聚的区域，最为突出的是班功堰干渠，其与多处山沟水交汇，而石鼓寺和圣水寺等与水利有关的寺庙即分布在这些区段。圣水寺在当地十分有名，至今仍存，今在汉中市南郑区东圣水镇马家嘴村，始建于明嘉靖时期，有殿、楼和亭等多组建筑，规模宏大。圣水寺内有一株巨大的古桂，人称"汉桂"，天汉八景之一的"圣水古桂"即指此景。

渠路交叉成景。堰渠与区域驿路之间有多处交叉，许多交通驿站和桥梁都建于交口之上。驿站有褒城驿、柏乡铺、龙江铺、沙堰铺和长亭铺等。过大型堰渠往往设置有永久性的桥梁，如沙河桥、梳洗桥、万仙桥、通济桥、明珠桥和虎头桥等。其中，明珠桥在当地最有名，为三孔石拱桥，明嘉靖二十六年（1547年）建成。桥长12m，宽5m，高4m，桥面石条横铺，两侧有石栏杆。根据记载，桥上有一亭——"作亭其上，以为往来憩息所。……画神人按剑驱龙像，悬于桥亭"[16]。其桥名来源于当地堰渠相关的传说——"相传旧有一斗户，量米为一珠，吞之，遂化为龙。排荡成渠，几为居民害，有神人驱之，后其桥上，故名"[17]。清朝有诗描绘了登明珠桥亭看柳的景观意向，说明古代堰渠沿岸也均有柳树等植物的种植：

"探得骊珠胜迹留，画桥碧柳荡轻舟。江神静蹑洪流去，水孽长潜古渡头。鳞甲隐浮沙涨险，烟波遥起旅人愁。过来豁我游春目，适兴高登万里楼"[18]。

第三节 城景营建：历代共融的水与城

南郑城市变迁可划分为西汉、唐宋、明清与民国四个典型时期（图8-8）。其中明清—民国时期的史料较为详尽，其演变如图8-9所示。

南郑城始建于秦。公元前451年，秦"左庶长城南郑"[19]。《水经注·沔水》记载了秦汉时期的南郑城：

> "周赧王二年，秦惠王置汉中郡，因水名也。……南郑之号，始于郑桓公。桓公死于大戎，其民南奔，故以南郑为称，即汉中郡治也。汉高祖入秦，项羽封为汉王。萧何曰：天汉美名也。遂都南郑。大城周四十二里，城内有小城，南凭津流，北结环雉，金墉漆井，皆汉所修筑。……晋咸康中，梁州刺史司马勋，断小城东面三分之一以为梁州，汉中郡南郑县治也"[20]。

汉朝的南郑城有内外两层城，大城周长21km。城市南临汉水，北部被农田所环绕，城中建设有坚固的城墙和有漆木栏杆环绕的井。魏晋南北朝时期，由于饱经战乱，南郑县大城荒废，仅小城东部三分之一仍然用作梁州县治。据鲁西奇等考据，其城址应在今汉中市区汉台遗址东北[21]。

唐宋时期，南郑县为梁州治所。据记载，"隋开皇初，复为南郑县。大业八年，移南郑县理郡西南。城南临汉水，即今所理"[22]。公元612年南郑城于旧城西南重建。还有记载道"汉水，经县南，去县一百步"[23]。此时的城郭与汉水仅不到百米的距离。古汉中郡城（指魏晋南北朝时期的都城）"在南郑县东二里"[24]。唐代兴元府城

图8-8　西汉至明清时期南郑城市变迁
［图片来源：作者自绘，依据《城墙内外》、中国台湾地理资讯数位典藏计划藏·20世纪40年代民国实测《南郑县城图》绘制，底图数据源自Google Earth］

西汉

唐宋

明清

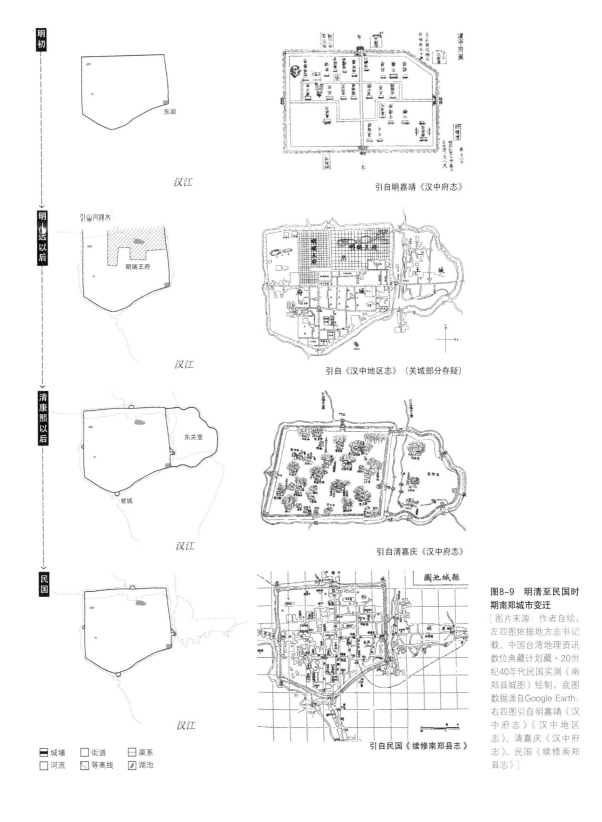

图8-9 明清至民国时期南郑城市变迁

［图片来源：作者自绘，左四图依据地方志书记载、中国台湾地理资讯数位典藏计划藏·20世纪40年代民国实测《南郑县城图》绘制，底图数据源自Google Earth；右四图引自明嘉靖《汉中府志》《汉中地区志》、清嘉庆《汉中府志》、民国《续修南郑县志》］

由子城和罗城组成，"本府自三代以来……城，尝度之，纵广亡虑二十里"[25]。罗城纵广长10km左右。据鲁西奇等考据，子城位于罗城内，又叫北城，其北部城垣与罗城北城垣所重合[21]。

宋代，兴元府治南郑县，府城没有修葺城郭的记载，基本保留了原有的格局。这一时期，城市中已经塑有典型的登临观景建筑。其中"天汉楼……在府治子城上。周览江山，为一郡之胜"[26]。天汉楼即《丹渊集》所描绘的"北城楼"。据考察，今古汉台遗址位于子城城墙之上，今古汉台遗址上的"望江楼"就是在"天汉楼"的旧址上建成[21]。北宋神宗时，兴元府城内曾有过一次大的修整，除了增高和加固城墙外，还在城中修建了多处亭台楼阁。

南宋时期，由于金人入侵，南郑城受到了较大的破坏，城垣倾颓且大量园林被毁。据南宋《舆地纪胜》记载，此时的城中园林唯有凝云榭、四照亭和盘云坞劫后留存[21]。南宋嘉定年间（1208—1224年）重修南郑城垣，一方面"今城去汉江二里许"，将城垣略向北移，远离汉江。另一方面"周九里八十步"，城市规模有所缩小[27]。根据马强等人实地考据证明，此时新修城墙即与明清时期汉中府城位置大致重合[28]。

进入明代，兴元府改称为"汉中府"，治南郑县，城墙得到了多次修缮：

> "府城周围九里八十步、高三丈、阔两丈五尺，宋嘉定十二年十二月筑，洪武三年知府费震修。正德五年，始甃以砖。门四"[29]。

此时期南郑城（即汉中府城）基本延续南宋末年城池的格局，城墙不断加固。据记载，"万历三十年凿池环之"[30]。护城河在明代建成。这一时期城内还增设了钟楼，位于城市的中心。明代全国各地兴建王府，"瑞王"即明神宗第五子朱常浩，于明万历二十九年（1601年）建蕃于此，并在城内建造了瑞王府。宏伟豪华的王府几乎占了南郑城的四分之一到三分之一。王府内开凿莲花池并修筑了瑞王府花园。由于府城内空间有限，瑞王府"展北二丈十步"[30]，即将城墙向北搬迁。至此，延续至今的南郑城墙格局初步形成。明崇祯十六年（1643年），朱常浩仓皇逃离汉中，瑞王府不再具备"王府"的功能，之后荒废。

清初，汉中府城的变化主要在城门和城楼。清康熙二十七年至二十九年（1688—1690年），汉中府城先后完成东南西北四门城楼的修建。嘉庆初，严如熤对南郑城进行了较大规模的修整，加强了府城防御体系，尤其是修建了月城（瓮城），即大城门外拱卫城门的小城。城东关还修筑了土城，又名东关堡，有记载"嘉庆五年署南郑令，……，倡修东关堡，成九百余丈"[31]。土城与汉中府城相连，构成了"双城"的独特形制。从嘉庆《汉南续修郡制》所附《汉中府城图》可以看出，土城形状并不规则，城内有水渠穿过。土城城墙外环绕有护城河，引山河堰水而成。然而，据记载"所筑堡城，即加工夯筑，一经霖雨，便至坍塌"[32]。土城难以经受住风吹雨打，只维持了较短时间便坍塌。民国时期，土城城墙已经无处可寻，但土城内外的水系部分留存了下来。

南郑城作为汉中地区历史上政治、经济和文化的中心，在诸多县城中有着最为丰富的景观营造。汉中地区城市中的景观营造大致可以分为两种类型：一种以观景为主，同时也成为城市景观焦点的古台楼塔；另一种以水为脉，形成的城市内的园池水景。前者多与区域的自然山川形成视线联系，构成城市内外的观望关系；后者多与区域的灌溉网络联系，将灌区水利与城市用水结合，供给城市园林，串联成连接城市内外的水网系统（图8-10）。

城市观景体系

南郑城市观景轴线在不同历史时期有所不同。宋朝南郑城可考的观景建筑仅有北城楼和汉台，其城市内部结构难以复原。明初则能看出比较清晰的十字轴线结构（尽管街道并非十字形街道），南北城楼位于同一轴线上。然而随着瑞王府的修建和城墙的搬迁，城市轴线发生了偏移，明清南郑城"井"字形的主街空间由以下结构组成：瑞王府和北门所在主街轴线南无所对（但其轴线南延可发现

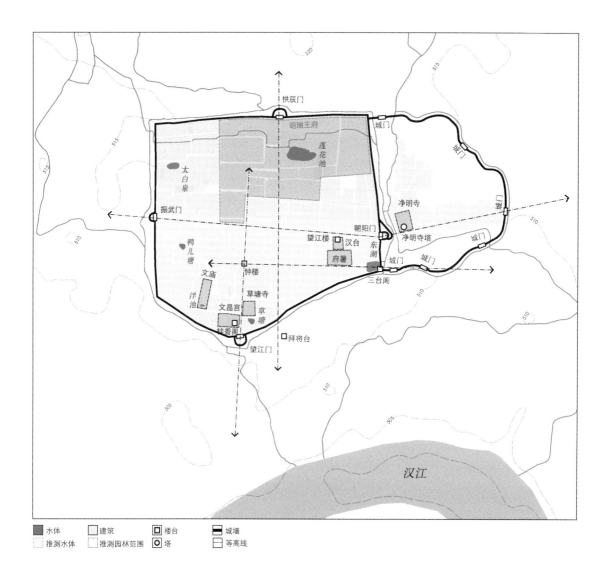

图例：水体　建筑　楼台　城墙
推测水体　推测园林范围　塔　等高线

图8-10　明清时期南郑城城景营造布局
[图片来源：作者自绘，依据地方志书记载、《汉中地区志》、中国台湾地理资讯数位典藏计划藏·20世纪40年代民国实测《南郑县城图》绘制，底图数据源自Google Earth]

与城外拜将台相对）；钟楼、文昌宫桂香阁和南门所在主街轴线北无所对；东西城门与古汉台构成完整的东西向轴线；钟楼和三台阁所在主街轴线西无所对。除此之外，城东关内的主街则经过净明寺塔，构成了与城内轴线不平行的另一轴线。这些轴线虽然有所偏移错位，但多为正南或正西走向。

南郑城内观景建筑类型多样，其中"台"是南郑城中历史最为悠久的园林营建方式之一，多以登高观景为目的，是南郑城内外视觉联系的焦点和纽带。除自汉代一直延续至今的古汉台与拜将台以外，宋代城中还建有天汉台、仰杰台、美农台、玉笛台和江汉台[33]。其中玉笛台、美农台和天汉台均保存至清，玉笛台"在府城东"；美农台筑堂改为美农堂——"在府城东……《后汉书》云：桓宣为汉中守，春月常登此堂，以劝农业焉"[34]。天汉台在城东北，其名源自萧何曾对刘邦所称汉中"天汉"的美名。天汉台下有盘云坞，"几曲上层城，盘盘次文石"[35]。明代还记载有月台，城中有两处："余一在街之东，一在教场之西"[36]。这些台与城市有着多种空间关系：有的修建在城市之中，如美农台和月台，有的与城垣结合，如天汉台；而古汉台更是随着城墙演变由城垣上转移至城内，拜将台则是由城内转移至城外。随着时间发展，这些台往往由简单的人工台地不断增加建筑、丰富植被和引水造景，从单一建筑向园林转变。而在这些台中，汉台和拜将台记载最多。

　　汉台又名七星台，相传为刘邦在汉中地区的行宫，自宋迁城后一直与当地衙署比邻，今改建为汉中市博物馆，是南郑城内历史最为悠久的园林（图8-11）。古汉台自古以来就被认为是汉朝基业的代表，其在汉中地区的传统文化上有着重要的地位，也是城市中观景的重要场所。秦汉时期的汉台样貌已不可考。宋代，汉台在迁都过程中逐渐转变成了子城城墙的一部分。据考证，宋代的天汉楼即为古汉台"望江楼"的雏形。有记载，"（天汉楼）在府治子城上，周揽江山，为一郡之胜"[33]。诗中记载有北城楼"满目望不极，城楼当最高。地形连楚阔，山势入秦豪"[37]。这里的北城楼即指天汉楼。宋末汉中迁都后，汉台保留于城内，与府署比邻——"汉中道署旧为清知府署，在城东书香坊。宋绍兴中、明洪武、嘉靖、万历和崇祯屡加修整。署内偏东，汉台在焉"[38]。

　　明清前期的汉台设计较为简洁，据清志记载：

　　　　"（汉台）高二丈余，圆百余步，拾级而升，昔有古柏、古井，今古井无存。中有树三楹，豁达开畅，新建茆亭，名曰一草。取杜工部句也。四面云山，江流如线，公余眺望，亦为大观。上有古桂数株，花时清芬袭人"[34]。

望江楼
桂荫堂
镜吾池
镜吾堂   枕松航
2019   1943

图8-11 古代和当代汉台主体建筑对比图
〔图片来源，作者改绘，上图引自天汉古韵展览馆，下左图为作者摄于2019年，下右图引自汉中市档案馆，李魁元摄于1943年〕

　　这一时期的汉台以人工堆叠的高台、古井、桂花、柏树和一个三开间的榭组成，原天汉楼很可能已经在南宋迁城时被破坏。其中，榭即现在的桂荫堂。整个台是城市中观景的重要场所，能够清楚地观赏到区域的山水环境。

　　清朝，汉台曾有一次较大规模的修整，《新修汉台池亭记》记载了修缮的原因：

　　　　"此台素称名胜，洵乎不虚，惜乎无勺水之润，令人有美中不足之思，将毋天之所限而非人之所能强耶？……凡限于天者无不可以人补之。郡署地最高，而台又高之，高者其无水也，固宜。然必清流激湍，引谷导涧，源头活泼，映带自然，固限于天矣；独不有掘之得泉，把彼注此，而蓄为池沼者乎？苟得泉而蓄为池沼，是即补天之不足，而慊人心之所歉也"[39]。

　　可见到清朝，汉台已经由过去的简单的观景建筑转变为了园林建筑，其所有者期望能够有更加丰富的园林要素，尤其想将水景融入其中。汉台为高地，无法从城内水渠中引水。当时的造园者就通过掘泉而得水。汉台的改造内容主要包括三方面：一是挖掘井水，修建镜吾池，池广二丈，袤三丈；二是亦配合水景修筑了园桥、长廊和池北的三开间水轩"枕松航"，通过水景与老东厅串联成一个整体；三是增补松竹等植物，丰富了植物景观的层次——"汲井灌池于丛林间，为暗沟以通水道……竹之疏者，补之；树之少者，增之。葱郁芸蔚之中，竟若天成，一池馆然"[39]。此时的古汉台不仅是一个登高观景的场所，更是一个可以游赏的园林。来到汉中的多位文人都曾登楼凭栏，留下了大量描写汉中山水的诗歌。

由于汉台靠近府属，又有"汉基"的象征意义，自古以来汉中的官员就注重汉台的修缮，以示自身的政绩和抱负。清康熙年间，知府钟瑛在汉台修建了喜雨亭，知府陈邦器在其东北隅建成清晖亭。乾隆时期，王时熏重修了汉台东北角的清晖亭，写碑记道：

"古来名胜之区，必重之以文章，斯地与人两不朽。……时地各异，而约其指归，总不外借山川景物之胜，以纪政化风俗之美。余为之广基址，拓规模，捐俸而一新之。偶焉憩息其上，环城内外，庶物殷鳞，而四面峰回峦抱，逸趣横生，俯瞩遐瞻，幽怀顿惬"[40]。

道光年间，郡守段大章认为汉台东厅位置不正，因此重修东厅，增加船房与回廊：

"圣人心安于正，故因心以正物，我辈心恐失正，当藉物以正心。……台下旧厅事三楹，为昕狱讼，会僚友之所。余下车，颇嫌其位置敧侧，偏倚不正。阅八月，岁熟民和，讼减庭闲，偶周步其地，广袤方整；量度其材，坚朽相半，乃更置而葺新之。于其南添置三楹，贯以穿堂，翼以游廊。又于东南隅拓地数弓，作船房三间，匝月而工竣"[41]。

清同治二年（1863年），由于太平天国起义军占领汉中，汉台被破坏，民国七年（1918年）"道尹张士秀建望江楼于汉台，起一箕亭于大堂东小山上"[38]。此处的望江楼应该为仿照天汉楼的形制，所建一箕亭即为当今汉中市博物馆最北边的亭子。

民国十三年（1924年），阮贞豫任汉中道尹，重修古汉台，新建竹林阁，选用地方贤才为竹林阁撰文题字，并将汉台旧存碑碣，藏于竹林阁中。所刻文章中有一组《道署十景》反映了当时的园林风貌（表8-3）：

"《望江楼》《桂荫堂》《蓬莱馆》《一草亭》《一箕亭》五者无记载，不为之留题，年烟代远，景物荡然，不能徵矣！故咏及之，俾后之览者亦将有感于斯文，至原建台上之《后乐亭》，今废无存。暨大堂前之《月台》《碧玉》两景从阙，附以纪之"。

《道署十景》所录景观　　　　　　　　　　　　表8-3

诗歌名	诗文
古汉台	五马曾开贤守署，七星即是汉王台，而今改革为巡道，几度沧桑认劫灰
望江楼	危楼百尺势凌空，如带江流一览中，四面云山真个好，但期佳兴与民同
蓬莱仙馆	仙馆崇宏镇日开，登临疑似入蓬莱，万家烟火关心切，那有闲情话酒杯
一草亭	亭名一草每留云，蜗过苍苔篆有纹，万里桥西工部咏，蜀江胜景已平分
一箕亭	万仞初由一箕功，小亭如笠地三弓，须知纤壤皆为用，只在搜罗任使中
竹林阁	修篁蠲蠲秀参天，晋代风流忆七贤，碑碣琳琅嵌四壁，莫教漫漫化云烟
清晖亭	通明亭子接朝曦，挹得清晖意自怡，愿奏南薰歌一曲，解民之愠起民疲
桂荫堂	秋来古桂满株花，散得清香入万家，本是枝枝生自直，荫流千载总繁华
枕松航	苍松盘错自孤高，何事风狂即怒号，我亦牵舟岸上住，那关宦海有惊涛
镜吾池	池塘如镜水平芜，照得今吾即故吾，莫笑萍踪飘不定，春风一约自同趋

今汉中市博物馆在汉台遗址的基础上建成，很多建筑已经多次重修，但基本格局保留较好。整个博物馆由三组院落组成，由南至

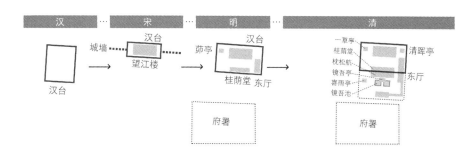

北逐级而上，最北有一楼阁名为"望江楼"，往南为"桂荫堂，望江楼北的高台上还设有"石鼓"和"铜钟"二亭。东西设有东华厅与山州厅两厅，望江楼和桂阴厅所围合的院落建造在7m高的高台上，桂荫堂往南有一水池，所在院落比北部院落低约4m，通过梯台连接。最南部的院落为博物馆碑林，建于中华人民共和国成立后，并非古汉台主体。

　　作为一个自汉代一直延续至当代的园林，汉台的演变反映了汉中地区由单一的台向园林变化的一个过程（图8-12）。

　　拜将台名拜将坛，其主体由南北分离的两座夯土基石台筑成，台高3m多，总面积为7840m²，为刘邦拜韩信为大将时所筑的纪念性园林。在历代城址变更后，原本位于城内的拜将台已位于明清南郑古城墙南门外，但仍然是当地的名胜。清代文人多有诗描绘其景观，如"高秋乘兴一登台，云净天空四望开"[42]。"闲来不尽登临意，汉水秦山草木昏"[43]。可见其仍然保有登高观景的功能。明代，陕西按察使扶治副使吕公克中，于拜将台左侧设立一亭（图8-13）。

　　城墙和城楼既是保护城市安全的堡垒，也是登高望远的重要景观建筑。宋代，《丹渊集》和《舆地纪胜》均有记载子城城楼中的景观意向（表8-4），其中所述城楼位于子城北侧。

图8-12 汉台历史演变示意图
［图片来源：作者自绘，依据志书记载推测与实地调研绘制］

图8-13 南郑城景观建筑老照片
［图片来源：左一由美国人摄于1945年，右二与右一摄于1929年，引自《汉中旧影》，左二摄于1990年，引自《城市记忆汉台》］

（a）钟楼　　（b）净明寺塔　　（c）拜将台　　（d）三台阁

南郑城城楼景观记载 表8-4

题名	内容	题名	内容
《丹渊集》所述北宋城楼景观		《舆地纪胜》所述城楼景观	
《北城楼上》	满目望不极，城楼当最高。地形连楚阔，山势入秦豪。平外斜通骆，深中远认褒。图经何壮观，故事有萧曹	天汉楼	在府治子城上。周览江山，为一郡之胜
《晴登北城》	积雨已逾月，久妨于此行。云山劳梦想，风日幸晴明。常爱往来处，尽皆苔藓生。一壕新草木，强半不知名	仰杰台	在天汉楼下
《汉中城楼》	藓径踏层斑，高林古木间。雁随平楚远，云共太虚闲。晚霭昏斜谷，晴阳露斗山。将身就清旷，名路尔何颜	高兴亭	在府治子城上西北隅
《汉中城楼》	解带缓幽忧，登城复上楼。断烟横沔水，孤鹜入洋州。浩荡成遥望，凄凉起暮愁。山中自有桂，何事此淹留	北顾亭	在府治子城上西北隅

明初，南郑城在宋嘉定城的基础上修缮城墙，记载有四个城门，"东曰朝阳、西曰振武、南曰望江、北曰拱辰"[29]。明正德五年（1510年）四个城楼于城墙上，开挖护城河并建瑞王府，北侧城墙北移。清初，南郑城先后完成了东、南、西和北四门的城楼重修。其中，北门额匾曰"雍梁锁钥"，南门曰"山南保障"。嘉庆年间，严如熤主持进行了对南郑城墙最大规模的修建，一方面加固城墙，另一方面在护城河上增加吊桥与炮楼等防御设施。城楼东南角还修建了三台阁，为三层楼阁。至此时，南郑城市的城楼格局已基本形成（图8-14）。

南郑城中央还有一钟楼，今已经拆除，有照片可考（图8-13）。钟楼的修建一方面强化了原来南北向街道的视线关系，另一方面加强了汉台和东湖所在东西向街道的视线关系。

南郑城内还有一处文昌宫，在明隆庆年间大修，宫内有一处桂香阁，约30米高，也是城市中的重要观景建筑，据记载：

"为拜殿一，为寝宫二，为桂香阁，高百尺。左右有魁星等祠，东西有道院。树以坊门，缭以墙垣，周围计一百二十七丈。金碧辉煌，屹然改观，楼观之胜，带汉江而俯旱山，真可以镇斯土而福斯人矣"[44]。

南郑东关城内还有一古塔，即净明寺古塔，又名东塔，相传三

图8-14　南郑城城墙老照片

〔图片来源：上一、下二由传教士画于1884年，上二摄于1945年，中一、中二摄于1944年，中三由南怀谦摄于1904—1911年，以上均引自汉中市档案馆；上四、下一由阿道夫·伊拉莫维奇·鲍耶斯基摄于1875年，引自世界数字图书馆；上二引自汉江航运博物馆〕

国时期已建，有文字记载的最早可追溯至南宋时期。该塔为方形单层多檐式砖塔，塔高15m，原为13层。东塔是城市中的一处重要地标——"塔影照入湖中，为郡八景之一"[34]。汉中八景之一的"东塔西影"是指古塔倒映在东湖中的风景，为城市内用水面借外景的典例（图8-15）。如今，古塔和东湖仍在，但由于其之间建筑的阻挡，已经难以看到"东塔西影"的景观。

图8-15　"东塔西影"视线关系分析图

〔图片来源：作者自绘，照片引用同图8-13〕

城市园林水系

宋朝，南郑城内修建了许多园林。文同《丹渊集》中有《兴元府园亭杂咏十四首》，记载了府园景观营建的内容（表8-5）。从诗文中大致可以将这些景观营造划分为三类：引水筑亭的甚美堂、武陵轩和激湍亭；登高而观景的凝云榭、四照亭、盘云坞、北轩、棋轩和山堂；以植物景观为主的绿景亭、照筼坛、桂石堂和垂萝径。

在宋代史料中，记载了绿景亭、凝云榭、桂石堂、四照亭和盘云坞

《兴元府园亭杂咏十四首》记载南宋南郑城园林   表8-5

景名	《兴元府园亭杂咏十四首》所著诗歌	宋代园景位置	明清园景位置
甚美堂	潭潭栋宇盛，窅窅轩窗辟。高深与地称，可大张宴席。府事如少休，兹焉会佳客		
武陵轩	水从前岩来，围入后溪云。中间载酒下，各到客前住。醉后皆怳然，再来无觅处		
绿景亭	竹间有幽亭，所宜惟暑饮。层阴隔炎日，四坐障绿锦。过午不可留，单绨觉微凛	府园	
激湍亭	高轮转深渊，下泻石蟾口。临之设轩槛，清绝更无有。爱此山中来，应须坐良久		
凝云榭	朝云南山吐，暮云北山禽。来往高榭中，留者颇堆积 坐客如久之，去须襟袖湿	府园	府园
照筼坛	积土削为坛，险然在深竹。中惟一诗石，独坐拥寒玉。勿谓人少知，此境不容俗		
桂石堂（柱石堂）	尝闻阳朔山，万尺从地起。孤峰立庭下，此石无乃似。爱尔常独来，一日须三四	府园	府城天汉楼东南，基尚存
四照亭	峦岭附梁山，汀洲随汉水。秋容上屏障，左右二百里。此景谁能论，残霞独凭几	府园	府治，宋建
垂萝径	长萝托高株，晻暧蔽烟雾。垂蔓已百尺，更引欲何处。愿少放余条，恐伤君所附		
盘云坞	几曲上层城，盘盘次文石。爱之有佳趣，不倦纤晚策。禽虫应见疑，日遇此狂客	府园	盘云坞，在天汉台下
北轩	天上之贵神，所居皆在北。有轩正相望，慢恐取阴劾。余常过则趋，不敢兹少息		
棋轩	北城云最高，上复有乔木。垂萝密如帐，中乃营小屋。时引方外人，百忧销一局	北城楼	
山堂	何以山名堂，层石作崖巘。余本岩穴士，每往不欲返。公吏呈俗书，还来愧冠冕		
静庵	知动以为幻，既知即非静。名庵以静者，无乃自起争。为语庵中人，勿以静为病		

［资料来源：作者根据文献整理而成］

"在府园"[45]，其余景观则不得而知。明清时期，这些景观只有凝云榭、四照亭和盘云坞保留了下来，均为登高望远的构筑物。

除了《兴元府园亭杂咏十四首》记载的内容，文同也有其他诗歌描写这些园林。如《奇石六首》描写了山堂前的六组置石，"鹦鹉石、柘枝石、狻猊石、昆仑石、罗刹石、珊瑚石"。说明当时即有置石观赏的营造活动；《山堂偶书》《凝云榭晚兴》和《静庵》等诗也从其他侧面描绘了这些园林，但内容无太大差异，此处不详细列举。

从文同诗歌中，还可得知当时城中还有一处"西园"，诗《晚兴》道：

> "众吏晚已散，西园常访寻。覆棋苔阁静，行药草桥深。草色晴承屦，检阴密洒襟。山蚯欲重赋，倚竹听清音"[46]。

《晴步西园》写道：

> "急雨正新霁，林端明晚霞。松亭临旷绝，竹径入敧斜。花落留深草，泉生上浅沙。稚圭贫亦乐，一部奏池蛙"[47]。

可见西园是文同每日忙完公事，时常玩乐的私园，因为常在较晚时候拜访，应该就在府署附近，也可能指的是府署内的府园。根据诗歌的描写，园中有棋轩、竹径、泉水、池塘和草桥，十四园亭中的照筇坛和棋轩很可能也位于西园中。

《夏夕》一诗还重点描绘了城市中的水景，可见水景中有泉与荷花，周边有池馆建筑：

> "池馆萧然夜欲分，满林虫鸟寂无闻。风吹松子下如雨，月照荷花繁苦云。泉作小滩声淅沥，笋成新竹气氤氲。清阴正覆吟诗石，更引高梧拂练裙"[48]。

除文同外，宋朝晁公武与虞允文还在南郑建有多个园亭，有记载道"众芳亭在府治……汉节亭在府宪司内……领要亭在府治城南隅……阅礼亭在宋宣抚司内，与郡治相直"[45]。但随着城市的变迁，宋朝时期的园林位置上已经很难考证复原。

明清时期的史料对于南郑城内水系有详细的记载。城池水系环城而建，又引入城中，形成城市内外相连通的供水体系。主城内外水系通过水门联系，其位置有两处，一处为城市北部的东西向渠道，与莲花池相连；一处是东南角与东湖连接的渠道。民国以前的舆图中主城内并未绘制渠系，民国测绘图则以单线描绘，与城池双线绘制的水系作出了区分，可见城内外的水系在尺度上是有一定差异的。这些水渠除了给湖池供水，还有排涝的功能，在城市营建中很受重视：

> "有城必有水门，汉中城百数十年，水不能泄，形家以为病。今乃知水门旧有，守兹土者于淤塞之时，未能随时疏导，非古人之疏也"[11]。

从明末舆图可见，关城城墙上设置有专门的水门，南北侧各有二处，引两条渠系入关城，其中一条为主城的护城河，另一条沿南北向街道往南流。关城沟渠和水门均由砖石砌筑，有记载"土城下挖槽数十丈，均深四尺。筑灰土培补，以防晴蚀。砖洞东六丈许，附城根又得石砌水沟迹，较砖洞更高宽"[49]。水门式样与城门基本相同，照常做城楼，门洞开券门。嘉庆修筑后，水门采用内外两层的铁水栅门，"二沟内外均嵌铁栅，内栅可启闭，以备异时淘淤之用"[49]。民国时期东关城墙已经被拆毁，其外环城池已经消失，而相关测绘图中绘制的水系应该为原关城内部渠系残留形成。

南郑城中水系大多修建于明清时期，其中记载最多的为东湖、瑞王府花园莲花池、草塘寺草塘和太白庙太白泉。

东湖又名饮马池，位于明清南郑城的东南角（图8-16）。相传

图8-16 古今东湖对比图
[图片来源：左图为作者摄于2019年，右图引自《城市记忆 汉台》，摄于1978年]

汉高祖曾饮马于此。东湖所在地本为城中地势低洼处，夏秋容易水泛，影响周边居民生活。在历史上曾有多次修缮的记载。清嘉庆间知府严如熤主持的修缮工程有明确记载——"修城得水洞，以消积潦，周外插以竹篱"[11]，"穿城作二水洞，相去六余丈，以泄夏秋城中积潦，均高三尺，宽三尺，深三尺，甃以砖石，内外均有铁栅"[31]。该工程将东湖与城垣水系结合在了一起，使之成为一个稳定的湖体。这一时期还在城墙东南角上修建了三台阁，使人能登高欣赏湖景。此外，东湖还与城中的净明寺古塔形成了视线关联，有诗云："汉阳萧寺塔，飞影入东湖。波皱佛龛动，浪明宝顶孤"[50]。由此，东湖由一个城市中的积水池转换为了一处城市园林。之后，东湖又经历了多次战乱破坏和战后修缮，并留存至今，但三台阁已毁。

莲花池是明清南郑城最大的湖体，位于瑞王府花园中。瑞王府修建于明万历二十九年（1601年），花园位于王府东侧，引山河堰水修建了莲花池，周围选奇石叠造假山，东北部广植名贵花木，并沿着莲花池修建了许多亭、台、楼、榭和桥，形成一处景色宜人的私家园林。瑞王逃离汉中后，花园逐渐废弃转变为公共园林，如今为南郑古城中最大的公园（图8-17）。莲花池所引山河堰水来源于城内北侧的一条东西走向的河渠，推测为明代瑞王府修建时北移城墙所留下的旧城池改造而成。

南郑城内还有草塘与太白泉等小型水池。草塘为南郑城南门内一处积水潭，面积约五六亩，今已废。据传说，草塘周围有着柳树

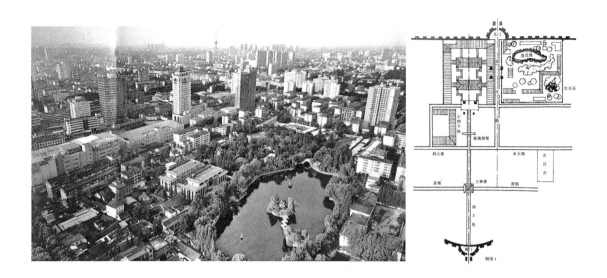

图8-17　莲花池公园鸟瞰与明瑞王府花园复原图

[图片来源：左图引自《真美汉中》，右图引自《汉中市城市规划》]

与红蓼等茂密的植物，景观优美而堪比江南水乡，草塘南岸还有一处草塘寺。太白泉位于南郑城西北，周围有一处四亩大小的湖体，今已废。据传说，太白泉为修筑太白庙时意外发掘，之后便与太白庙共同成为城内一处风景。"太白"之名源于对南郑以北诸山的统称，太白庙实为祭祀山水神明而保障区域水利的建筑，历来祭祀频繁，太白泉也因此被奉为神泉，体现了当地人对水利的重视。

第四节　景观认知：汉中八景

八景、十景和十二景等体系是我国古代对县域或某一风景胜地重要景点的概括凝练，本书统称"八景"体系。"八景"体系直接反映了古人对城市和区域景观的理解认知。针对每个城市的"八景"体系，研究从类型和区位等角度进行比较分析。总体而言，汉中盆地的"八景"体系可以分为四种空间类型，研究将其划分为四个圈层——由外向内依次是山岭型、江河型、田渠型和城市型，这一空间结构基于汉中盆地"山—水—田—城"的基本区域景观框架构成。根据描绘的景观内容，这四种空间圈层往下又可分为数个子类，本书主要按表8-6进行划分：

"八景"体系空间圈层以及景观类型划分　　　表8-6

空间圈层	子类	备注
山岭	山峰	描写山体本身，包括山峰和崖壁等
	气象	描写山中特殊的气象，包括季相和气象等
	人文	描写山中曾发生的人文典故，如传说和战争等
	泉洞	描写山中泉水或洞口
	谷栈	描写山谷或谷中栈道
	寺庙	描写山中寺庙
江河	河流	描写河流自身的特征，如曲折和平阔等
	渔业	描写河流中的渔业
	航渡	描写河边渡口和航运
	桥梁	描写河上桥梁
农田	田园	描写农田和放牧等农事活动
	水利	描写水利设施，包括渠首和渠要口等
	寺庙	描写依附于水利系统的寺庙
城市	台楼	描写城中观景建筑
	水园	描写城中水景和园林
	遗址	描写城中历史遗址（非建筑或园林，多为碑石等小型景物）

　　将各子类空间方位图示化至圈层图中，可以反映不同圈层和不同方位"八景"的分布状况。历史上每个城市的"八景"体系并非唯一，有不同朝代记载不同的，有不同来源的（多以志书为主，但也有出自"八景"诗或碑刻，却又与志书所记载有不同的），研究对八景的分析尽可能涵盖所有记载，对于描写景观近似但名称不同者，则视为一个。

　　南郑的景观体系有多种记载，在当地媒体以及相关研究领域最广为流传的为"天汉八景"[51]，但追其源头却未有翔实的史料记载，可能为后人依据口头流传所总结，其中"月台苍玉"和"圣水古桂"分别见于不同的描述当中。清康熙《汉南郡志》上有"汉南八景"的记载，与"天汉八景"描述景观较为相似。除此之外，明代朱景云和清代王晚香也分别著有八景诗与十四景诗，尽管景名不一，但所描绘的景观意向有所重叠（表8-7）。

南郑"八景"体系　　　　　　　　　　　　　　　　表8-7

类型	天汉八景	释义	汉南八景	朱景云八景诗	王晚香十四景诗
山岭气象	天台夜雨	天台山夜晚降雨	天台暮雪		天台积翠
山岭人文	汉山樵歌	汉山上樵夫歌唱	汉巘樵歌	汉山夕照	
江河航渡	龙江晓渡	指龙江铺渡口在拂晓时的景色	龙江晓渡	龙江过雨	
山岭寺庙	梁山石燕	石燕即梁山这种海底沉积岩经地壳运动形成的山峰	中梁堆岚	中梁古刹	
城市楼台	东塔西影	东湖水面映照出净明寺塔的景象	东湖塔影		东塔西影
城市水园	草塘烟雾	草塘每到晨间，雾气缭绕的景象			古观神烟
城市遗址	夜影神碑	指拜将台前的石碑，传说夜晚会发光			夜明神碑
农田寺庙	圣水古桂	指圣水寺和寺内的古桂花，部分记载中不含该景			
城市遗址	月台苍玉	汉台有一苍玉，与月光相互映衬的景象			
城市楼台			将台夕照	将坛晚眺	将坛风云
城市楼台				汉台春望	汉台园林
山岭谷栈				栈阁连云	褒斜古栈
山岭谷栈				韩沟晓月	
山岭人文				诸葛遗墟	
江河航渡					广汉千帆
山岭寺庙					金华晓钟
城市水园					瑞府莲湖
江河渔业			三滩渔唱		三滩渔唱
山岭人文					石门摩崖
城市遗址					万鸦朝汉
城市水园					文庙丹桂
江河河流			黄沙秋月		

南郑"八景"体系的空间布局（图8-18）主要有以下几个特征：

一、空间层次丰富：四个圈层均有景观，相对而言，农田和江河圈层的景观较为单薄，而城市和山岭圈层十分多样。

二、方位覆盖全面：从城内外景观的方位来看，几乎覆盖了整个方位。

三、城市内外的景观分布在方位上差异很大，城内的景观主要位于城东，城外的景观则主要位于城西，城内外景观为相互引应的关系。

图8-18　南郑"八景"体系分布与结构

[图片来源：作者自绘，依据地方志书记载绘制，底图数据源自Google Earth]

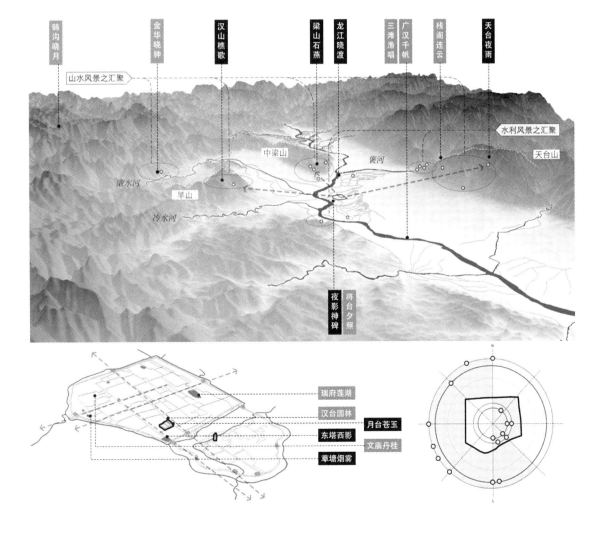

南郑的传统景观认知内容可以概括为以下几类：

一、城景的景观认知：南郑诸景中，城市中的园林景观颇多，其认知也可分为观景体系和园林水系两类。观景体系中，有"东塔西影""将坛晚眺"和"汉台春望"；园林水系中，有"东塔西影""草塘烟雾"和"瑞府莲湖"。对水景的认知，有东湖等水景与观望建筑结合者，有草塘等自然野趣者，也有莲湖这种人工营造且雕饰丰富者。

二、自然山川的景观认知：汉中诸景中，天台山、汉山和中梁山是提及最多的意向，三山皆为汉中周边山水形胜中的结构性山体，也是景观汇聚的名山。谷口是明显的景观汇聚地，有褒斜栈道和摩崖石刻等多处景观。与河川相关的，有"龙江晓渡""广汉千帆"和"三滩渔唱"三景，可见航渡是河流景观最为重要的主题。

三、水利农田的景观认知：南郑诸景中，仅"圣水古桂"可与水利农田有所联系。南郑地区对农田风光的景观认知较少，可能有两个原因：一是，南郑和褒城为水利共同体，南郑与褒城古代又同为县城，南郑最大的水利工程山河堰堰首靠近褒城，因此水利的中心在褒城县，而非南郑县；二是，南郑作为汉中盆地的政治、经济、文化中心，人工营造的景观很多，仅仅按照十景或十二景等景观体系难以描述当地丰富的景观类型，相对而言较为常见的农田水利风光在南郑就没有专门列出。

四、从景观中所蕴含的地方文化来看，南郑的景观是较为全面的，如军事政治影响下的"汉台园林""将台夕照""栈阁连云"和"韩沟晓月"等；宗教信仰影响下的"文庙丹桂"和"金华晓钟"等；其余都为园居游赏性的景观。

总体来看，南郑无愧于盆地行政文化中心的地位。笔者将本章题为"汉中之中"，即无论是本书的分析，还是传统景观认知，都显示出南郑是汉中诸城中景观类型最为丰富多样的城市，是区域的中心和焦点。

参考文献：

[1] （民国）蓝培原《续修南郑县志》卷一·舆地志·山脉.

[2] （民国）蓝培原《续修南郑县志》第七卷·艺文志《天台山碑记》.

[3] （北齐）魏收《魏书》志第五·地形志上.

[4] （清嘉庆）严如熤《汉中府志》卷四·山川上.

[5] （清嘉庆）严如熤《汉中府志》卷二　形胜.

[6] （民国）蓝培原《续修南郑县志》卷一·舆地志·幅员.

[7] （清康熙）邹嘉琳《重修天台山庙宇碑》.

[8] （宋）法兴《乾明寺记碑碑》.

[9] （清乾隆）王行俭《南郑县志》卷之十·古迹·寺观.

[10] （宋）文同《丹渊集》卷第十三·诗四十四首 旧集汉中诗·《中梁山寺四绝·第四》.

[11] （民国）蓝培原《续修南郑县志》卷五·风土志·古迹.

[12] （民国）《续修南郑县志》.

[13] （宋）文同《采芡》.

[14] （清嘉庆）严如熤《汉中府志》卷八·城池 公署.

[15] （清顺治）冯达道《汉中府志》卷二·建置志·城池.

[16] （民国）蓝培原《续修南郑县志》卷二·建置志·桥渡.

[17] （清乾隆）王行俭《南郑县志》卷之三·建置·津梁.

[18] （清）李天叙《明珠桥看柳》.

[19] （西汉）司马迁《史记》卷一五·六国年表.

[20] （北魏）郦道元《水经注》卷二十七·沔水.

[21] 鲁西奇著. 城墙内外 古代汉水流域城市的形态与空间结构[M]. 北京：中华书局. 2011.

[22] （宋）《太平寰宇记》卷一三三·山南西道·兴元府·南郑县.

[23] （唐）李吉甫《元和郡县图志》卷二十二·山南道三·兴元府.

[24] （南宋）王象之《舆地纪胜》卷一百八十三·利东路·兴元府.

[25] （北宋）文同《丹渊集》卷第三十四·奏状·《奏为乞修兴元府城及添兵状》.

[26] （南宋）王象之《舆地纪胜》卷一百八十三·利东路·兴元府·景物.

[27] （清乾隆）《南郑县志》.

[28] 马强，温勤能. 唐宋时期兴元府城考述[J]. 汉中师范学院学报（社会科学），2001（5）：91-94.

[29] （明嘉靖）张良知《汉中府志》卷二·建置志.

[30] （清乾隆）王行俭《南郑县志》卷三·建置志.

[31] （清嘉庆）严如熤《汉中府志》卷八·城池.

[32] （清）严如煜《三省山内风土杂识》.

[33] （南宋）王象之《舆地纪胜》卷一百八十三·利东路·兴元府·景物.

[34] （清嘉庆）严如熤《汉中府志》卷六·古迹.

[35] （宋）文同《丹渊集》卷第十四·诗四十九首 旧集汉中诗·《兴元府园亭十四咏·盘云坞》.

[36] （清康熙）滕天绶《汉南郡志》卷二·舆地志二·古迹.

[37] （宋）文同《丹渊集》卷第十四·诗四十九首 旧集汉中诗·《北城楼上》.

[38] （民国）蓝培原《续修南郑县志》卷二·建置志·公署.

[39] （民国）蓝培原《续修南郑县志》卷七·艺文志《新修汉台池亭记》.

[40] （清乾隆）王时熏《重聋清晖亭记碑》.

[41] （清道光）段大章《重茸堂东厅事碑》.

[42] （清）章炬《将台怀古》.

[43] （清）张正蒙《拜将坛》.

[44] （民国）蓝培原《续修南郑县志》卷七·艺文志《新修文昌宫碑记》.

[45] （南宋）王象之《舆地纪胜》卷一百八十三·利东路·兴元府·景物.

[46] （宋）文同《丹渊集》卷第十四·诗四十九首 旧集汉中诗·《晚兴》.

[47] （宋）文同《丹渊集》卷第十四·诗四十九首 旧集汉中诗·《晴步西园》.

[48] （宋）文同《丹渊集》卷第十三·诗

四十四首 旧集汉中诗·《夏夕》.

[49]　（清嘉庆）严如熠《汉中府志》卷
　　　三十二·拾遗下.

[50]　（清）楚文暻《东湖塔影》.

[51]　曹忠德 天汉八景谁人知？[J]. 陕西
　　　水利，2006（5）：46-47.

第九章

遗
失
的
园
林
故
城
：
洋
县

洋县即今汉中市洋县的前身，历史上曾被记载为灙城、洋州城等。洋县在北宋时期曾是汉中盆地另一政治中心，留下了城市内外大量园林营造的记载。然而随着行政等级降低，加之战乱和城市无序建设带来的破坏，如今鲜有园林遗产留存于世。尽管如此，我们仍然能从文献中窥见古代洋县城中的园林胜境，以及城市与自然山水、水网脉络协调发展的面貌。

第一节　山水溯源：山前平坝

山形水势

洋县靠近汉中盆地东侧谷口位置，周边平坝地区狭窄，山体众多。其中以祈子山、牛首山、兴势山、龙亭山和鄜都山最为知名，多在"洋县十二景"中记述。除了突出的山峰外，一些山谷作为栈道或航运等交通要道而闻名，如骆谷、筻笒谷和黄金峡谷。

兴势山又名镇势山。据记载，古兴势县曾建城于山上。该山底盘宽阔，在城北秦岭群山中挺拔突出，是洋县的镇山，构成了洋县北部最重要的山体背景。牛首山距离县城最近，在诸多舆图中均突出表示。城南有祈子山，又名凤翼山，与洋县隔汉江而望，体量较小，因建有祠庙而闻名，有记载称其为邑南胜概——"上有圣母祠，……邑南胜概也"[1]。县城以东有龙亭山，与牛首山相接，下有龙亭镇，耸立于汉江流出汉中盆地的谷口。洋县西侧有中原山、酆都山和子房山，构成了一组东西走向的带状山脉，其上均有寺庙的建置，其中又以酆都山最为有名。有诗："仙山叠翠带烟霞，几度攀缘石蹬斜。远岫岩峣环帝座，江流曲折抱龙砂"[2]。

洋县以东，汉江进入秦巴峡谷之中，约有53km长的蜿蜒地段，被称为"黄金峡"。黄金峡是汉江上游的第一大峡谷，其穿行于秦岭和巴山之间，河道蜿蜒曲折，束放相间，滩多水急，重要险滩有100余处。该区段历来就是汉江航运的险要地段。因此虽然此段没有聚落和农业的开发，但渡口众多，亦有多处山体因往来横渡的人所认知而成为名胜，如蒿坪山和韩仙山。其中韩仙山为当地道教名山，虽离县城甚远，仍然是"洋川十二景"之一。除了汉江黄金峡谷以外，灙水流经的山区因曾建设有灙骆栈道而被称为"骆谷"，其支流所经之处有筼筜谷，谷内多竹林，为当地名胜。

洋县在盆地内部除了与城固县共有的湑水以外，还有一级支流灙水和溢水二河。其中，灙水紧邻洋县城，是洋县重要的灌溉水源。骆水和铁冶河分别由北向南汇入灙水，因此灙水也常称为"骆水"或"铁冶河"，灙水在秦岭中所经之谷即骆谷。灙水流向盆地平坝时，东南向遇牛首山而西折，从牛首山山麓而过，牛首山与灙水相接的这一狭窄通道即土门，是上下游水利灌区连通的难点所在。溢水源于铁河乡以北的三官庙，亦是灌区重要的取水水源。与灙水类似，溢水河遇酆都山山麓而东折，该处地势陡峭且洪涝频繁，也是水利要口。

除灙水与溢水二河外，洋县境内东部山谷中还有西水河、金水河、蒲河和椒溪河，这些河流位于险峻的山谷当中，河流湍急，难以用于灌溉，仅部分用于航运。盆地内部还有数条小型溪流，北岸有苎溪河、天宁溪、贯溪河（平溪）和大小龙溪（又名龙涓水），南岸有西沙河和东沙河，这些小溪多有筑堰或筑塘以资灌溉，但规模均不大。

山水形胜下的城市格局

洋县"南俯巴山，北倚秦岭，褒斜两翼，楚襄东障"[3]。与巴山相距较远，倚靠秦岭，又位于汉江由汉中盆地东流入山谷的关卡处（图9-1）。洋县曾为洋州郡郡治，《舆地纪胜》中记载了洋州郡形胜，一方面强调了洋县交通枢纽的地理位置，另一方面肯定了洋县造园技艺的高超：

> "山水限阻，黄金子午。境临秦、淮，地接金、商。江带分而如萦，山屏匝而若画。楚之北境，洋居华山之阳，东北控魏，南蔽巴蜀，是为重地。南接汉川，北枕古道，险固之极。金戎、铁城。子午、骆谷，为署门户，郡圃亭榭，以二苏、文、鲜于四先生诗文为重。洋守所居园池，在西南诸郡中最为佳绝。佳绝之处，过于所闻"[4]。

图9-1　洋县疆域图
[图片来源：引自康熙《洋县志》]

北宋《元丰九域志》中对洋县的形胜记载为"兴道，……有兴势山，汉水"[5]。在洋县周边诸山中，兴势山和汉水是山水形胜的骨架。宋人王淑简曾云：

> "况武康（洋州）之为镇，据全蜀上之上游。封邻密接于长安，风物独异于他郡。北恃兴山之形胜，东趋汉水之深长。……弓刀万骑，蔼壮士之云屯；钟鼓三更，带江城之月色，实南郑襟喉之要，贻中朝宵旰之忧"[6]。

洋县城城市轴线自由多变，将轴线延伸，可发现洋县周边的山体与城市之间的对位关系（图9-2）。东西方向的主街轴线向西正对带状的酆都山山脉，向东正对汉江谷口，东西向副轴线正对城东的龙亭山。酆都山在当地为风景最为汇聚的名山，颇受重视，很可能是影响洋县城城市轴线偏离正南北方向的因素之一。城市以南正对祈子山，山后有万棕山。但史料上未记载有城南25km以外的远山，即巴山山脉上的高山，说明巴山诸山在洋县观察视野内并不清晰。

洋县城中的城市轴线是在不断发展演变过程中逐渐形成的，东西主街的轴线在宋代即已形成，应该是其最重要的城市轴线，也说明汉江谷口和酆都山对城市结构影响之重；随着城市发展，城市中的轴线更加明确，明朝增加了北门，使得南北方向的轴线得以向北延伸，正对牛首山土门和远处的兴势山。

清朝建魁星楼和文峰塔，使得紧邻城市水体的一条街道也成为城市中的重要轴线之一。这条轴线位于文庙前，串联城西的明月池与天汉台，延伸至城东的魁星楼和文峰塔，郡圃和望云楼也位于这条轴线上，这条轴线的形成一方面完善了城中文教空间的格局，即文庙、魁星楼和文峰塔的组合；另一方面也串联了城市中重要的园林水景。

洋县城墙建设也与自然山川有所呼应。宋代诗人韩亿有诗云"骆谷转山围境内，汉江奔浪绕城边"[7]。突出描写了洋县县城山环水绕的山水关系。其东北角往内凹陷，应为避开牛首山而设，其西

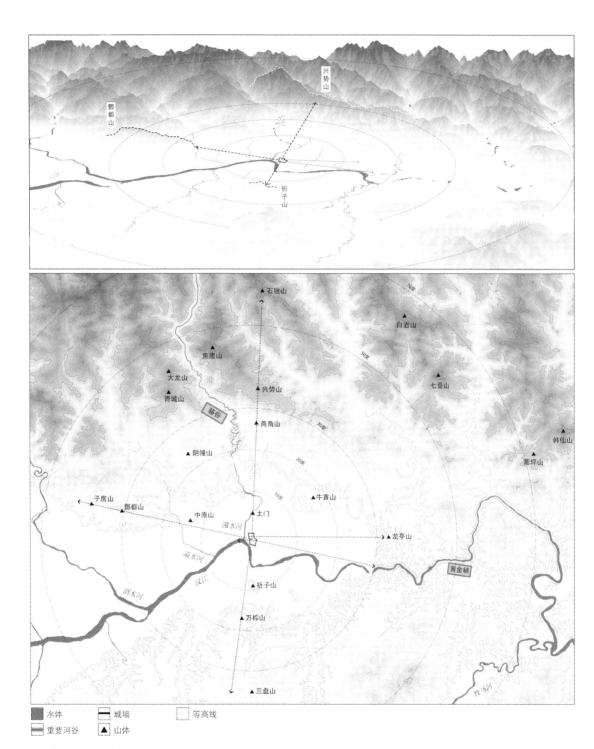

图9-2 洋县山水形胜结构分析图

[图片来源：作者自绘，依据地方志书记载绘制，底图数据源自Google Earth]

部城墙也有微微凹陷，可能为呼应酆都山而成。洋县城选址于汉江凸岸，与灙水河相交的位置，两侧被江河环绕，靠近灙水河则易于从灙水中引水环城为城濠或入城做园景，靠近汉江则易于建立码头渡口，发展商业。

汉江以南的凹岸地区有一平坝，为汉江泄洪的泛滥平原，该处历史上一直没有农业开发和城市建设的记录，洋县城得以在汉江边筑城许久而未有被洪水淹毁的记载，很大一部分源于该泄洪滩地的滞洪作用。

自然山川的风景化营造

洋县城外有诸多名山，皆建有道观和寺庙（表9-1）。最有名的是酆都山，为当地道教名山。宋元丰年间，在山顶建有庙宇48座，名崇道观。山上风景秀美，林木茂密，寺庙建筑此起彼伏。有诗赞叹"阁上青云绕绕，殿前流水潺潺"[8]。可见其不仅位于山中至高处，还有水系环绕，规模甚大。

洋县县境宗教园林

表9-1

	始建	村镇中	山水边
寺院	唐	智果院、天宁寺、浮石寺、崇法院	朝阳寺（朝阳山）醴泉院（祈子山）
	宋	大慈寺、港子寺、普泽院（涌泉寺）、万寿院、妙因院	良马寺（湑水）、东山寺（牛首山）
	元明清	池南寺、积庆寺、真符寺、长溪寺、八盘寺、大庆寺、清凉寺（观音堂）、高堰寺、妙法院、五里院、大觉院、罗曲院、宁波庵、大川庵、宋军庵、孙家庵、朱家庵、龙亭寺	镇江寺（汉江）、镇江庵（鸡子山）、宁波庵（天宁河）、白岩院（白岩山）
道观	唐		兴势观（兴势山）
	宋	玉真观	崇道观、苑门观（酆都山）
	元明清	玉皇观	韩仙观（韩仙山）、三官楼（灙水河）、青武观（青武山）、天池山观（天池山）
庙祠	宋	昭泽庙	
	元明清	龙亭侯祠、康王祠、八蜡祠、灵济庙	辟谷祠、留候庙（子房山）三丰祠（酆都山）、灵润庙（蒿坪山）、环珠庙（汉江）、渭门庙（黄金峡谷，祀河神）、圣母庙（祈子山、两角山）、蚕神庙（蚕姑山）、关帝庙（桃溪河）

［资料来源：作者根据康熙《洋县志》、当代《洋县志》整理而成］

除了鄷都山各寺庙外，洋县几处影响城市结构的名山皆有寺庙营建。兴势山上有兴势观。东山寺位于县东7.5km的牛首山，宋皇祐年间建，又名"东升寺"，今已毁。醴泉寺也是当地的名寺，位于祁子山，现存一大殿。据记载——"在洋县南十六里，通志唐开元中建，元中统三年（1262年）更名开化，有浮屠"[9]。——该记载证明寺中原有一佛塔。

洋县周边的寺庙除了建于山林间者，还有修筑于江河边者。如汉水谷口绣有镇压水脉的镇江寺：

"在县东三十里，汉水东流，气势直下。至此山回峰转，天成锁钥，堪舆家谓之龙头，再作层楼，则地脉益振。明万历间知县李文芳特建，重阁旁增回廊，朱栏、绿户掩映，碧水白沙，樵韵渔歌，酬和书声，梵呗实属，邑中名胜。自是洋邑士民颇有起色。明末殿庑，重阁颓圮。胜概荡然"[6]。

在灙水边则建有三官楼，其选址十分注意与水势的呼应，注重背水而立：

"在县西关，远障鄷山，近接灙水，培通邑脉，楼前旧有屏楼三楹，年远倾颓，土人惜费，止建一间背水而立，有阻灙滨来势，大碍邑脉，康熙三十三年知县重建三楹。"

洋县外多处山林谷地也是当地的风景胜地。灙骆道所经的灙水谷地古时曾修建有连绵的栈道亭廊，风景险峻宏伟。篔筜谷位于县城以北，谷内遍布修竹，风景清幽秀丽。文同治洋州时在谷中建披锦亭，并常年在此处游赏和绘画。他尤其擅长画竹，"胸有成竹"的成语即源自他熟练的画竹技法，其画竹的娴熟技巧与常年在篔筜谷游赏创作的经历密不可分。在洋州传统的景观认知中，篔筜谷作为一种意向反复出现。

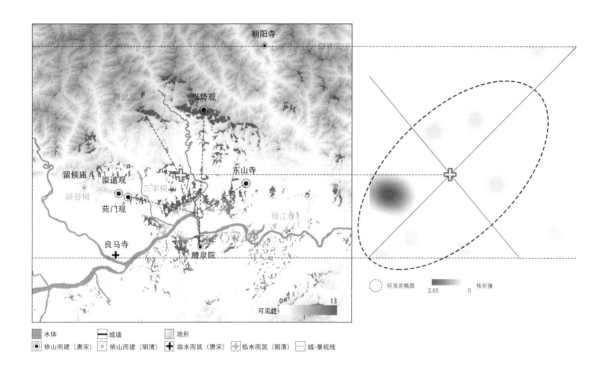

水体　　　　城墙　　　　地形
◉依山而建（唐宋）　◉依山而建（明清）　✚临水而筑（唐宋）　✚临水而筑（明清）　┈城-景视线

图9-3 洋县自然山水中的景观营建示意图
〔图片来源：作者自绘，依据地方志书记
载绘制，底图数据源自Google Earth〕

　　从风景营造的空间分布特征来看（图9-3），大部分风景都位于与城市视线关系优良的山中。景观营造在酆都山呈现出高度的集聚性。风景点的总体分布方向与汉江在洋县城西部分的流向较为一致。

第二节 水利溯源：远近之堰

水利营建变迁

　　洋县的水利开发历史悠久，为区域的发展提供了重要的支撑作用，宋代文人文同曾云"洋号曰小州，在蜀最称善地，所乐有江山之胜，其养得鱼稻之饶"[10]。宋代诗人韩亿有诗云"展开步障繁花地，画出棋坪早稻田"[11]；宋代诗人蔡交有诗云"翠垒环封岭，清流沃野渠"[12]。这些诗句均点出了洋县周边富饶的稻田和堰渠水系。

　　杨填堰渠系是洋县区域最主要的渠系，在上篇"大型代表性水利工程"一节中已有详述。灙水与溢水上还有诸多堰渠，这些堰渠与杨填堰相比更加靠近城市，与城市景观体系有更加密切的联系（图9-4）。

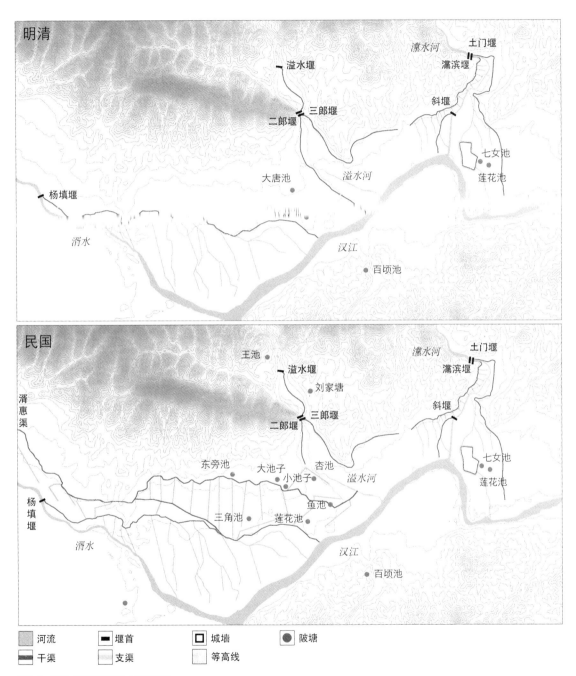

图9-4　明清-民国时期洋县水利网络图

[图片来源：作者自绘，依据地方志书记载、《洋县水利志》《汉中盆地地理考察报告》《汉中三堰》绘制，底图数据源自Google Earth]

灙水上自北向南共有三个堰渠体系，最北为灙滨堰，位于灙水西岸，向西南方向引流。主渠分为16个支渠，以龙积山为界，以北名为上八工，灌田980亩，以南为下八工，灌田900亩。堰渠跨越周家坎两条大沟，架木槽引水，木槽常因遇洪而毁，年年修复。明万历十五年（1587年），知县李用中创建石槽引水，并从周家坎东坡下土桥至双庙建分水洞12处，灌田1960亩。

灙滨堰往南为土门堰，在县北5km，横穿贾峪河，过土门，分为东西两渠：一个往东南方向至杨家庄，一个向西南方向至时家村。清康熙时期共计分水洞口25个，灌田1504亩。土门堰灌渠修筑时有两处重要工程，一是在牛首山山麓受阻，因此凿门以通渠道，得名"土门"；二是横穿贾峪河时被河水和泥沙所阻隔，因此修建渡槽"推去积沙，以巨石为底，上垒石条，高可及肩，长则亘河。其下流处，预防冲激，置圆石木闸贾峪，中流留龙口一十二丈，渐低其半，以涨泄流"[13]。

土门堰再往南为斜堰，在县北约3km处，分为东西二渠，共有分水洞6洞，灌田323亩。斜堰自巨家洞起，一直延伸到西关，"广五十余丈，灌负郭田"[14]，是洋县城外的主要渠系。斜堰原为土木桩和草石修筑，容易被冲毁，后李公修建石堰，分门设置闸板，并根据水量条件闸口开合，得以"虽洪涛数兴，终莫能坏。……引水入阡陌，堰成而水安行"[15]。

溢水河上筑有溢水堰、二郎堰和三郎堰三个主要堰系。溢水堰在最北，于溢水东岸筑堰，沿山麓修建主干渠。分水东南流，有小飞槽、大飞槽、铡板堰、腰渠、西渠、石堰渠、吴家渠、北渠和南渠共9个支渠，灌田1300余亩。溢水堰为明嘉靖年间规划修建。堰渠因傍鄠都山山崖，常遭山洪冲溃。明崇祯元年（1628年），知县亢孟桧主持修建飞槽引水。清康熙五年（1666年），知县柯栋主持在大渠内修建分水洞口处，灌溉魏家庙至戚氏村（今戚氏乡辖地）水田1302亩。清光绪二十年（1894年），改建石坝，为戚氏乡西北部农田灌溉的主要水源。

溢水堰往南为二郎堰，分东西两个支渠，主渠上共计12洞，灌田800亩。二郎堰往南为三郎堰，共计分水洞口6洞，灌田330亩。1958年建成溢惠渠，溢水诸堰为溢惠东干渠工程所取代。

除溢水与灙水诸堰外，洋县境内还记载有其他引小型溪流的小堰，多用于补充局部的灌溉用水。

洋县周边陂塘最为知名者有大唐池、百顷池、莲花池、七女池和明月池5处，其中，七女池与明月池自汉晋时期就存在，在七女冢附近，靠近湑水：

> "湑水又东径七女冢。冢夹水罗布，如七星，高十余丈，周回数亩。……水北有七女池，池东有明月池，状如偃月，皆相通注，谓之张良渠，盖良所开也"[16]。

清嘉庆《汉中府志》记载张良渠"在县东南二里"[17]，但此位置离湑水较远，其记载与《水经注》是冲突的。然而，洋县其他志书也都记载明月池、七女冢和张良渠等在洋县城附近，明月池甚至在城内——"明月池，县西北隅内，有台，相传汉高祖张良所筑，张良曾疏之以灌溉，一名张渠，台即天汉台"[18]。"七女灵池傍城之东，相传七女为丈筑冢地，遂成池，每于夏秋之交登城远眺，绿水青畦，水光潋滟，颇有佳况"[19]。笔者推断，洋县和城固应该分别有两组"七女池和明月池"。据记载，汉中盆地内的七女冢有两处——"七女冢在县东关后……七女冢旧志载四在洋县三在城固"[20]。《水经注》所记载张良渠、七女池和明月池应该为城固七女冢附近的水利设施，而洋县城边的七女池和明月池只是城关堰渠连接的两个陂池，附会了张良渠的传说故事。洋县明月池记载中所传张良渠的功能，证明其在古代具有灌溉的作用，验证了城内水系与城外堰渠的连通关系。

其余各陂池，大唐池位于县西12.5km，面积约1.7hm²，蓄溪流沼汕灌田，现又名大池子和小池子。百顷池位于县西南5km，汇集小沙河水用于灌溉，面积9hm²。莲花池位于县东南1km，种植莲花以观赏。民国时期，洋县地区开挖了不少陂塘，用以浇灌旱地和少量"塘田"。县城以西的十里塬就有王池、杏池、东旁池、莲花池和刘家塘等陂塘数十口。

水网格局下的城渠关系

　　洋县城位于区域大型灌区的尾端，紧邻河流，土门堰和灙滨堰灌区呈伞状环绕于城市北侧（图9-5），灌区和农田主要分布于城市的西、东和北三侧。

　　尽管没有历史图像资料能够明确地证明洋县城市用水与灌区的关系，但能从文字史料中做出推测。笔者认为，洋县古城城外城池与周边灌渠是相互连接的，灌区水网同时也支撑着城市用水。光绪《洋县志·城郭沟洫图》有备注载：

　　　　"治沟洫者，生养之大源，燕尾合分，修治宜力鱼鳞高下灌溉，须均洋县城郭沟洫，皆沿宋制"[21]。

　　从上文可知，自宋开始，洋县护城河就从城北灌区引水，洋县的城市水系与灌溉水系是一个整体。根据志书记载，土门堰"自刘家、草坝起。至北门外"[17]；斜堰"自巨家洞起，至西关止"[17]。由此推断，土门堰很可能是洋县城城池的供水堰渠，其入水口在县

图9-5　古舆图中洋县与周边堰渠关系
［图片来源：左图截选自民国时期《自重刻汉中府志》灙滨溢水渠图，右图截选自清光绪年间《洋县志》县治城池图］

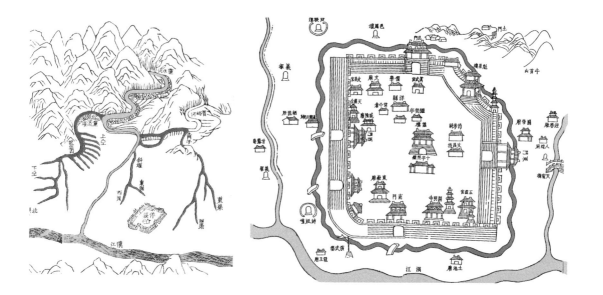

城北门附近。洋县城宋郡圃中有"灊泉亭"，其记载表明了整个园林水系可能从灊水灌渠取水——"迳源分灊水，衮衮出亭下。横湖能许深，日夜见倾泻"[22]。灊泉亭位于郡圃之中，因此郡圃内水系实为从灊水筑渠分水，而此时也提到了横湖，表明横湖也极有可能由此渠系供水。《丹渊集》录有诗文"下分灊水入渠口，正坐小榻临清流。"再次佐证了这一点。

人工水网下的风景汇聚

灌区水利对洋县景观营造的影响包含了三个层面（图9-6）。

收官的风景汇聚。土门堰堰首和灊滨堰堰首位于灊水骆谷谷口，谷口有崇法院，又名念佛岩。宋代诗人郑郓有《游洋州崇法院》记载"晓色熹微麦陇间，杖藜徐步扣禅关。两浇水足东西堰，一抹云收南北田。"这里的"两浇水"应为骆谷和箓笃谷两谷汇水，东西堰应为灊兵堰和土门堰，各自浇灌灊水东西的田地。而南北田则指牛首山土门南北的田野。骆谷谷口旁的箓笃谷多竹，宋代文人文

图9-6　洋县水利网络下的景观营造图
〔图片来源：作者自绘，依据地方志书记载、《洋县水利志》《汉中盆地地理考察报告》《汉中三堰》绘制，底图数据源自 Google Earth〕

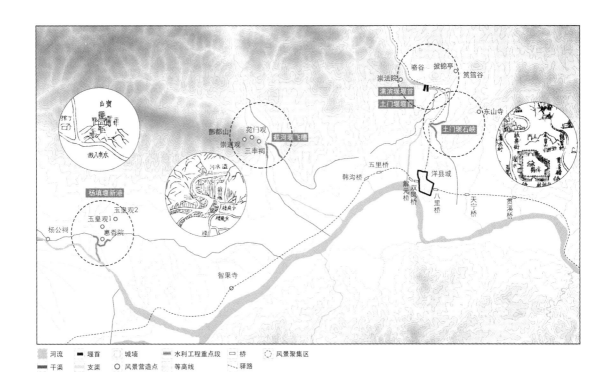

同曾在此处建披景亭，是当地郊野风景胜地。其他堰首风景，还有高堰的高堰庙与杨填堰的杨公庙。其中洋县和城固由于共用杨填堰，因此建有杨公庙和杨公祠两处祠庙。杨公庙位于杨填堰堰首丁家村，是城、洋两县共同的水利信仰中心。杨公祠修建于南宋时期，位于洋县池南村，为杨公庙的行祠，其作用在于祭祀和保佑杨填堰洋县七分灌区。但随着时间变迁，杨公祠逐渐丧失了其堰庙的功能，至清朝时期，杨公祠已经改名为池南寺，杨填堰信仰集中到了堰首杨公庙。

　　干渠要口的风景汇聚。除去杨填堰宝山（历史上该处属城固县管辖，城固章节详述），洋县的干渠要口主要有两处，分别为土门堰——牛首山峡口和溢水堰——鄠都山峡口，前者即为"土门"一词来源，后者是当地寺庙汇聚的胜地（图9-7）。

　　渠路交叉的风景。洋县周边小型溪流较多，名桥多跨溪流或跨城外护城河，与堰渠联系不大，但依然有驿站和寺庙在渠路交叉处修建。其中，最为知名的是城西的智果寺，为杨填堰灌区的一处大型寺院，规模较大，环以渠水建寺。该寺修建于唐朝仪凤年间，周围筑城并引杨填堰水做城濠，自清代就传有"智果寺八景"的说法，清朝诗人李一德曾作八景诗，即"高阁藏经""圣谕神碑""石镜照人""南院宝塔""魁楼望汉""古城遗址""东亭晓钟"和"香台睡佛"。

图9-7　今溢水河谷口航拍图
[图片来源：作者本人拍摄改绘]

第三节 城景营建：北宋的园林之城

洋县城的变迁有三个差异较大的阶段（图9-8）。

汉晋时期洋县所在的地区有灙城和小城固两处城市营建的记载。"汉水又东会益口，水出北山益谷，东南流注于汉水。汉水又东至灙城南，与洛谷水合"[16]。今洋县城南关有南关遗址，面积约2000m²，可能为灙城遗址。小城固遗址位于洋县东贯溪乡东联村，"汉水又东，迳小城固南。州治人城固，移县北，故曰小城固"[16]。小城固遗址平面呈长方形，东西长约1000m，南北宽约800m，保留有部分城墙，高1.5m，基宽2m。

唐前期，洋州（洋川郡）一直治于西乡县。唐天宝十五年（756年），洋州郡治移到兴道县，其县城原在北魏建于兴势山上的兴势县，建立郡城后移至灙城处。

今洋县古城成型于宋朝——"宋熙宁间，文与可守洋州，始筑土为城，高一丈五尺，凿池深五尺。其时，只有东、西、南三门并小西门，无北门"[23]。这一时期，洋县城内建造了以郡圃为代表的多处园林。"洋州三十景"即成景于此，之后一直延续到明清，奠定了洋县城市内景观体系的基础。

明以后，洋县城行政级别降低，城市发展并不如宋朝时兴盛。明洪武三年（1370年），大将军徐达率师取兴元，改兴元路为汉中府，降洋州为洋县。据府志记载，直至明弘治七年（1494年），知县王勉始创北门，这一时期的城门东曰"朝晖"，西曰"迎恩"，南曰

图9-8 秦汉至明清时期洋县城市变迁
[图片来源：依据地方志书记载、《城墙内外》、1943年《陕西省县市镇地形图》、20世纪70年代KH卫星影像绘制，底图数据源自Google Earth]

■ 城墙　◎ 观景建筑　▤ 渠系　□ 街道
■ 河流　等高线　湖池　▲ 城市轴线

"通津"，北曰"拥翠"。城门之上修建有二层城楼。万历年间，知县姚诚立为各城门楼置匾额，东、西、南、北和小西门楼分别题名为"旭日腾辉""晴霞错彩""玉练环清""层峦拱秀"和"洪流翻锦"。

清朝，洋县城屡遭战乱破坏，城市逐渐衰落。尤其以顺治年间和同治年间的破坏最为严重。清朝最大的一次修缮见于清嘉庆十一年（1806年），城楼毁于兵火，知县王凤坦承修，有记载：

> "计城身周围一千一百八十一丈，共七里三分，筑灰土，高一丈八尺，顶宽一丈一尺八寸，底宽一丈九尺，砖砌堞墙，……东、南、西、小西、北城台城楼（各）五座，四角卡房各一座，马道四座"[23]。

虽有反复修缮，但清朝洋县城池基本延续了明万历年间的格局。根据府志[23]记载，除望云楼和筼筜谷外，"洋州三十景"一直保存至光绪年间。

民国时期洋县城墙多处垮塌，城壕浅窄。民国三十五年（1946年）加固城墙，挖深城壕[24]。

洋县城的景观营造以宋代文同做郡守时期最盛。宋末受到战乱破坏，很多园景，尤其是水景逐渐消失。康熙《洋县志》中记载有大量园林古迹，但均描述其状态为"废"，可能为荒废状态。至嘉庆和光绪时期，郡圃和部分园林在志书中仍有记录，同时又新增了部分园林和建筑（表9-2）。民国时期，洋县城又因战乱屡遭破坏。在现代城市快速建设过程中，不受限制的开发活动对这些古迹造成了严重破坏，如今几乎已经全部消失。由于现存的图像资料信息较少，图示上的景观营建内容根据志书文字记载和历史地图资料推测还原（图9-9）。

洋县城宋至明清时期景观营造对比　　　　　　表9-2

类型	名称	宋代	明清	备注
大型湖体	横湖	宋建	在城中	内有二乐榭和待月台

续表

类型	名称	宋代	明清	备注
大型湖体	明月池	宋建	县西北隅	
大型湖体	官池	宋建	在棂星门前	上跨有泮桥
官府园林	文庙	宋建	改建于康熙四年（1665年）	门前有棂星门
私家园林	书轩	宋建	在县旧郡宅	
官府园林	郡圃	宋建	旧州志北圃中	
私家园林	南园	宋建	在城南	
私家园林	北园	宋建	在城北	
私家园林	竹坞	宋建	在城南	
公共园林	寒庐港	宋建	在城南	
公共园林	蓼屿	宋建	在城南	
公共园林	披锦亭	宋建	在县治北	
观景楼阁	谯楼	宋建	在城中	前有天汉名邑访
观景台	天汉台	宋建	在县治北，今无，上有望京楼和秦云阁	
观景亭	拥翠亭	在倅厅	在旧治州倅厅后	
观景楼阁	望云楼	在郡圃	今无	
宗教建筑	五云宫	宋建	县治东南隅，宋嘉定十六年（1223年）建，元皇庆元年（1312年）重修	
塔	开明寺塔		县南二百步	
塔	文峰塔		在县东城上	
观景楼阁	魁星楼		在县东城上，明万历二十七年（1599年）修	
宗教建筑	真五宫		县治北，明正德间建	
宗教建筑	开明寺	唐开元中建	县治南，唐开元建	内有开明寺塔
观景楼阁	望京楼	在郡圃，今名书轩	遗址仅存	
观景楼阁	超然堂	在郡圃	无考	
观景楼阁	清节堂	在倅厅	无考	
观景楼阁	湖阴堂	在郡圃	无考	
观景楼阁	秦云阁	在兴道县治	无考	北望秦山，云物阴晴，变态百出，皆几案间物也
观景楼阁	袭美堂	在州宅	无考	

[资料来源：作者根据相关志书资料整理]

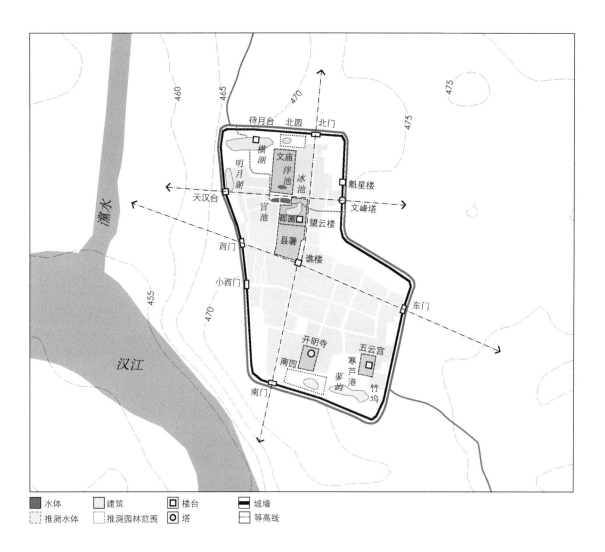

图9-9　明清时期洋县城城景营造布局
［图片来源：依据地方志书记载、1943年《陕西省县市镇地形图》、20世纪70年代KH卫星影像绘制，底图数据源自Google Earth］

城市观景体系

宋洋县城城市无北门，南北向轴线较弱。至明清时期，随着北城门、魁星楼和文峰塔等建筑的修建，城市观景体系逐渐丰富完善。城内可归纳出4条最主要的城市轴线：一为南北向主街，串联北城门楼—望云楼—谯楼—南城门楼；二为南北向次街，串联魁星楼、文峰塔和开明寺；三为东西向主街，串联西城门楼—谯楼—东城门楼；四为文庙和东西向次街，串联天汉台—文庙棂星门—文峰塔。这些轴线指向较为自由，并非正南北或正东西。城墙的走势也十分多变，不仅在东北角有一个大型的折角，而且南北向城墙和东西向城墙各

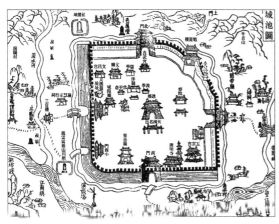

图9-10　历史资料中的观景建筑
［图片来源：左图引自康熙年间《洋县志》，右图为阿道夫·伊拉莫维奇·鲍耶尔斯基摄于1875年，引自世界数字图书馆］

自并不呈平行关系，城市骨架布局较为自由，究其原因，应该与周边的山水结构有关。

　　洋县城历史上台、亭、楼和塔等观景建筑十分丰富（图9-10）。台以天汉台和待月台为代表，分别与明月池和横湖相映成趣。城中有一拥翠亭，观景效果极佳——"在旧治州倅厅后，宋建。北望秦山，丛峦叠嶂，云烟显晦，最为可观"[25]。"北望群山，层峦叠嶂，云烟显晦，为邑奇观，是方舆胜览"[19]。

　　楼阁亦是城中的观景建筑，也是景观的焦点。郡圃中有一望云楼，诗歌中描述高百尺"南山北岭远如层，朝云暮雨浓若烝。楼高百尺见万里，更有底事须来登"[26]。

　　城中另一楼阁为城南的五云楼，在明朝曾因寇而焚毁，但在清光绪年间又重修如旧。志书中对该楼有着较为丰富的记载——"县治东南五云宫内，阁建三层[19]。""登楼俯视，水光抱城，四面云山，万家烟火"[18]。"宋时建楼，高可齐云，登眺尽一邑之胜"[25]。

　　城楼也是洋县城一类重要的观景建筑，在明朝形成了东、西、南、北和小西门楼5个门楼的基本格局。城墙上还有魁星楼和文峰塔。魁星楼建于明代，有记载"卜地垣堵之佐，厚筑其土，广亩许。置楼三楹，涂饰俱备，组乃命工肖像"[27]。文峰塔在县东城墙上，除了作为视觉焦点，更主要的是在教育上的象征作用，其与文庙棂星门和魁星楼共同组成了城中的文教建筑组团。有诗记载"洋城佳气郁人豪，文笔凌霄集瑞毛，雪顶霜清洒月影，云衣风送拂天局，双瞻雁塔鹏程远，齐步瞻富鹤翼翔"[28]。

在城中央有一组标志性建筑——天汉名邑访和谯楼。天汉名邑访"在谯楼前，南向，俗称邑门，其北向榜曰古武康郡"[29]。谯楼为一个高台基座建筑，其功能与钟鼓楼类似。谯楼亦是城中的观景胜地，元代有诗"云淡风轻雨湿尘，登临喜见丽谯新。雅宜赋景题诗客，端拟观光报国臣。汉水远潮沧海阔，巴山遥展画图真。还招老子同清赏，未许思归赋人神"[30]。

洋县城中有一塔名为开明寺塔，是全城景观的焦点，位于开明寺中，始建于唐开元中（约727年），宋庆元元年（1195年）重修，明洪武二十四年（1391年）又有修葺，至今仍然保存良好。高13层，约27m，为方形密檐式砖塔。明有诗云："七级浮屠依汉栽，白云常为护瑶阶。晓风过处仙韶落，夜月明时海鹤来。玉立便高尘土世，龙昂先镇梵王台，擎空一望齐嵩岳，天柱西南亦壮哉"[31]。

城市园林水系

史料中记载了洋县城内的多处园林水系，这些园林水系以宋代最盛。由于现存史料中缺少明确标示这些园林水景空间位置的图像资料，研究主要通过文献文字描述推测复原其水网格局和园林位置。

据记载，城内水景应多集中在城市的西北部。康熙时期志书中，记载城西北角有横湖：

> "湖在县治西北隅，水光潋滟，有匹练横空之状，因名横湖。青筼翠竹，奇草嘉木，掩映园池。池上有台，曰待月台。池前有榭，曰二乐榭。文兴可守洋时，骚人名士泛舟唱和傚极兰亭曲江风味。今湮废既久，一望荒烟野蔓，索其故址杳不可得矣"[19]。

作者将横湖与兰亭曲江相比拟，评价颇高，可见横湖曾是一处重要的城市景观。横湖中还建有月台和二乐榭，也是城内文人聚会的重要场所。然而，横湖在康熙年间已经"湮废既久"。

城西北隅有明月池，池上有台，名天汉台——"明月池，县西北隅内，有台，相传汉王筑之……台为天汉台"[18]。天汉台上有望京楼，据记载"（天汉台）在县治西北隅，相传汉帝所筑，登高远眺，秦山汉水环绕几案间，为汉南登揽胜地。宋皇祐三年（1051年）太守王冲倘望京楼于其上，胜筑益增"[19]。根据府志记载，横湖和明月池具有灌溉的用途，可能与城外的堰渠是一体的。在民国时期的测绘图和美国20世纪70年代的卫星图中可以看出（图9-11），城墙内西北角有一片很大的空地，与天汉台相接，可能为过去明月池和横湖所在位置。

除了横湖和明月池以外，洋县城西北部还有一小型湖池。从《洋县志》文庙舆图可以看出，文庙前有一个体量很大的水体，有一桥跨越水体连接到文庙当中。水体名为官池，桥名为泮桥。文庙内还有一泮池，体量较小。官池的体量较大，周边还种植有垂柳，从民国时期洋县的测绘图以及20世纪70年KH卫星影像中可以看出，文庙前确有一个水体，上有一桥横跨而过，应为官池遗址。中华人民共和国成立后，文庙改建为洋县中学，从旧照片中仍然能看到门前的水池（图9-12）。

图9-11　历史地图中明月池和横湖所在区域推测示意图
［图片来源：左图改绘自1943年《陕西省县市镇地形图》、20世纪70年代KH卫星影像］

民国测绘图

美国20世纪70年代卫星图

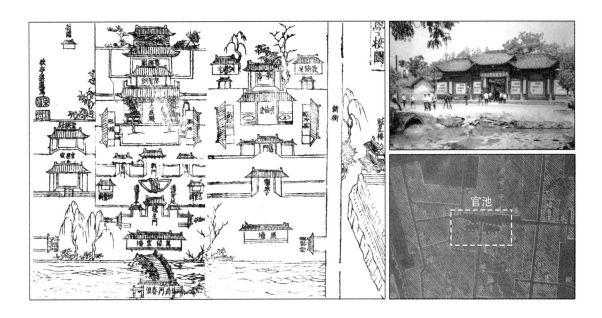

图9-12 官池位置推测依据的史料
[图片来源: 左图引自康熙《洋县志》, 右上图引自洋县论坛, 右下图引自1943年《陕西省县市镇地形图》]

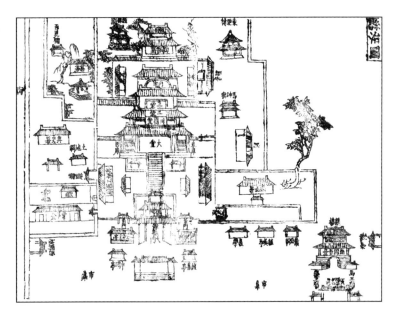

图9-13 洋县县治图
[图片来源: 引自康熙《洋县志》]

　　洋县城市内的园林建设以郡圃为重, 当地著名的"洋州三十景"中有17景位于郡圃。郡圃位于洋县治内,"旧州治北圃中, 有湖有桥。"可见郡圃位于县治北侧, 史料中也可找到相关的舆图(图9-13)。根据记载, 郡圃中有小径、水池、溪流和多种类型的园林建筑(表9-3)。

洋县郡圃景观营造内容　　　　　表9-3

景观类型	名称
水体	冰池
建筑	此君庵、瀼泉亭、过溪亭、涵虚亭、吏隐亭、披锦亭、霜筠亭、 楔亭、野人庐、望云楼、无言亭、菡萏亭、溪光亭、露香亭
游径	金橙径
山石	荼蘼洞

〔资料来源：作者根据嘉庆《汉中府志》整理〕

郡圃园林以水为中心，文同十分欣赏郡圃的水景，还作有诗集《郡斋水阁闲书六言二十六首》（表9-4），这里的"郡斋水阁"即指守居园池[32]，也就是郡圃。《二十六首》注重描写园林中的生态和生活场景。从诗文中可以看出，郡圃园林一方面有着丰富的园林建筑形象，包括阁、坞、桥、榭、亭、庵和轩；另一方面也有着优美的生态环境，不仅有竹、柳、蓼、萍、莲和朱槿等丰富的水边植物，还有金鱼、鹭鸶、翡翠、青鹳、虾和鸭等多样的动物。

在郡圃园林的诗文中，文同尤爱吟咏鹭鸶，甚至作"鹭鸶"和"再赠鹭鸶"两首诗来描写。鹭鸶在古代是指白鹭或朱鹭等一类的涉禽，其中朱鹭又名朱鹮，当前已经列入《中国国家重点保护野生动物名录》Ⅰ级。国内朱鹮曾因环境破坏一度濒临灭绝，直至1978年才在洋县发现两处朱鹮营巢地。从此以后，洋县一直致力于朱鹮的保护工作，被誉为"朱鹮故乡"。当代朱鹮梨园和朱鹮自然保护区都是洋县最为知名的风景名胜。文同郡圃园林中的鹭鸶，虽有"碧管深翘"而可能并非朱鹮，但其生态环境和栖息地应该是近似的，郡圃中的景观正是历史上城市与自然融洽共生的证明。

《郡斋水阁闲书六言二十六首》记载的园林景观　　表9-4

诗名	诗文	主要描写园林景观要素
湖上	湖上双禽泛泛，桥边细柳垂垂。 日午亭中无事，使君来此吟诗	湖、禽、亭、流、桥

续表

诗名	诗文	主要描写园林景观要素
独坐	不报门前宾客，已收案上文书。 独坐水边林下，宛如故里闲居	水边、林下
湖桥	湖桥北颊花坞，水阁西头竹村。 霏霏薄雾红暖，漠漠轻烟翠昏	桥、船坞、水阁、竹、村
推琴	点点新萍贴水，蒙蒙乱絮索风。 尽日推琴默坐，有人池上亭中	萍、柳絮、池上亭
静观	十许纹鱼弄水，一双花鸭眠沙。 静观只恐惊去，无语凭栏日斜	汶鱼（金鱼）、鸭、沙滩、栏杆
亭馆	亭馆翛翛度日，园林寂寂经春。 且遮新笋夸客，莫扫残花闷人	亭馆、林
衰后	衰后常亲药饵，忧来颇忆林泉。 身坐谢庄小阁，心游沈约东田	林、泉、小阁（此诗"东田"为用典）
鹭鸶	避雨竹间点点，迎风柳下翻翻。 静依寒蓼如画，独立晴沙可怜	鹭鸶、竹、柳、蓼、沙
莲子	绿实填房未满，黄茸绕壳方开。 为问因谁劝酒，一时齐侧金杯	莲
采莲	岸帻客来桥上，溅裙人在湖中。 桂楫兰桡甚处，莲花荷叶无穷	莲、桥、湖、桂、兰
翡翠	见诸长喙须避，得少纤鳞便飞。 为报休来近岸，有人爱汝毛衣	翡翠（鸟）、驳岸
朱槿	含露方矜杳袅，摇风旋见离披。 湖上先生笑汝，朝开暮落何爲	朱槿、湖
青鹳	常恶静时凫鹥，不惊饱处虾鱼。 与吾闲正相似，问尔乐复何如	青鹳（鸟）、虾、鱼
车轩	平湖静处朱阁，垂柳深中画桥。 隐几香烟露湿，投竿衣带风飘	湖、朱阁（车轩）、柳、桥
北岸	曲榭红蕖影上，圆庵绿筱阴中。 门外何人会画，故来写作屏风	驳岸、曲榭、红叶、圆庵
自咏	看画亭中默坐，吟诗岸上微行。 人谓偷闲太守，自呼窃禄先生	亭
再赠鹭鸶	颈若琼钩浅曲，股如碧管深翘。 湖上水禽无数，其谁似汝风标	鹭鸶、湖、水禽

注：二十六首中，《流水》《报国》《闻道》《彭泽》《凭几》《自悟》《相如》《偶书》《闲书》9首诗歌主要写人、事，与景观无直接联系，不专门列出。

除了郡圃和以横湖为中心的公共园林外，城市还有部分景观营造（表9-5）。根据文同《守居园池杂题》记载，各建有南园和北园两园。

北园应为洋州郡守的私家园林，内部种植了桃李树。有诗云：

"春风有多少，尽入使君家。当与那人乐，满园桃李花"[33]。

南园应为一处种植了桑树和粟秦的园林，可能也属郡守的私园。有诗云：

"不种夭桃与绿杨，使君应欲候农桑。春畦雨过罗纨腻，夏垄风来饼饵香"[34]。

南园和北园均为城中避暑的胜地，文同著有《北园避热》和《夏日南园》，诗中明确指出北园有塘，南园有湖，南北园均设有短墙，水景应为园中独立的，因此南北园应该也是城中引水造园的园林：

"缭绕度回塘，纡余转短墙。引筇聊散诞，入竹得清凉。正午禽虫净，初晴果木香。移床就高处，更欲解衣裳"[35]。

"阴阴乔木下，翠影若云浮。满地紫桑椹，数枝黄栗留。迎风湖上去，避日竹间游。定作今宵雨，绕墙啼晓鸠"[36]。

《守居园池杂题》记载洋县城中其他景观营造　表9-5

地点	名称	备注
城南	南园、蓼屿、荻浦、竹坞、寒芦港	诗中有载"冰湖"，于寒芦港旁
城北	北园、待月台	
郡宅	书轩	

图9-14 历史照片中的城南湖水
[图片来源：引自洋县论坛]

除园以外，城南应为一片小型湿地景观，蓼屿、荻浦、竹坞和寒芦港均为湿地景观意向。其中，寒芦港有一集中水面名冰湖，有诗记载：

"落月照冰湖，晓气何太爽。两岸雪烟昏，凫鸥出深港"[37]。

城南湿地多为城市低洼地带，自然形成，所载景观也多为自然风景。从民国时期测绘图来看，洋县城东南有一片空地，根据当地人描述以及历史照片显示（图9-14，图中为开明寺塔，塔前有一较大水面，从拍摄的角度推测，该水面应在城中空地处），这一空地过去一直有一处池塘，可能为城南湿地留下的痕迹。

第四节 景观认知：洋县三十景与十二景

洋县史料上记载有两种景观体系，一为《洋县志·卷之一·古迹》记载的"洋川十二景"（表9-6）。当代画家绘有《洋州十二景图》，可直观看到各个风景的面貌（图9-15）；二为宋代文同、苏轼、苏辙和鲜于侁所作洋州三十景系列诗歌所述三十景（表9-7）。

洋川十二景 表9-6

景观意向	景名	描述
山岭山峰	石锉高峰	县北六十里一路石峰层错历落，登高远眺，城郭村墟依稀皆亮
山岭山峰	酆山胜概	白云抱峰，溢水环绕，苍松古柏，荫翳蔽日，为邑镇山
城市楼台	五云层阁	县治东南五云宫内，阁建三层，登临其上，秦山汉水在几案间，为一邑大观
农田水利	七女灵池	傍城之东，相传七女为丈筑塚地，遂成池。每于夏秋之交，登城远眺，绿水青畦，水光潋滟，颇有佳况
山岭谷栈	药木香枝	唐为入蜀驿道取涪陵鲜枝，经此偿有关，名药木云树葱茏，驿骑往来宛如画图
山岭山峰	韩湘仙山	深林密菁，高峰插云，汉南一郡形胜，俯瞰历匕
江河航渡	黄金古渡	两岸峭峰，直插天半，夹水中流，若环一带，行旅络绎于江涯舟子，招须于渡口，欸乃之声，山谷响应
山岭谷栈	芸箬秀竹	邑北有谷，产兴竹钜，节细干翠，叶陈枝极，锦亭于中，遨游玩赏，为关南胜概
山岭谷栈	骆谷樵歌	盘古幽邃，谷中樵叟歌吟，上下颇有山鸣谷应之趣
农田水利	龙亭牧笛	汉蔡伦封地也，冈阜层叠，龙溪映带，每当烟雨迷离，村落牧童，山麓水限间，披蓑吹笛，牲来上下，宛然画图
江河河流	洋川霁雪	东郊雪霁，一望晶莹，有上下天光，一碧万顷之状
山岭气象	秦岭春云	时当春和，烟云缭绕，秀鬟横黛，青翠欲滴

［资料来源：作者根据《苏轼文同和古洋州三十景》整理］

北宋熙宁八年（1075年），文同调任洋州知州后修建多处园林亭榭，写下了《守居园池杂题》，并将该诗寄给表兄苏轼、苏辙及诗友鲜于侁，三人均合诗相赠。苏轼作《和文与可洋州园池三十首》，苏辙作《和文与可洋州园亭三十咏》，鲜于侁所作诗《洋州三十景》。该三十景也被以"洋州三十景"一名写入《洋县志》，其在清代仍然留存有28景。尽管十二景更接近于传统"八景"体系的命名法和数量，但由于苏轼等人作品影响力较大，洋州三十景在当地有很高的认可度。

（a）黄金古渡　（b）秦岭春云　（c）骆谷樵歌　（d）药木香枝

（e）洋川霁望　（f）石磴高峰　（g）酆山胜概　（h）五云层阁

（i）龙亭牧笛　（j）韩湘仙山　（k）筼筜秀竹　（l）七女灵池

图9-15　洋州十二景图
〔图片来源：引自《洋州七千年》李生元
2004年绘〕

<table>
<tr><td colspan="2" align="center">洋州三十景</td><td></td><td></td><td></td><td align="right">表9-7</td></tr>
</table>

景观意向	景观位置	景名	文同《守居园池杂题》	鲜于侁《洋州三十景》	苏辙《和文与可洋州园亭三十咏》	苏轼《和文与可洋州园池三十首》
城市园林	在旧郡城北	北园	春风有多少，尽入使君家。当与那人乐，满园桃李花	朝阳动湖水，春色入名园。邑人千万户，日日望朱幡	使君美且仁，遍地种桃李。岂独放春花，行看食秋子	汉水巴山乐有余，一麾从此首归途。北园草木凭君问，许我他年作主无

景观意向	景观位置	景名	文同《守居园池杂题》	鲜于侁《洋州三十景》	苏辙《和文与可洋州园亭三十咏》	苏轼《和文与可洋州园池三十首》
城市水体	在旧郡圃	冰池	日暮池已冰，翩翩下凫鹜。不怕池中寒，便于冰上宿	东西横塘里，积叠昆岭玉。潜鳞知几何，还待春风触	水深冰亦厚，混荡铺寒玉。好在水中鱼，何愁池上鹜	不嫌冰雪绕池看，谁似诗人巧耐寒。记取羲之洗砚处，碧琉璃下黑蛟蟠
园林建筑	在旧郡圃	此君庵	凤笃庭圃檐，净影碧如水。谁识爱君心，过桥先到此	竹竿竹竿竿竿，植竹更端操。迢遥月上床，习静谁能造	风梢逃栖廪，霜干当窗净。遥知素壁上，醉墨森相映	寄语庵前抱节君，与君到处合相亲。写真虽是文夫子，我亦真堂作记人
园林建筑	在横湖	待月台	城端筑层台，木杪转深路。常此候明月，上到天心去	台高上宵汉，人远绝嚣纷。秋中午夜静，万晨无织云	夜色何苍苍，月明久未上。不上倚城台，无奈东南嶂	月与高人本有期，挂檐低户映蛾眉。只从昨夜十分满，渐觉冰轮出海迟
园林建筑	在旧郡圃	灙泉亭	迳源分灙水，衮衮出亭下。横湖能许深，日夜见倾泻	泉声日琮琤，泉水深浩渺。可爱主人心，亭中狎鸥鸟	泉来草木滋，泉去池塘满。委曲到庭除，清泠备晨盥	闻道池亭胜两川，应须烂醉答云烟。劝君多种长腰米，消破亭中万斛泉
园林建筑	在横湖	二乐榭	暖山孰云静，汉水亦非动。二见因妄生，仁智何常用	珍跻积翠外，绵结穹隆间。轩槛最佳处，四顾惟江山	动静惟所遇，仁智亦偶然。谁见二物外，犹有天地全	此间真趣岂容谈，二乐并君已是三。仁智更烦诃妄见，坐令鲁叟作瞿昙
园林建筑	在旧郡圃	过溪亭	小杓过清溪，有亭才四柱。地僻少人行，翩翩下鸥鹭	溪桥入庭下，杖履可忘忧。谁识钓璜翁，有时抛直钩	溪浅复通桥，过者犹根懒。赖有沙上鸥，常为独游伴	身轻步隐去忘归，四柱亭前野约微。忽悟过溪还一笑，水禽惊落翠毛衣
园林建筑	在旧郡圃	涵虚亭	石磴抱城回，入竹见虚槛。前望佳景多，倚筇聊此暂	危栏试睡听，空翠如何把。悄悄忧世心，临风一倾泻	虚亭面疏篁，窈窕众景聚。更与坐中人，行寻望来处	水轩花榭两争妍，秋月春风各自偏。惟有此亭无一物，坐观万景得天全
港口景观	在县南	寒芦港	落月照冰湖，晓气何太爽。两岸雪烟昏，凫鸥出深港	蒹葭何纷披，湖水还诘曲。谁言江渚间，亦有双鹭宿	芦深可藏人，下有扁舟泊。正似洞庭风，日莫孤帆落	溶溶晴港漾春晖，芦笋生时柳絮飞。还有江南风物否，桃花流水鳜鱼肥

景观意向	景观位置	景名	文同《守居园池杂题》	鲜于侁《洋州三十景》	苏辙《和文与可洋州园亭三十咏》	苏轼《和文与可洋州园池三十首》
城市水体	在城中	横湖	长湖直东西，漾漾承守寝。一望见荷花，天机织云锦	三冬修生色，六月芙蕖风。轩窗复起处，尽人菱花中	湖里种荷花，湖边种杨柳。何处渡桥人，问是人间否	贪看翠盖拥红妆，不觉湖边一夜霜。卷却天机云锦段，从教匹练写秋光
园林建筑	在横湖	湖桥	飞桥架横湖，偃若长虹卧。自问一日中，往来凡几过	千峰起华阳，一水连天汉。初月正沉钩，隐然飞两岸	湖南堂宇深，湖北林亭远。不作过湖桥，两处那相见	朱栏画柱照湖明，白葛乌纱曳履行。桥下龟鱼晚无数，识君拄杖过桥声
自然景观	在县南	荻浦	枯荻微霜风，暮寒声索索。无限有微禽，捉之宿如客	凝霜压寒芦，白月铺净练。谁起落梅声，愁人泪如霰	离披寒露下，萧索微风触。摧折有余青，从横未须束	雨折霜干不耐秋，白花黄叶使人愁。月明小艇湖边宿，便是江南鹦鹉洲
园林建筑	在郡圃	金橙径	金橙实佳果，不为土人重。上苑闻未多，谁能为移种	远分稂下美，移植使君园。何人为修贡，佳味上雕盘	叶如石楠坚，实比霜柑大。穿落得新苞，令公忆鲈会	金橙纵复里人知，不见鲈鱼价自低。须是松江烟雨里，小船烧蒻捣香齑
园林建筑	在旧郡圃	吏隐亭	竹篱如鸡栖，茅屋类蜗壳。静几默如禅，往来人不觉	心休忘物我，道胜一轩静。隐几度朝晡，可嗟人畏影	隐居亦非难，欲少求易遂。有意未成归，聊就茅檐试	纵横忧患满人间，颇怪先生日日闲。昨夜清风眠北牖，朝来爽气在西山
自然景观	在县南	蓼屿	孤屿红蓼深，清波照寒影。时有双鹭鸶，飞来作佳景	盈枝红欲滴，照水色更好。朝暮几回新，何用催秋老	风高莲欲衰，霜重蓼初发。会使此池中，秋芳未尝歇	秋归南浦蟪蛄鸣，霜落横湖沙水清。卧雨幽花无限思，抱丛寒蝶不胜情
城市园林	在旧郡城南	南园	农桑乘晓日，凌乱如碧油。紫椹熟未熟，但闻黄栗留	城上望南园，园深知几许。啼鸟闻间关，游人不知处	官是劝农官，种桑亦其所。安得陌上人，隔叶攀条语	不种夭桃与绿杨，使君应欲候农桑。春畦雨过罗纨腻，夏垄风来饼饵香
园林建筑	在县治北	披锦亭	繁红层若云，密绿叠如浪。青帝不寻春，满园开步障	春归阆风家，功入天匠手。能将五色云，点缀当户牖	春晚百花齐，绵绵巧如织。细雨洗还明，轻风卷无迹	烟红露绿晓风香，燕舞莺啼春日长。谁道使君贫且老，绣屏锦帐咽笙簧

景观意向	景观位置	景名	文同《守居园池杂题》	鲜于侁《洋州三十景》	苏辙《和文与可洋州园亭三十咏》	苏轼《和文与可洋州园池三十首》
园林建筑	在旧郡宅	书轩	清泉绕庭除，绿篠映轩槛。坐此何可为，惟宜弄铜椠	朱门谢俗客，幽斋叙友人。澄澜鉴止水，高节看丛筼	绿竹覆清渠，尘心日日疏。使君遗癖在，苦要读文书	雨昏石砚寒云色，风动牙签乱叶声。庭下已生书带草，使君疑是郑康成
园林建筑	在旧郡圃	霜筠亭	俯章□幽深，正在修篁里。坐久寒逼人，暂来须索起	早梅川里里，林幽人不知。能教三伏景，变作九秋时	林苍日气薄，竹色净如水。寂历断人声，时有鸣禽起	婵娟已有岁寒姿。要看凛凛霜前意，须待秋风粉落时
城墙景观	在县治北	天汉台	北岸亭馆众，最先登此台。台高望群峰，万里云崔嵬	台外绕佳山，台中垂暇日。觑觑绛守居，徒劳夸绍述	台高天汉近，匹练挂林端。秋深霜露重，谁见落西山	漾水东流旧见经，银潢上界上通灵。此台试向天文觅，阁道中间第几星
园林建筑	在旧郡圃	禊亭	悬流效曲水，上已娱嘉宾。饮罢已陈迹，那复山阴人	流水弯还来，羽觞酬酢竞。应有兰亭篇，邦人起歌咏	觞流无定处，客醉醒还酌。毋令仲御歌，空使人惊愕	曲池流水细鳞鳞，高会传觞似洛滨。红粉翠蛾应不要，画船来往胜于人
园林建筑	在县南	竹坞	文石间苍苔，相引入深坞。莫撼青琅玕，无时露如雨	幽溪入流篁，翠色连远坞。清夜天风来，不隔鸾凤语	空陂放修竹，肃肃复冥冥。莫除坞外笋，从使入园生	晚节先生道转孤，岁寒惟有竹相娱。粗才杜牧真堪笑，唤作军中十万夫
园林建筑	在旧郡圃	野人庐	萧条野人庐，篱巷杂蓬苇。每一过衡门，归心为之起	深深惟使君，草草学田舍。持此归与心，随时自潇洒	野人三四家，桑麻足生意。试与叩柴荆，言辞应有味	少年辛苦事犁锄，刚厌青山绕故居。老觉华堂无意味，却须时到野人庐
园林建筑	在旧郡圃	荼蘼洞	柔条缀繁英，拥架若深洞。是处欲清香，凭风为持送	天香分外清，玉色无奈白。谁向瑶池游，依稀太真宅	猗猗翠蔓长，蔼蔼繁春足。绮席堕残英，芳樽渍余馥	长忆故山寒食夜，野荼蘼发暗香来。分无素手簪罗髻，且折霜蕤浸玉醅
园林建筑	在旧郡圃	望云楼	巴山楼之东，秦岭楼之北。楼上卷帘时，满楼云一色	云山日在眼，飞观复看云。原似崇朝雨，飘扬静世氛	云生如涌泉，云散如翻水。百变一凭栏，悠悠定谁使	阴晴朝暮几回新，已向虚空付此身。出本无心归亦好，白云还似望云人

续表

景观意向	景观位置	景名	文同《守居园池杂题》	鲜于侁《洋州三十景》	苏辙《和文与可洋州园亭三十咏》	苏轼《和文与可洋州园池三十首》
园林建筑	在旧郡圃	无言亭	谁此设懒床，颇称我衰惰。公事凡少休，须来默然坐	叶上花露泣，轩前红日长。游风复为谁，时送席间香	处世欲无言，事至或未可。唯有此亭空，燕坐聊从我	殷勤稽首维摩诘，敢问如何是法门。弹指未终千偈了，向人还道本无言
园林建筑	在旧郡圃	菡萏亭	胡阳媚秋漪，菡萏隔深竹。谁开翠锦障，无限点银烛	夏绿分照水，秋香仍满地。吴宫谁教战，一一尽娇媚	开花浊水中，抱性一何洁。朱槛月明时，清香为谁发	日日移床趁下风，清香不尽思何穷。若为化作龟千岁，巢向田田乱叶中
自然景观	在邑北	筼筜谷	千舆翠羽盖，万锜绿沈枪。定有葛陂种，不知何处藏	晖晖蓝田山，山下多绿玉。安得结茅茨，林间许容足	谁言使君贫，已用谷量竹。盈谷万万竿，何曾一竿曲	汉川修竹贱如蓬，斤斧何曾赦箨龙。料得清贫馋太守，渭滨千亩在胸中
园林建筑	在旧郡圃	溪光亭	横湖决余波，虢虢泻寒溜。日影上高林，清光动窗牖		溪亭新雨余，秋色明滉漾。鸟渡夕阳中，鱼行白石上	决去湖波尚有情，却随初日动檐楹。溪光自古无人画，凭仗新诗与写成
园林建筑	在旧郡圃	露香亭	宿露蒙晓花，婀娜清香发。随风入怀袖，累日不消歇		重露覆千花，繁香凝畦町。不忍日将晞，散逐微风去	亭下佳人锦绣衣，满身璎珞缀明玑。晚香消歇无寻处，花已飘零露已晞

[资料来源：作者根据《苏轼文同和古洋州三十景》整理]

　　除了筼筜谷以外，洋川十二景和洋州三十景所选取的景观意向没有重合。十二景更注重区域景观，除五云宫外均为城外的景观。而三十景则更注重城内景观，除筼筜谷以外均为城内的景观意向。两者相互补充，阐释了古洋州城城市内外的景观体系。

　　洋县"十二景"和"三十景"体系的空间布局（图9-16）主要有以下几个特征：

　　一、空间层次丰富：四个圈层均有景观（即使去掉非传统的三十景也是），相对而言，农田圈层的景观较为薄弱，而城市、山

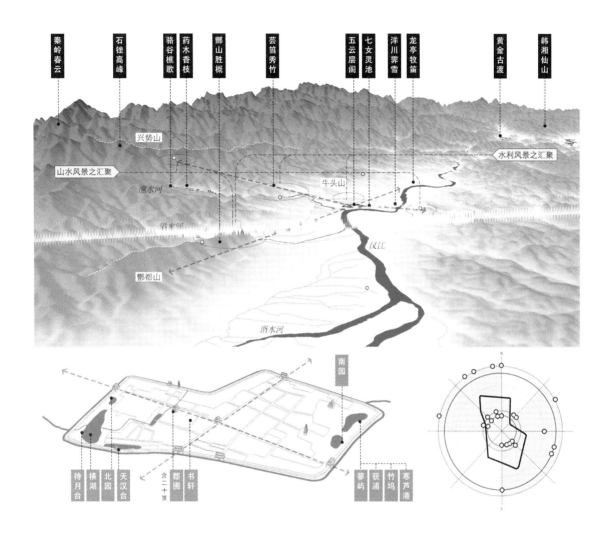

岭圈层十分繁盛，这一结构在"三十景"全盛期的宋代应该更加
明显。

　　二、方位结构有明显空缺：从城内外景观的方位来看，在西南
方向有明显的空缺。

　　三、城市内外的景观分布呈现很强的相关性，即基本位于同一
个方向（尤其是西北和东南），城内外景观相互叠加强化。

　　洋县的传统景观认知内容可以概括为以下几类：

　　一、城景的景观认知："三十景"只囊括了宋朝洋县城内的景
观，因此明清始建的景观均无记载；"十二景"仅包括了五云阁，而

图9-16　洋县"十二景"体系分布与结构分析图

〔图片来源：作者自绘，依据地方志书记载绘制，底图数据源自Google Earth〕

明清时期很多城内景观营造活动，包括谯楼、魁星楼、双塔都未列入。这说明提出"十二景"体系的时期，洋县城内的景观已经衰颓凋敝，"三十景"中的大部分景观虽然在志书中有记载，但已经不被当地人所重视。

二、自然山川的景观认知：从"十二景"体系来看，山是洋县景观认知中最多之处，包含对山峰的描写和对山谷的描写，其中描绘自然景观的有"石锉高峰""龙亭牧笛""酆山胜概""韩湘仙山"和"秦岭春云"。酆都山为靠近洋县的镇山，也是当地道观聚集的名胜。"龙亭牧笛"描述的应为洋县东郊浅山岗岭的龙亭山，与农牧景象相结合。石搓山、韩仙山和秦岭均为距离县城30km以外的远山，意象描绘多为远观之景观。"骆谷樵歌"与"芸笃秀竹"描绘的为山谷，多与具体的生活场景所结合。洋县景观中直接描写的以河川为意向者有两处，即"黄金古渡"和"洋川霁雪"，黄金古渡为洋县东部山岳地区黄金峡处的渡口，远离灌区平坝，因险胜而著称。"洋川霁雪"所描写的洋川可能是指洋县周边的平坝地区，清康熙《洋县志》记载的该意向名为"洋州霁望"，附有小注"东郊雪霁，一望晶莹，有上下天光，一碧万顷之状。"

三、农田水利的景观认知：洋县诸景中，"七女灵池"是直接描写洋县陂塘水利的景观。根据文献记载，该池可能是由自然积水湖塘改造而成的灌溉陂塘，小注中写有"每于夏秋之交，登城远眺，绿水青畦。水光潋滟，颇有佳况。""绿水"和"青畦"共同描写，可见七女池的意向和田野是紧密相连的，也属于农田景观的一类意向。洋县作为谷口城市，其交通要道的特征较为凸显。"药木香枝"虽以植物为名，但其小注中写有"名药木云树葱茏，驿骑往来宛如画图"，实为描写的驿道景观。"骆谷樵歌"和"芸笃秀竹"所描绘的意向，均集中于骆谷谷口附近的狭窄地区，这一片区还分布有当地的大型堰渠，土门堰和灙兵堰的堰首，也是灙骆栈道的入口，为当地郊区景观汇集之处。

四、景观中所蕴含的地方文化较为丰富，如军事政治影响下的和"药木香枝"等；宗教信仰影响下的"酆山胜概"和"韩湘仙山”等；但总体来说以园居游赏的景观为主——在洋川十二景中，约有一半都是纯粹的自然风景，而洋州三十景更是以城市园林为主。人们在山水田野园林中的游赏似乎是洋州传统文化中很突出的一个部分。

总体来看，洋县景观营造内容较为丰富。比起军事逸闻和信仰教化影响深远的南郑，洋县的城市和郊区蕴含着更突出的游赏文化和丰富的园林营造内容。然而，令人遗憾的是，洋县的园林文化似乎在宋朝以后就逐渐衰退，包含“洋州三十景”在内的许多景观已然湮灭，因此洋县也是一处令人心生怜惜的“园林故城”。

参考文献：

[1]　（清嘉庆）严如熤《汉中府志》卷五·山川上.
[2]　（清）常九经《酆都山》.
[3]　（清嘉庆）严如熤《汉中府志》卷三·形胜.
[4]　（南宋）王象之《舆地纪胜》卷一百九十·利州路·洋州.
[5]　（北宋）王存《元丰九域志》卷八·利州路.
[6]　（清康熙）陈梦雷《古今图书集成》·方舆汇编·职方典第五百三十一卷 汉中府部.
[7]　（宋）韩忆《洋州·梁州邻左右洋川》.
[8]　杜宏诗.
[9]　《洋县志》.
[10]　（宋）文同《洋州谢表》.
[11]　（宋）韩忆《洋州·梁州邻左右洋川》.
[12]　（宋）蔡交《洋州》.
[13]　（清嘉庆）严如熤《汉中府志》卷二十·水利·李桥岱《土门、贾峪二堰碑》.
[14]　（清嘉庆）严如熤《汉中府志》卷二十·水利.
[15]　（清嘉庆）严如熤《汉中府志》卷二十·水利·李时孳《斜堰碑记》.
[16]　（北魏）郦道元《水经注》卷二十七·沔水一.
[17]　（清嘉庆）严如熤《汉中府志》卷二十·水利.
[18]　（清光绪）张鹏翼《洋县志》卷四·古迹志.
[19]　（清康熙）邹溶《洋县志》卷之一·舆地志·古迹.
[20]　（清康熙）邹溶《洋县志》卷之一·舆地志·丘墓.
[21]　（清光绪）张鹏翼《洋县志》城郭沟洫图.
[22]　（宋）文同《丹渊集》卷第十五·诗六十三首 旧集梁洋诗《守居园池杂题》《灙泉亭》.
[23]　（清嘉庆）严如熤《汉中府志》卷八·城池.
[24]　洋县地方志编纂委员会编. 洋县志[M]. 西安：三秦出版社. 1996.
[25]　（清嘉庆）严如熤《汉中府志》卷六·古迹.
[26]　（宋）文同《丹渊集》卷第十五·诗六十三首 旧集梁洋诗《守居园池杂题》《望云楼》.
[27]　（清嘉庆）严如熤《汉中府志》卷

二十七·艺文中·（明）王一魁《魁星楼记》.

[28]　（明）李乔岱《文笔塔鹤巢》.

[29]　（清嘉庆）严如熤《汉中府志》卷七·坊表.

[30]　（元）祁濮《谯楼》.

[31]　（明）李文芳《开明寺塔》.

[32]　（宋）文同著；胡问涛，罗琴校注. 文同全集编年校注[M]. 成都：巴蜀书社. 1999.

[33]　（宋）文同《丹渊集》卷第十五·诗六十三首 旧集梁洋诗《守居园池杂题》《北园》.

[34]　（宋）文同《丹渊集》卷第十五·诗六十三首 旧集梁洋诗《守居园池杂题》《南园》.

[35]　（宋）文同《丹渊集》卷第十五·诗六十三首 旧集梁洋诗《北园避热》.

[36]　（宋）文同《丹渊集》卷第十五·诗六十三首 旧集梁洋诗《夏日南园》.

[37]　（宋）文同《丹渊集》卷第十五·诗六十三首 旧集梁洋诗《守居园池杂题》《寒芦港》.

勉县即今汉中市勉县，其在历史上城址变化较大，有沔县城、沔阳城、白马城等故城城名，但也基本都在汉中盆地的西部地区。诸多故城中，明清勉县城和民国勉县资料留存较多。明清勉县城位于汉中盆地西端谷口，今仅有少量遗址留存；民国勉县城即今勉县县城前身。勉县城址的变迁多与军事或自然灾害有关，城水关系随着城址变迁也发生着变化，与城市传统景观的营造存在关联。

第一节　山水溯源：由谷口到平坝

山形水势

诸多县志中记载山水多以明清沔县城为参照。勉县城位于汉江谷口（图10-1），这里平坝面积狭小，周边遍布名山，其中又以定军山和天荡山最为知名。定军山为巴山余脉，"其脉自金华山来，自尖山之起峰，峙立千仞，状如笔然"[1]。该山以三国时汉中之战闻名，山中有一处低凹地势，三国时称为"可屯万兵"的"仰天洼"。天荡山在县城北，南隔汉江与定军山对峙，为城北屏障，与定军山和古阳平关成掎角之势，很早就有修筑庙宇的记载——"旧有淮阴侯（韩

图10-1　今汉江谷口航拍图
［图片来源：作者自摄并改绘］

信）庙，盖因暗度陈仓（时）由此也"[2]。

卧龙山、白马山、卓笔山、云雾山、大小丙山和灌子山亦是当地名山，均在"勉县十景"中有所记述。卧龙山又名卧龙岗，位于县城北0.5km，因形似卧龙而得名，山上有莲花池和诸葛亮读书台。白马山又名走马岭或烽燧山，其南依汉水，因形似马而得名，古白马城（即明清东关）也因倚靠白马山得名。卓笔山有记载"峰峦削起，状如卓笔，下出圣水，亢旱不涸。宋元时祷雨多应，敕封灵济龙王"[2]。今普遍认为卓笔山位于城西南土关铺龙王沟，但其位置与县志"城南二十里"的描述实难以吻合。笔者推测卓笔山应该在城南偏西的群山峰顶之处，符合"削起……如卓笔"的特征。大丙山和小丙山又名大钟山和小钟山，在县西北40km处，两山相连，传闻有两处鱼穴，每年三月有鱼出现，因此有"丙穴嘉鱼"的名景。云雾山则位于县东北35km处，是汉中盆地北部最大的山系，其有不少道教传说记载——"四时云雾，濛濛不开，即一名云濛山者也，相传青城道士徐佐卿化鹤飞升于此，昔有飞仙阁百余间"[3]。灌子山在县东南20km，设有山神庙，因山下有源泉灌溉民田而得名，山中森林密布，有记载"山不甚高而林木蔚然"[2]。

根据《水经注》等记载，古代汉水在勉县境内又名沔水，在褒河以下称汉水，或沮水以下称汉水，直到近代沔水之名才被弃用[4]。勉县古时名叫沔县，应该是因位于沔水谷口得名。白马河紧邻沔县城西，又名泾水或龙门沟。勉县以西的山区中，还有一大型支流——沮水，又名黑河，被认为是汉水源头，因"初出沮洳然"而得名。

勉县东部为一带状平坝地，南北支流汇入汉水，形成格网状水系。其中旧州河、养家河和黄沙河是最主要的灌溉引水水源。旧州河和黄沙河位于汉江以北，前者发源于庙坪乡菊滩梁，上游有人、小神子河和汪家河，下游称堰河，以其筑堰灌溉而得名。黄沙河又名外坝河，源于柳坝乡光秃山，上游在柳坝之南，故名外坝河，下游河中多黄色沙粒，故名黄沙。养家河位于汉江以南，古名容裘水，因河流平缓而易于引水筑堰，自古以来就滋养着此处人家，故得名养家河。

山水形胜下的城市格局

明清勉县的选址十分重视形胜，县志中清晰地记载了县城的山水结构：

"北通秦陇，西控巴蜀，山水称为高峻，冠带时有往来"[5]。

"西北通秦陇，西控川蜀界，居二国之间，道路凌空，报天下之至险，且后依景山龙冈，前耸定军，卓笔，左距白马、金牛，右拱云雾，百丈，汉江诸水襟带包络于其间。武侯屯军于此城有见也"[6]。

"邑之沿革虽历代互殊，而险要之势则亘古今而不移者。群雄之所必争，岂以地小而忽，诸抚兹弹丸，见其为形胜之区，而古兵家交扼之险因"[7]。

从以上记载来看，明清勉县城址是极为符合中国传统风水格局的，即卧龙山为主山，以北诸山为祖山，定军山为案山，卓笔山为朝山，白马山为白虎，云雾山为青龙，东西诸山为护山。勉县城在汉中盆地内长期作为扼守关要的军事和交通重镇，因此尤其注重县城选址和周边山水的形胜关系。

　　民国时期勉县城不再坐落于汉江谷口，但其城市轴线也与周边
山体有清晰的呼应关系（图10-2）。县城轴线北延，其方向正指向北
郊天荡山山顶和天灯寺所在之处。天灯寺有塔，在区域视野中十分
突出。民国以后，天荡山也成为当地佛教活动的胜地。城内东西向
轴线外延则西指汉江谷口，东指旧州河与汉江交口。

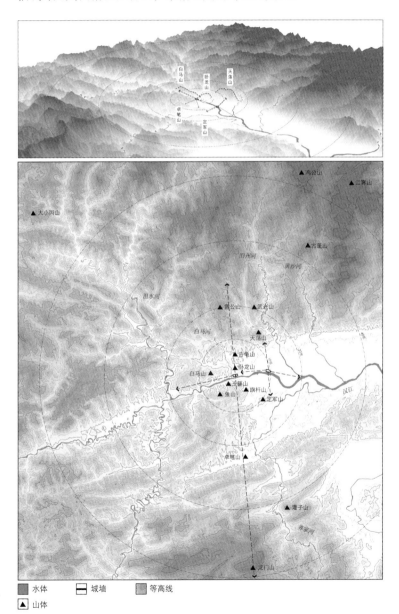

图10-2　勉县山水形胜结构分析
［图片来源：作者自绘，依据地方志书记
载绘制，底图数据源自Google Earth］

■ 水体　　□ 城墙　　▒ 等高线
▲ 山体

　　勉县历史上各城的选址与自然水系也有清晰的关系，明清勉县城、沔阳（旧州铺）和华阳（黄沙镇）三城均建于汉江支流（白马河、旧州河和黄沙河）与汉江交汇口，与汉中其他县城相似，占据军防、航运和灌溉等多种便利。

自然山川的风景化营造

　　勉县周边有诸多名山，但除城市近郊几处风景外，其余大部分与城内的视线关系并不强（图10-3）。最近的为城北卧龙山上的莲花池—读书台—卧龙亭　　祠宇组团。此处古有一莲花池，相传□□诸亮曾于此处栽种莲花。莲花池旁有一台，传闻为诸葛亮读书之处。据记载山上还曾修建有卧龙亭和祠宇三楹。旧时曾记载白马城将这一台池包入城中——"其城西带沔水，南面沔川，北架山岗包莲花池、西泉于内"[8]。明清时期，莲花池和读书台则转变为勉县城外景观。

　　定军山是勉县城郊风景汇聚的中心之一（图10-4）。由于定军山独特的地貌，此处一直是兵家必争之地，尤其在三国时期留下了大量军事活动所产生的逸闻与遗址。定军山下有诸葛武侯墓，相传《八阵图》亦在山北麓——"《图》聚细石围之，各六十四聚，又有二十四聚分列两层，每阴雨辙闻鼓声"[9]。武侯祠始建于蜀汉景耀

图10-3　勉县自然山水的景观营造
〔图片来源：作者自绘，依据地方志书记载绘制，底图数据源自Google Earth〕

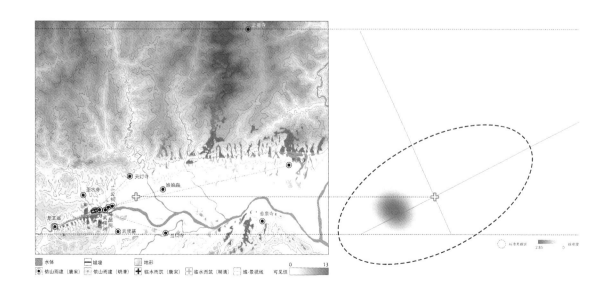

图10-4 古舆图中的定军山
[图片来源: 左图引自《关中胜迹图志》,
右图节选自雍正《陕西通志》大川图]

六年（263年），在定军山下武侯坪，是全国最早的武侯祠，也是全国唯一由皇帝下诏并拨给银两修建的武侯祠庙。

天荡山是民国时期沔县名山。天灯寺中有天灯寺塔，靠近天荡山山顶，是勉县区域的标志性建筑。相传天灯寺建于东汉，有"先有韩信庙，后有天灯寺"之说。清嘉庆八年（1803年），该寺庙进行了大规模修葺，增加殿宇和佛塔，建成了一组雄伟的寺庙园林。该寺在同治时期曾遭遇焚毁，后几经修缮，如今已经是勉县保留最好的佛寺之一。

勉县东北诸山中也有几处名胜汇聚之地（表10-1），一为云雾山，建有云雾寺，其始建于唐贞观年间，当时叫作"朝阳禅院"；二为牛头山，建有牛头寺，又名崇庆寺，唐贞观年间法融禅师建，位于县城东北牛头山麓。牛头寺原为三进大庙，唐宋时期与中梁山的乾明院齐名，有记载"剑外丛林，惟牛头寺与此（乾明院）为胜"[10]。勉县的牛头寺、云雾寺和南郑乾明院被统称为陕南历史上的三大寺院。

勉县县境寺庙园林 表10-1

类型	时期	村中寺庙	独立寺庙
寺院	唐宋		天灯寺（天荡山）、云雾寺（云雾山）、牛头寺（牛头山）
	元明清		圣水寺（方家坝）、园通寺（何家营）
道观	元明清		万寿宫
庙宇	秦汉魏晋		武侯墓（旧武侯祠，定军山）
	唐宋	东岳庙、威显忠顺庙	龙王庙（卓笔山）
	元明清	王爷庙	女郎庙（灌子山）、三分祠（阳江）、马超祠（川川）、武侯祠（定人）

［资料来源：作者根据光绪《勉县志》整理而成。］

第二节 水利溯源：由旱龙到灌区

水利营建变迁

勉县堰渠主要分布于旧州河流域、黄沙河流域和养家河流域
（图10-5、图10-6）。旧州河有山河东堰和山河西堰，又名石刺塔堰
和沙河东西堰。周家山有碑记载，东西堰系为西晋建兴四年（316
年）仇池氏将领杨锷倡导创建，灌田达1万亩。东堰在县东北三
17.5km，自贾旗寨起，经流何家营和火安营，至旧州铺和仓台堡，
灌田3000亩。东堰堰首位于鱼湾沟口，北段位于山谷之中，在河东
岸依山开渠。西堰自刘旗营起，经流娘娘庙、曹村、柳树营至弥陀
寺止，在贾旗寨处分为中东沟、西沟和大沟三组干渠，总灌田3980
亩。山河东西堰以南还有旧州堰，主渠长3.5km，灌田200亩。

黄沙河流域有牛拦堰、天分东堰和天分西堰，又名石燕子堰。
牛拦堰位于红花寺村北，河中有一石似牛，就其势拦河作堰，设木
渡槽过汪家沟，相传建于明代以前，灌田1500亩。天分堰在县东北
25km，分东西两堰，东堰自官沟起，经流刘家湾、雷家坪和黄沙
镇，至栗子园止，灌田3670亩；西堰则灌岭南坝田1500亩。

养家河流域位于汉江以南，有多个小型堰渠。最南为琵琶堰，
灌田300亩；往北为麻柳堰，灌田480亩；再往北为白马堰，又名白
崖堰，灌田1500亩；再往北为天生堰，灌田980亩；再往北为金公

图10-5 今养家河堰坝航拍图
〔图片来源：作者自摄〕

堰，灌田880亩；再往北为泺水堰，灌田800余亩；最北为康家堰，
灌田80亩。

　　民国时期，汉惠渠建成，勉县区域的水利网络也发生了较大
的变化，在上篇第二章第四节"大型代表性水利工程"一节中已有
详述。

图10-6　明清（左）与民国（右）时期
勉县水利网络
〔图片来源：作者自绘，依据地方志书记
载、《勉县水利志》、20世纪70年代KH卫
星影像绘制，底图数据源自Google Earth〕

　　勉县蓄水灌溉历史悠久，从老道寺出土的陂塘模型来看，当地
人在东汉时期就有挖塘蓄水进行灌溉的习惯，到清末民国时期，镇
川和定军山一带以及北部丘陵等地区陂塘蓄水到处可见。中华人民
共和国成立前，勉县即有陂塘278口，可蓄水量30万m³左右。在县志

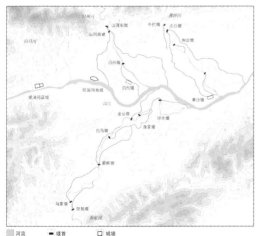

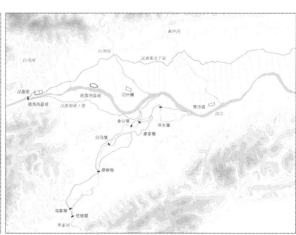

中明确记载的有卧龙岗上的莲花池和县东15km的东池。

明清勉县紧靠汉江，南北平坝空间狭窄，滞洪区有限，极易受水患侵扰，因此也注重修筑堤防，有记载：

> "试观汉水自西注东，汇白马河，二水交驰，奔流激端，直撼城堤，欲保城当以保堤为先。……余是以有拦河坝之建。坝建于城之西南隅，高十有四尺，厚十尺，环四十四丈，底排密桩，抛巨石，鱼鳞层砌，中实以石灰和土，密碾毕碣，廿仞卸水，头兼保堤"[11]。

然而，由于明清勉县城选址险峻，过于靠近汉江，堤防建设最终并没有很好地保护城市，导致了清末城墙被洪水破坏。勉县城只能迁至空间更为广阔的东侧平原地区。

来自北侧山体的山洪也是威胁明清勉县城的自然灾害之一，尤其是其东郊，平坝空间狭窄，容易受山洪冲刷影响。"旱龙九条"是当地重要的排洪渠工程，由头沟、二沟、三沟、四沟、马厂沟、大沟、拐沟、李家沟和黄家沟九沟组成，这九条沟无雨时干，有雨时则泄洪，有记载"九沟皆涓涓细流，不以水名。暴雨可断行人，无雨时或涸竭，俗称旱龙九条，万寿塔压焉者是也"[12]。多条沟渠除了排水作用外，还把东郊切割成一个个小单元，万寿塔和祠庙坐落于不同单元中，形成了勉县郊区景观营造的独特格局。

水网格局下的城渠关系

明清时期勉县故城外环有"深一丈，阔八尺"[8]的护城河，但其与周边灌区水系的关系并未有所记载。从舆图所示空间关系（图10-7）以及实际的地形走势来看，周围堰渠很难延伸至城市周围——因此这一时期勉县城与灌区水网在空间上应该是分离的，与其紧邻的是东郊的排洪渠系而非灌溉渠系。

民国时期勉县城墙外亦环有护城河，根据1943年《陕西省县市镇地形图》所绘图纸，护城河由城外农田中引入城墙墙角，并向南流入汉江。可见该城的水利建设是与区域灌区水网所连接的，从汉

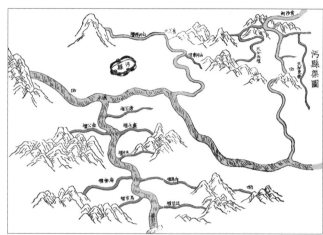

图10-7　古舆图中明清勉县城与周边渠系关系
［图片来源：左图引自雍正《陕西通志》、右图引自孔夫子旧书网］

惠渠渠网结构图来看，该渠系来自汉惠渠三和四斗渠。

民国以前勉县城之选址营建十分看重军防功能和交通功能，尤其在战乱时期。民国重新选址时，一方面是因为旧址空间狭窄险要，另一方面也是基于城关镇日益增长的规模——与其他城址相比，城关镇靠近旧州河诸堰灌区，发展空间大，交通也比较便利。勉县城址变迁与灌区生产力和当时趋于稳定的社会环境有着潜在的联系。

人工水网下的风景汇聚

明清勉县城的东郊是其景观营造的核心区域，在"旱龙九条"划分的坝地上，依次坐落有万寿宫、武侯祠和马公祠。排洪渠成为划分景观营造的分割线（图10-8）。

万寿宫今在县城西5km的老城乡。据考，万寿宫建于明万历十七年（1589年），原有36间殿宇和1座万寿塔，是一处规模庞大的古寺。然而清嘉庆七年（1802年）和清同治二年（1863年）两次遭兵焚战火，民国二十四年（1935年），国民党在此修建碉堡时，彻底将万寿宫拆毁，仅存万寿塔。万寿塔为11层，六边形，空心，砖石结构，高约25m。万寿塔有镇守"旱龙"的作用，为东郊的镇水塔。武侯祠原在武侯墓旁即定军山下，明正德八年（1513年）重修武侯祠于此地，南北长约200m，东西宽约120m，呈长方形，四周有围墙，亭台楼阁遍布祠中。马公祠又称马超庙或马超墓，是蜀汉将军马超的墓地，有山门、影壁、厢房、大殿、风雨桥和垂花门等多处建筑。

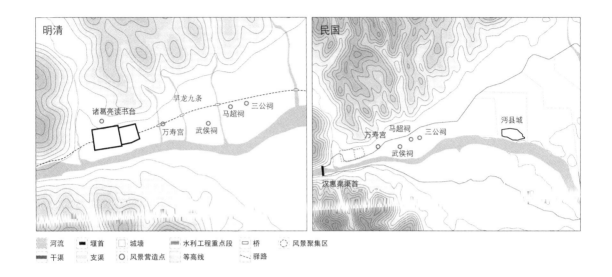

明清

诸葛亮读书台　　旱龙九条　　三公祠
马超祠
万寿宫　　武侯祠

民国

马超祠　　　洒县城
万寿宫　　三公祠
武侯祠
汉惠渠渠首

河流　　堰首　　城墙　　水利工程重点段　　桥　　风景聚集区

干渠　　支渠　　风景营造点　　等高线　　驿路

第三节　城景营建：关隘变迁与城景

图10-8　明清（左）与民国（右）勉县
水利网络下的景观营造
［图片来源：作者自绘，依据地方志书记
载、《勉县水利志》、1943年《陕西省县市
镇地形图》、20世纪70年代KH卫星影像绘
制，底图数据源自Google Earth］

勉县境内有多处古城（图10-9），规模均较小，它们多分布于堰河和汉江谷口之间的平坝地带，其中历史最悠久的古城是洒阳城。《水经注》记载了洒阳城的历史：

> "洒水又东，径洒阳县故城南。城，旧言汉祖在汉中，萧何所筑也。汉建安二十四年（219年），刘备并刘璋，北定汉中，始立坛，即汉中王位于此。其城南临汉水，北带通逵，南面崩水三分之一，观其遗略，厥状时传。南对定军山，曹公南征汉中，张鲁降，乃命夏侯渊等守之"[13]。

在《水经注》"度水"条目下，还记载有"又南迳洒阳县故城东"[13]。度水如今多称旧州河，洒阳城即位于旧州河和汉水交汇处。西汉初始置洒阳县治所，在今县城东南约3km的高潮乡旧州村。明洪武四年（1371年）洒阳城改为"铺"，即旧州铺。

魏晋南北朝勉县境内城池数量迅速增多，除了上述的几个城池，还有华阳县城和潘冢县古城。华阳县城位于今黄沙镇，潘冢县古城则位于今铜钱坝村。从舆图来看，明清时期华阳（黄沙镇）与沔阳（旧州铺）应都有城墙，是汉中驿路上的重镇。

明清时期的勉县城位于汉水进入汉中盆地的谷口，为一谷口聚落。明勉县城建有城墙和三处城门，明洪武四年（1371年）有记载"知州王昱更新之，高二丈五尺，周三里三分，东、西、南三门"[14]。清光绪《勉县志》记载明城墙"池深一丈，阔八尺，沔水环流。门三，东曰镇江，西曰拱汉，南曰定军"[8]。靠近勉县东城墙还有一东关城，该城原为白马城，汉代即已存在，其汉时称阳平关。清同治二年（1863年），勉县城遭遇洪水严重破坏，城楼均被冲毁。

清后，勉县故城逐渐倾颓，县署移于东关。民国二十四年（1935年）改县治到城关镇，筑城围约2km，有东南西北4城门，东西北三面有人工开凿的城濠[4]。

现存史料中，对于明清勉县城记载较多，现代勉县城则是在民国勉县城基础上建成，因此研究同时关注了这两个时期的县城。

明清勉县城城市形态未有小比例测绘图可参照，其城景图为根据明清志书和绘画记载（图10-10）示意性复原（图10-11）。从舆图来看，明清勉县城较小，除三个城楼以外，城内并没有其他高耸的观景建筑。主街呈T字形，县署、文庙、武庙、城隍庙和顺政驿等

图10-9　汉至民国时期勉县城市变迁
［图片来源：作者自绘，依据地方志书记载、《城墙内外》《汉中盆地地理考察报告》、1943年《陕西省县市镇地形图》、20世纪70年代KH卫星影像绘制，底图数据源自Google Earth］

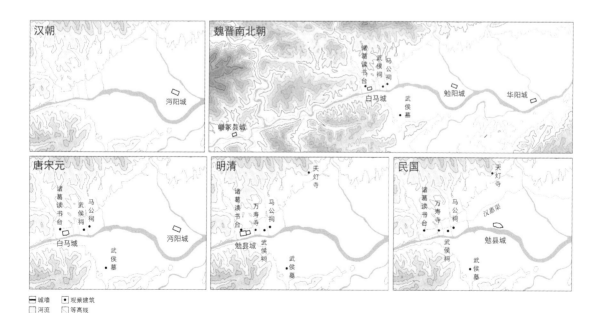

汉朝　　沔阳城

魏晋南北朝　　诸葛读书台　武侯祠　马公祠　白马城　武侯墓　嘣家县城　勉阳城　华阳城

唐宋元　　诸葛读书台　武侯祠　马公祠　白马城　武侯墓　沔阳城

明清　　天灯寺　诸葛读书台　万寿寺　马公祠　勉县城　武侯祠　武侯墓

民国　　天灯寺　诸葛读书台　万寿寺　马公祠　汉惠渠　勉县城　武侯祠　武侯墓

　　城墙　　　观景建筑
　　河流　　　等高线

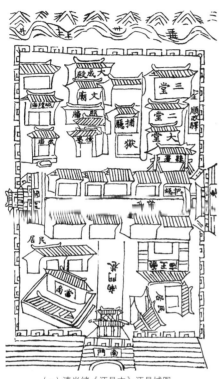

（a）清光绪《沔县志》沔县城图

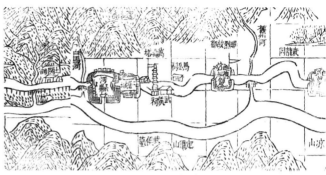

（b）清嘉庆《汉中府志》栈谱图

（c）清代晚期沔县地图

图10-10　明清勉县古城舆图
［图片来源：引自光绪《沔县志》、嘉庆《汉中府志》、孔夫子旧书网］

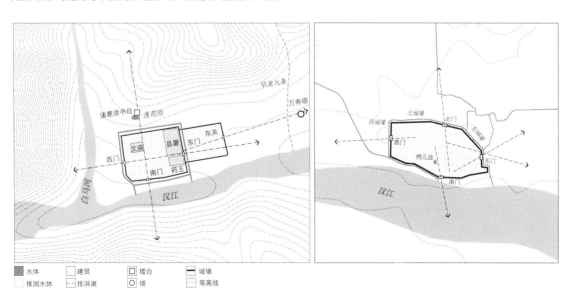

图10-11　明清（左）与民国（右）时期勉县城城景营造布局
［图片来源：作者自绘，依据地方志书记载、《汉中盆地地理考察报告》、1943年《陕西省县市镇地形图》、20世纪70年代KH卫星影像绘制，底图数据源自Google Earth］

公共建筑位于城北，沿主街依次排布，商铺和民居则主要位于城南。紧邻城东有一东关城，有城门四座。明清勉县城位于谷口，三面紧靠陡峭的山坡，因此城市只能向东发展，大部分的景观营造也都位于城东郊狭长的平坝地带。

民国沔县城形态呈不规则的椭圆形，可能是由于其城墙是在自由发展的铺镇基础之上改造而成。勉县城内并无清晰的城市轴线，城市的秩序感并不强。城市街道大致有两个方向，既不与周边河流平行，也非正南正北。民国勉县城内无观景建筑等相关记载。此外，从测绘图中可发现城中有一水体，注为"鸭儿池"，当地有地名"鸭儿塘"，鸭儿池应就是菜园子镇上曾经的一口水塘。相较于明清勉县城，民国勉县城建置时期并不长，城景营造的积淀也较少。

第四节　景观认知：勉县十景

康熙《汉南郡志》记载有勉县十景，一直延续至今（表10-2）：

勉县十景　　　　　　　　　　　　　　　　　　　　表10-2

景观意向	景名	说明
山岭山峰	龙冈枕渡	龙冈即卧龙山，形容该山如龙卧在汉江渡口休息
山岭山峰	白马投江	白马即白马山，形容白马山似马欲去汉江引水
山岭泉洞	古洞谈兵	古洞即盘龙洞。传说有人曾在这里议论军事
山岭人文	军山列阵	指诸葛亮在定军山下列八卦阵
山岭气象	书台晚翠	指诸葛亮读书台与其茂盛翠绿的植被
山岭气象	卓笔晴岚	指卓笔山在晴天云雾中若隐若现的景象
山岭泉洞	丙穴嘉鱼	指大小丙山，出典自"嘉鱼出于丙穴"
山岭寺庙	云峦跨鹤	指云雾山，相传青城道士化鹤飞升于此
山岭气象	灌峰晓日	指灌子山拂晓红日升起之景
江河河流	金水寒蝉	金水指沔水。出城即过沔水而远离家乡，蕴含着离别的感伤

［资料来源：作者根据康熙《汉南郡志》整理而成］

　　勉县"十景"体系的空间布局（图10-12）主要有以下几个特征：

　　一、空间分布上聚焦于山川：明清勉县城与灌区分离，城市和周边平坝地狭小，因此其农田圈层和城市圈层无"十景"景观。勉县作为谷口聚落，山岭的景观占比极大，这也是勉县景观的特征。

　　二、方位的环绕覆盖：十景体系应该是在明清时期提出，因此反映的主要是明清时期城市与周边山水的关系。对比明清和民国两个时期城市与十景的关系，可明显发现景观汇聚于明清勉县城四周，而以民国勉县城为参照时则偏于一侧。

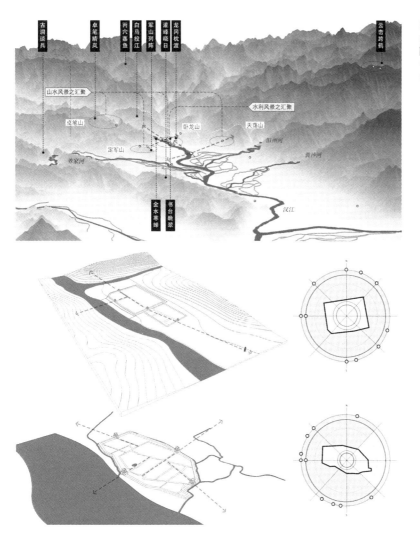

图10-12　勉县"十景"体系分布与结构分析图
［图片来源：作者自绘，依据地方志书记载绘制，底图数据源自Google Earth］

勉县的传统景观认知内容可以概括为以下几类：

一、自然山川的景观认知，除"金水寒蝉"为单纯描写河川以外，其余十景皆与山有关。远观山景者，有"龙冈枕渡""白马投江""卓笔晴岚"和"灌峰晓日"四景，前两者均是山体和江水意向相结合，观山形而联想其他的形象；后两者则以天气和气象与山景结合。其余景观，多与当地的传说轶事有关。与河流有关的景观认知，"龙冈枕渡"有渡口的描写，"白马投江"将河流与山景结合。作为灌溉水源的养家河、堰河和黄沙河三河则无景观上的描述记载，可见当地的景观认知并不涉及灌溉水利。与其他县城相比，勉县周边的水利开发本来就相对滞后，军事战略价值和丰富的相关典故又声名远扬，这些因素可能是导致勉县景观认知与其他县城差异的原因。

二、从景观中所蕴含的地方文化来看，勉县呈现出明显的倾向性——即以军事政治和游赏文化的影响较为明显，其中"军山列阵""书台晚翠""古洞谈兵"三者均与当地的军事逸闻有关，其余景观都是对自然山水的想象和观赏，仅有"云峦跨鹤"对应了云雾山道士求仙的传说。

总体来看，勉县和南郑、洋县两城是完全不同的，其城市规模、选址和城市功能等都体现了明确的针对性——即以军事功能为首要考虑的谷口关隘城市，因此这里的自然山水景观尤为险峻壮观，排洪渠系影响了区域景观的格局，军事逸闻中孕育的景观颇多。值得注意的是，随着民国城市的迁移，勉县城逐渐由一个关隘转变成灌区中的一个城市，水利设施也由排洪防涝转变为灌溉，这在一定程度上反映了城市和山水、交通和水利等要素之间的动态关系。

参考文献：

[1]　（清同治）李复心《忠武侯祠墓志》.

[2]　（清光绪）孙铭仲《勉县志》卷
　　　一·地理志·山水.

[3]　（清嘉庆）严如熤《汉中府志》卷
　　　五·山川下.

[4]　《勉县志》编纂委员会主编.勉县志
　　　[M]. 北京：地震出版社. 1989.

[5]　（清嘉庆）严如熤《汉中府志》卷
　　　三·形胜.

[6]　（唐）魏征《隋书》志第二十四·地
　　　理志上.

[7]　（清光绪）孙铭仲《勉县志》卷
　　　一·地理志·形胜.

[8]　（清光绪）孙铭仲《勉县志》卷
　　　二·建置志·城池.

[9]　（清光绪）孙铭仲《勉县志》卷
　　　一·地理志·古迹.

[10]　（南宋）王象之《舆地纪胜》.

[11]　（清道光）朱清标《修筑勉县城垣河
　　　堤碑》.

[12]　（清光绪）彭龄《勉县志》卷一·地
　　　理志·山水.

[13]　（北魏）郦道元《水经注》卷
　　　二十七·沔水一.

[14]　（清嘉庆）严如熤《汉中府志》卷
　　　八·城池.

第十一章

堰首之城：褒城

褒城是今汉中市褒城镇的前身，汉代位于今大钟寺附近，宋迁城于褒河谷口，之后一直镇守于此。汉中盆地规模最大的水利设施——山河堰的堰首即位于褒城城边，褒河谷口也是汉中盆地对外交通的要口之一，这对褒城传统景观的营造产生了深远的影响。

第一节　山水溯源：褒河谷口

山形水势

褒城与勉县同为谷口城市，城市以北名山众多，以南则开阔平旷。

褒城北枕连城山，连城山后倚靠着鸡翁山、铜鼎山和箕山。箕山是褒谷栈道所依附的主要山体，其上开凿有石门和栈道，自然景观惊险而多样，有记载：

"山顶有十二峰，连接如城垒，皆平旷可居。峰各有池，其下有黑沟泉，东麓又有龙潭，潴水深广。昔有于此得龙蜕者，时或有巨蟹、大鱼出没，人莫敢近[1]。……鸡翁山，县北十五里，即连城后山也。突起一峰，状似鸡飞。……铜鼎山与鸡翁山相对，以三峰鼎峙，故名。……迤而南，与钓鱼台、一点油石对者，曰"铁屏崖"，苍翠崚嶒，三峰拥峙，奇胜可赏[1]。……箕山，县北二十里，山上有池，四时不泪，俗呼秦王猎池。山南有穴，号丙穴。有谷，号道人谷，即郑子真所隐处。又东南，石门穿山通道，六丈有余[1]。"

在志书中，褒城和南郑之间的山川多有重复记载。与南郑相比，褒城相关的文献中对褒河自身的名胜描绘更多，尤其以河床中的奇石为甚。清嘉庆《汉中府志》中记载的奇石就有玉盆、堰界石、寿云石、将军石、五龙石、鲤鱼石、支锅石、蛤蟆石、斩蟒石和虎石。褒谷历史上记载有二十四景，其中有大量景观意向来源于这些石头。褒河发源的山中还多山洞，这些山洞中流出的水汇聚于褒河，也是自然景观的重要组成部分，清嘉庆《汉中府志》记载有山洞7个——玉女洞、干龙洞、华山洞、鱼洞、回水洞、仙人洞和真身洞。

山水形胜下的城市格局

清嘉庆《汉中府志》描绘了褒城的形胜关系：

> "马道鸡头，严梁洋之门户。龙江狮岭，固秦陇之藩篱。南川则绵塍千顷，北战则云树万里[2]。"

"马道""鸡头""梁洋"和"龙江"即指马道岭、鸡翁山、中梁山和褒河，该句话即指褒城镇守了河流与山体，稳固了褒城以南的汉中盆地地区，褒城以南是开阔的平原，以北是高山峻岭，其形胜具有很强的军事价值。

褒城以中梁山为屏山，有明确记载"麓拥高陵，势若积谷，为县之屏山"。南城楼题名"梁汉群峰"，中梁山如屏一般横亘在褒城与巴山诸山之间，是褒城以南所朝对的主要山体（图11-1）。褒城正南方向为天池山，但城中南北轴线却指向西南方向，直对中梁山。与天池山相比，中梁山底盘更加广大，距离褒城更近，这可能是其

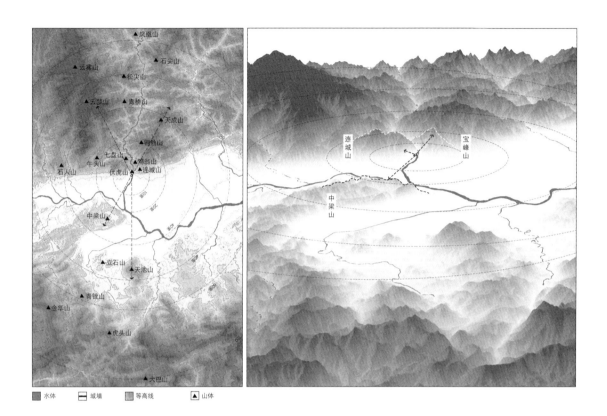

■ 水体   ⊏⊐ 城墙   ▨ 等高线   ▲ 山体

图11-1 褒城山水形胜结构分析
［图片来源：作者自绘，依据地方志书记
载绘制，底图数据源自Google Earth］

为褒城屏山的原因。褒城以北有连城山作为主山，城内东西向轴线
即指向连城山山峰；南北向轴线往北则指向褒河对岸的鸡翁山和宝
峰山，但这一方向山体众多，主次不明确，因此朝对关系不如其他
方向清晰。

自然山川的风景化营造

褒城周边寺观相较其他县城并不多，且多与南郑和勉县所共有
（图11-2），以中梁山为最多，如牛头山云雾寺、牛头山崇庆寺和中梁
山诸寺等，各寺庙景观可见南郑一节。褒城以北各寺庙中（表11-1），
以宝峰寺最有名气。宝峰寺在西北哑姑山上，相传明嘉靖时褒谷中
的马道北仙人沟有个哑姑在此处坐化，当地人就在峰顶建神殿专祀
哑姑。

褒城周边还有两处佛塔，连城山上塔边还有水池：

"县北六里．下临褒水。相传为汉王练兵处，亦名汉王山。

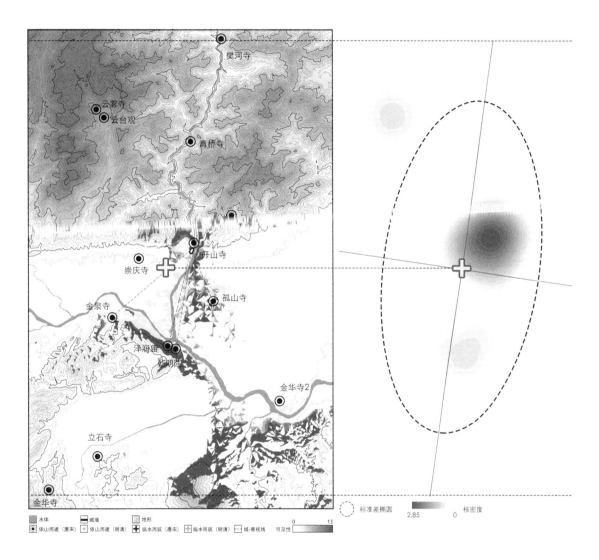

图11-2　褒城自然山水中的景观营造
［图片来源：作者自绘，依据地方志书记载绘制，底图数据源自Google Earth］

山内有砖塔，高一丈余，傍有水池，俗传汉王筑"[1]。

　　褒城以南记载有"金华龙骨塔"，位于福严寺内——"福严寺，（在褒城县）西南九十里，即金华寺也。寺前有仙人真身洞并龙骨塔"[3]。金华寺原有大庙一院，龙骨塔为南宋绍兴三年（1133年）所建。但从视线分析的结果来看，金华寺塔与褒城之间并未有直接的观望关系，对城市景观的影响较弱。

褒城县境寺庙园林   表11-1

	始建	村镇关	山水
寺院	汉	三羊寺（三阳寺）	寒山寺、宝峰寺（哑姑山）
	唐	打钟寺（延庆寺）、柏林寺（罗汉院）	
	宋	龙兴寺，沙溪寺，双溪寺，弥陀庵	齐山寺，福严寺（即金华寺，金华山）
	元明清	兴农寺，皇恩寺，高台寺，老道寺，延寿寺，石泉寺，木坪寺，金牛寺，圆通寺，宝积院（石窟院），虚谷庵，鹤腾庵，龙洞庵，观音庵，水月庵，东明庵，火场庵	孤山寺（汉、褒二水间），立凤寺（小梁山），牛头寺（即崇庆寺，牛头山），青桥寺（风云寺），樊河寺（马道），嘉佑院（即立石寺，立石山），朝阳院（即云雾寺，云雾山），乾明院（中梁山），同乐院（即真空院，在宝顶山）
道观	汉		云台观（云雾山）
	宋	上清观	
	元明清		
庙宇	宋	灵泽庙	泽润庙（中梁山）
	元明清	崇应庙	

[资料来源：作者根据道光《褒城县志》整理而成]

第二节 水利溯源：与山河堰首共生

水利营建变迁

褒城地区的堰渠水利营建以山河堰和廉水诸堰为主，都与南郑或勉县共用，前文均已详述（图11-3）。

褒城地区有较多引泉灌溉的记载。清嘉庆《汉中府志》记载有一碗泉、金泉、双泉、淤泥洞泉和牛口泉，依次灌田100、300、280、700和100余亩，除一碗泉外，其他泉水至今仍在使用。《汉中地区水利志》还记载有玉泉、廉泉、凉水泉、黑沟泉和马鞍泉等至今仍然沿用的古泉。褒城地区古泉的开发是汉中盆地的一个特例，其可能与区域独特的地下水环境有关。虽褒城多泉，但从灌田面积来看，堰渠水利仍然占有较大的比重，为褒城水利之主导。

水网格局下的城渠关系

清《褒城县志》记载褒城护城河"池深广皆七尺"[4]，但并未写明该水源自何处。褒城位于褒河西侧的高地上，与山河二堰比邻，

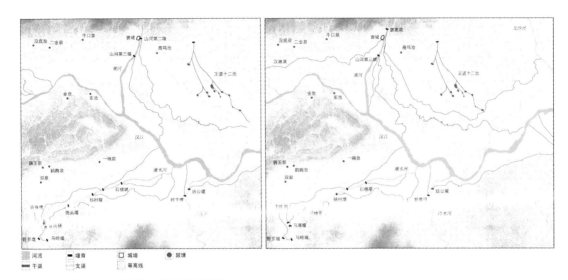

图11-3　明清（左）与民国（右）时期褒城水利网络
［图片来源：作者自绘，依据地方志书记载、《汉中地区水利志》《汉中市水利志》《勉县水利志》、20世纪70年代KH卫星影像绘制，底图数据源自Google Earth］

明清时期上游并无任何堰渠设施，因此护城河应该不由堰渠供水。护城河规模很小，可能与没有稳定的水源而难以取水有关。南宋时期山河一堰仍存，褒城位于山河堰下游，能够从山河堰引水供给护城河或城市用水，但具体的城水关系无史料佐证。

与汉中盆地其他城市选址不同，褒城为一堰首城市，其营建与堰渠体系有着直接的关联（图11-4）。从褒城选址演变来看，迁址时期正是山河二堰修筑的时期，褒城建于山河二堰旁，便于对山河堰的管理维护。正如北宋时期记载，"褒城县隶封汉中，跨据秦陇，控斜谷之岩阻，厥田沃衍，其俗富庶，三堰之美利在"[5]。

人工水网下的风景汇聚

褒城水利景观营造以山河堰堰首为核心（图11-5）。山河堰二堰堰首紧邻褒城，河床与古城之间有数米的高差，于坝边可以远观古城与山河之间的山水关系（图11-6左），山河堰庙坐落于褒河对岸的河东店村中。清同治年间确立的褒谷二十四景中，"堰口镇珠"和"滩分马鬃"均取自山河堰堰首工程，可见山河堰堰首水利工程是褒城外重要的风景之一。

山河堰一堰位于褒谷中，靠近石门。今石门景区还在山河堰一

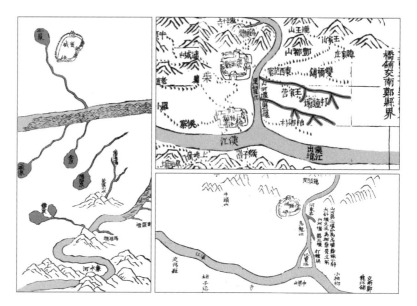

图11-4　古舆图中的褒城周边水利堰渠

[图片来源：左图截取自雍正《陕西通志》廉水渠图；右上图截取自清道光《褒城县志》圲堪诸山图；右下图截取自民国《重刻汉中府志》褒城舆图]

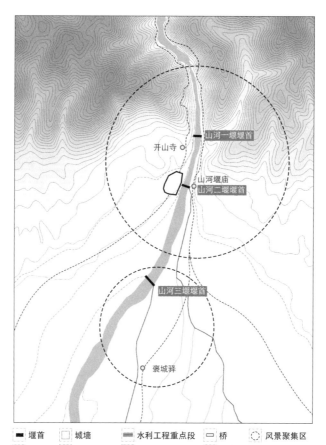

图11-5　褒城水利网络下的景观营造

[图片来源：作者自绘，依据地方志书记载、《汉中地区水利志》《汉中市水利志》《勉县水利志》、20世纪70年代KH卫星影像绘制，底图数据源自Google Earth]

■ 堰首　　□ 城墙　　▬ 水利工程重点段　　▢ 桥　　⊙ 风景聚集区

支渠　　○ 风景营造点　　等高线　　驿路

图11-6　今山河堰二堰（左）与山河堰一堰（右）周边环境

[图片来源：作者摄于2019年]

堰旁修筑了一组庞大的山河观（建于2011年，为河东店镇山河堰庙被毁后政府重建），是当地最重要的风景名胜区之一（图11-6右）。

　　山河堰三堰离褒城较远，靠近褒城驿，在唐宋时期这附近还有更多堰坝（即山河六堰），且古褒城也坐落于此，可以说是褒城附近另一风景汇聚之处。

第三节　城景营建：堰之首与栈之门

　　褒城城市变迁如图11-7所示。褒城原为褒国古城，有记载：

　　　　"褒水又东南历褒口，即褒谷之南口也。北口曰斜。所谓北出褒斜。褒水又南迳褒县故城东，褒中县也。本褒国矣，汉昭帝元凤六年置"[6]。

　　汉代的"褒中县"位于今褒河站西北打钟寺附近。宋庆历年间，褒城由打钟坝北移至现在的褒谷南口：

　　　　"县城自汉唐来俱建于打钟坝。宋庆历间，移于山河堤北，当褒谷南口，北倚连城山，褒水其东南。……嘉中，知县陈彪继葺，城郭犹未备也"[7]。

直至明初，褒城县才建有城郭。明洪武三年（1370年），知县段勉主持修筑了土城。明弘治十二年（1499年），知县张表主持筑城郭——"周二里半有奇，分设四门"[7]。"城门四，东龙江，西蜀道，南大通，北连云"[8]。明正德四年（1509年），城郭得以整修，"城高二丈，池深广皆七尺。"崇祯年间，李自成农民起义军焚毁了城墙。

清康熙二十八年（1689年），知县雷关修城墙，其尺寸有记载：

"重修周四里三分，外系石砌，内用土筑，高二丈四尺，底宽二丈八尺，顶宽一丈四尺，砖砌城堞，五百二十堞高，二尺六寸"[9]。

图11-7　汉至民国时期褒城城市变迁
［图片来源：作者自绘，依据地方志书记载、1943年《陕西省县市镇地形图》、20世纪70年代KH卫星影像绘制，底图数据源自Google Earth］

清乾隆十二年（1747年），补修东南北三门。自此，褒城仅剩三门。清道光元年（1821年），知县赵延俊修葺城楼，建魁星楼——"东曰山河三堰，南曰梁汉群峰，北曰褒斜二谷，东南城隅魁星楼"[9]。

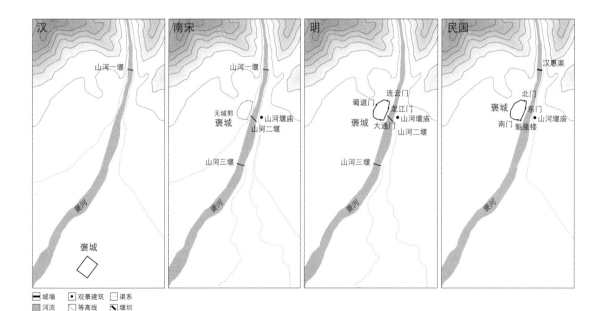

　　褒城东岸有河东店镇，原为一小型村落，通过"冬桥夏渡"的
交通方式与褒城相联系。在民国时期建公路桥后，河东店镇规模迅
速扩大，近似于褒城的关城，有记载：

　　　　"昔日褒城河东店间，籍冬桥夏渡以资联络，后者似为一
　　　渡口或桥头聚落……在公路未通前，仅数十人户，为一纯粹农
　　　村，今受交通发达之影响，大改旧观，旧街计有杂货铺，饮食
　　　店及其他商铺，几五十七家……"[10]

　　褒城城内的观景建筑以楼为主，包括城门上的城楼和东南城墙
角的魁星楼（图11-8）。从民国时期测绘图来看，城墙内的建筑多集
中于东侧，西部有大量空地。相比之下，褒河东岸的河东店镇规模
较大，虽无城墙，但仍筑有南北两城门。褒城的发展与褒河的联系
较强，两岸的褒城和河东店镇之间构成了一个整体，褒城的城市轴
线也与褒河流向平行。

　　褒城内设有社稷坛、文庙、文昌祠、关帝庙、城隍庙和土地
祠，可考的史料中并没有城内园林水景的记载。与其他县城相比，
其城墙和护城河的体量较小（图11-9）。

图11-8　褒城城内老照片，可看见远处城楼
〔图片来源：引自汉中市档案馆〕

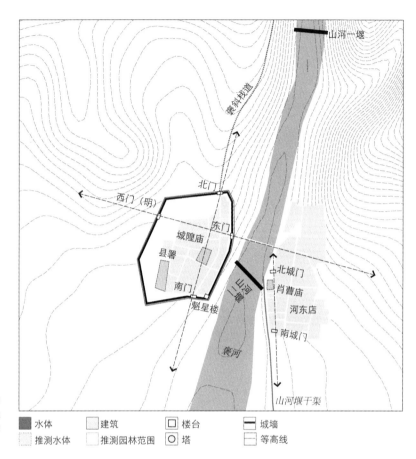

图11-9　明清时期褒城城景营造布局
〔图片来源：作者自绘，依据地方志
书记载、1943年《陕西省县市镇地
形图》、20世纪70年代KH卫星影像绘
制，底图数据源自Google Earth〕

■ 水体	□ 建筑	□ 楼台	▬ 城墙
推测水体	推测园林范围	◎ 塔	等高线

第四节　景观认知：褒城八景

　　清道光《褒城县志·卷八·文物志》下辑录有褒城八景（表11-2），
但仅列其名，其余志书亦无详细记载。清同治年间，褒城县司铎罗
秀书写下《褒谷二十四景》（表11-3）。"褒谷二十四景"并非以褒城
的区境为对象所述，而是集中于褒河谷口的景观。由于该描述在当
地流行甚广，研究仍然将其作为分析褒城景观认知的重要依据。

褒城八景　　　　　　　　　　　　表11-2

景观意向	景名	描述
山岭谷栈	鸡头关隘	即鸡头关，为褒斜道上重要关隘，位于县北鸡盘山上，山上有石形似鸡头
山岭气象	罗帐岁春	即罗帐塘，位于县东南八十里，有大、小二区。奇峰清濑，环抱萦绕，隆冬，林木苍翠不改
江河航渡	龙江晚渡	龙江指黑龙江，即褒河。描述城东山河渡风景，明龚学使题曰"龙江晚渡"。需注意的是，此渡口并非龙江渡，与南郑"龙江晓渡"并不为同一地点
山岭山峰	中梁堆岚	即中梁山
山岭谷栈	褒斜石镜	褒斜即褒斜谷，"石镜"为褒谷南口一巨石，明亮如镜，可照须眉
山岭谷栈	玉盆⋯⋯	⋯⋯山⋯⋯屏水⋯⋯因浮浪冲刷，光洁如玉，上有"玉盆"二字
山岭人文	石门衮雪	衮雪二字为石门崖壁上一石刻，是目前唯一能见到的曹操手书真迹
山岭泉洞	鱼洞留春	鱼洞在七盘山下，有穴如斗，水涓涓流于江，自清明至谷雨，鱼从穴出。邑令张庚题曰"鱼洞留春"，船印"嘉鱼出于丙穴"

［资料来源：作者根据道光《褒城县志·卷八·文物志》整理而成］

褒谷二十四景　　　　　　　　　　　　表11-3

景观意向	景名	描述
农田水利	堰口镇珠	堰口，即萧何所筑山河堰堰头。此处有一巨石，虽经洪浪冲击，但岿然不动。此一景
农田水利	滩分马鬃	滩分马鬃。山河堰堰头有滩，围滩有堤，堤内的水里就像有匹神马，马被淋湿，那鬃毛一半立着，一半下垂，煞是好看
山岭山峰	峰头插剑	连城山以东，是汉王山，其山顶相传插一宝剑，可摇动而取不出，此乃汉王刘邦的镇山之剑
山岭人文	隐士钓台	西汉隐士郑朴，字子真，世居褒城，耕于褒谷口。汉成帝派大将军王风以礼聘之，郑朴婉辞不就，而每日垂钓于褒谷龙潭。潭侧之山上断崖上，有平台，相传系其钓台
山岭气象	翠屏夕照	褒谷南口东侧有翠云屏，夕阳斜照，倒影生辉
山岭人文	神人化迹	褒谷南口东侧回环如屏，人称翠云屏。其山上有一白色的石头，状如白胡子老人
山岭谷栈	七盘古道	在褒谷口鸡头关以北，即七盘山。此段栈道从山脚到山顶，共盘旋七道弯，又曰七盘关
山岭山峰	关耸鸡头	褒谷口鸡头关上有一片薄薄的石头，层棱兀出，高耸于"鸡关"之顶，呈雄鸡昂首长鸣之状
山岭山峰	大将军柱	褒水中有一石柱，高耸于水浪中。传说曾有行龙过此，见石柱而拜之，故得名大将军柱
山岭谷栈	贤太守门	汉中太守杨孟文用火激法开凿石门，称其为"贤太守门"
山岭人文	银涛衮雪	曹操于215年和219年曾到汉中。相传他在褒谷南口，见浪激巨石，水如白雪，飞流奔泻，便挥毫题写"衮雪"二字于谷中巨石上
山岭泉洞	双流水洞	石门南，其山崖下有泉，系双眼，朝夕水流分路，先后有序
山岭山峰	新月弓悬	石门北，山崖上一巨石，状如弓，又如上玄月，故称"新月弓悬"

景观意向	景名	描述
山岭泉洞	龙潭印月	石门南，有一潭。山风微起，如明珠在潭中滚动
山岭谷栈	虾蟆异象	石门南龙潭边一巨石，状如虾蟆，惟妙惟肖
山岭山峰	横空铜鼎	石门南龙潭里有一峰，其形如铜鼎，故名
山岭气象	沙岸夜明	沙岸在龙潭以北，进入秋夜，常有白光出现，照耀得周围的山水草木皆清晰可辨，故名
山岭山峰	虎石啸风	褒谷以西连城山，有一山峰形如猛虎下山。有人刻"石虎"二字于悬崖。此为一景
山岭山峰	一点油灯	此"石虎"南，其山崖上有一石，形如灯盏，内有渗水滴出，似油滴滴哒哒而不枯竭，故此得名
山岭谷栈	浮浪玉盆	石门附近的褒水中，有一石因浮浪冲刷，光洁如玉。上有"玉盆"二字。此为一景
山岭气象	太阳镜照	褒谷南口一巨石，明亮如镜
山岭山峰	万笏奇山	褒谷南口有一山峰，其上白石既尖又薄，如古代群臣朝会时所持之笏
山岭山峰	霹雳巨掌	褒谷口山上一巨石，有被雷电霹雳所击而留下的"巨掌印"
山岭人文	金篆凝霞	褒谷有一巨石，其上有裂缝，可窥视裂缝内有成行金色的篆体字，然可见而不可识

[资料来源：作者根据汉中市档案局相关资料整理而成]

褒城"八景"体系的空间布局（图11-10）主要有以下几个特征：

一、聚焦山川：褒城"八景"体系中，仅有山岭和江河空间圈层，而无城内和农田圈层。

二、方位的偏向：褒城"八景"体系所呈现的景观分布有明确的方向性，其中褒城以北，尤其是褒谷地区为景观汇聚的主要区域。

褒城"八景"体系的景观内容高度集中，褒谷是褒城景观汇聚之焦点，"鸡头关隘""龙江晚渡""褒斜石镜""天生石盆""石门衮雪""鱼洞留春"和褒谷二十四景均为描写褒谷的景观，有山岭、关隘、江河、渡口、栈道、水景、石景、人文、泉洞、气象和堰坝等丰富的意象。其余景观，唯有"中梁堆岚"和"罗帐岁春"，前者印证了中梁山与城景密切的关系，后者位于汉江以南丘陵地的金华山——附近泉塘颇多，景观营造较为集中。罗帐塘本身属于山中泉塘，无用于灌溉的记载，应该为山中的自然景观。

从景观中所蕴含的地方文化来看，褒城与勉县相似，也具备明显的倾向性，褒城受军事政治影响的有"鸡头关隘"和"石门衮雪"
两者，其余也都是游赏性的景观。

　　总体来看，褒城和勉县是相似的，都是镇守盆地谷口的重要关
隘城市，在交通与军防上有着重要的意义。但褒城也独有特色——
即与山河堰的密切关系。作为几座古城中唯一一个直接比邻堰首的
城市，其一方面受山河堰影响，形成了不少与水利密切相关的景观
营造内容，另一方面也在山河堰的联系下与南郑构成了一个共同体，
两者分居灌区首尾，共同支撑起区域的人居坏境发展。

**图11-10 褒城"八景"体系分布与结构
分析图**
［图片来源：作者自绘，依据地方志书记
载，底图源自 Google Earth］

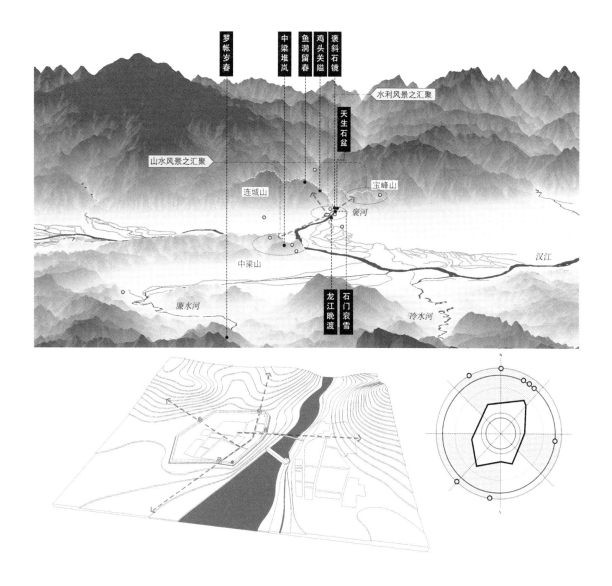

参考文献：

[1] （清嘉庆）严如熠《汉中府志》卷五·山川上.

[2] （清嘉庆）严如熠《汉中府志》卷三·形胜.

[3] （清嘉庆）严如熠《汉中府志》卷十四·祀典 坛庙 祠寺.

[4] （清道光）光朝魁《褒城县志》卷六·城署志.

[5] （北宋庆历）窦充《重修大成至圣文宣王庙记》.

[6] （北魏）郦道元《水经注》卷二十七·沔水一.

[7] （清道光）光朝魁《褒城县志》卷六·城署志.

[8] （清嘉庆）严如熠《汉中府志》卷八·城池.

[9] （清道光）光朝魁《褒城县志》卷六·城署志.

[10] 《汉中盆地地理考察报告》.

第十二章

灌区固古城：城固

城固即今汉中市城固县县城的前身，历史上曾迁城数次，在宋时迁于今城固老城处。历史上，城固城有大城固、小城固、乐城等故城名，城址变化较大，但也基本集中于湑水流域。在汉中盆地诸城中，城固有着相对而言较好的农耕环境——广阔的田野和开发历史悠久的水利网络，不仅养育了一方人民，也深刻地影响了当地的传统景观营造。

第一节　山水溯源：平原与山丘

山形水势

城固位于整个汉中盆地较为平坦开阔的地区，其中盆地北部的波状地有多处突出的山脚，形成数个矮小的山丘，包括斗山、庆山和宝山，这些山体虽然不高，但对城固地区的景观体系影响最为突出。

斗山是城固北郊的重要山体，位于三嵋山山脉最东侧，"一峰耸起，形似斗杓"[1]，山脚紧邻湑水河。湑水遇斗山而东折，其西侧平原被分为南北两部分，而此分界处即是五门堰渠系向南部拓展的关键要口。由于位置独特，加上水利营建的影响，斗山成为当地的名山，山上道观寺庙众多而风景宜人。宝山位于今宝山乡，为秦岭南麓丘陵坡地向南凸现的一个山丘，山麓靠近湑水，为杨填堰干渠的水利要口。庆山位于湑水河谷口处，湑水遇其而西折，其下有百丈堰。此外，山前的波状地区还有石筹山、深背山和赤土坡等小山岗岭。

城固以南的平坝地区狭窄，有几处连绵的小型山体，如龙王山、少年山和老君山等。城固以北的山丘岗岭再往北，有三嵎山、双乳山和五峰山等高山。

城固位于湑水河和汉江的交汇处，湑水河古称左谷水或壻水，有唐公昉升仙的神话传说——故事中唐公昉女婿曾坐在水边哭泣，故称壻水，后改称湑水。湑水河边有升仙村、望仙桥和望仙营等地名，五门堰有"唐工湃"，都与唐公房升仙的故事有关。湑水水流平缓，河面开阔，河水资源开发利用早，是城固灌区最主要的取水水源，其上筑有多个大型堰渠。

除了湑水河以外，城固还有三条一级支流，因含沙量较高，均以沙河为名。北沙河古称文水、门水或文川河。"两水相合，湾环而流，有似文字状，故名"[1]。"汉水又左会文水，文水即门水……杜阳有仙人宫，石穴宫之前门，故号其川为门川，水为门水"[2]。北沙河下游水资源开发早，近年在柳林镇草寺村出土的渠田灌溉灰陶模型证明，秦汉时期即有人在此处筑堰灌田。南沙河古称磐余水，"右会磐余水。水出南山巴岭上，泉流两分，飞清派注，南入蜀水，北注汉津，谓之磐余口"[2]。其水资源开发利用约始于宋元。小沙河古称溇水，"溇水出西南而东北入汉"[2]。因河流上有筑堰灌田，又名堰沟河。

山水形胜下的城市格局

清嘉庆《汉中府志》记载城固县城形胜为：

"前瞰巴山，后据秦岭，汉江湑水合流，双乳五峰并峙"[3]。

汉江与湑水二河，双乳山与五峰山等远山共同构成了城固县的山水骨架。城固县所处位置东西平旷，没有突出的高山作为指引和背景，因此山水轴线以正南北向为主，这可能也是城固县长方形城池且南北向轴线如此突出的原因之一。将城内的南北轴线外延，可见其正对五峰山和双乳山，与形胜描述十分相符（图12-1）。斗山、宝山、庆山和老君山等矮山呈拱卫之势。城市东西向轴线外延后，大致指向汉江与北沙河、南沙河与湑水交汇之处。

湑水河走向受沿途山丘影响很大，南流至盆地后，调突出的山丘而折向，在这些山后形成了多个小型的平坝。这些小型的平坝靠近水源又有天然的堤坝阻隔，十分适合耕种。但这些平坝相对分散，需要依靠复杂的水利工程进行连接，才能成为一个整体的灌区。这样的山水格局深刻影响了水利的开发和景观的营造，山水、堰渠和寺庙园林之间形成了一种独特的耦合关系。

由于灌溉干渠体量较大且多依山麓而建，因此也如同自然河流

图12-1　城固县山水形胜结构分析
［图片来源：作者自绘，依据地方志书记载绘制，底图数据源自Google Earth］

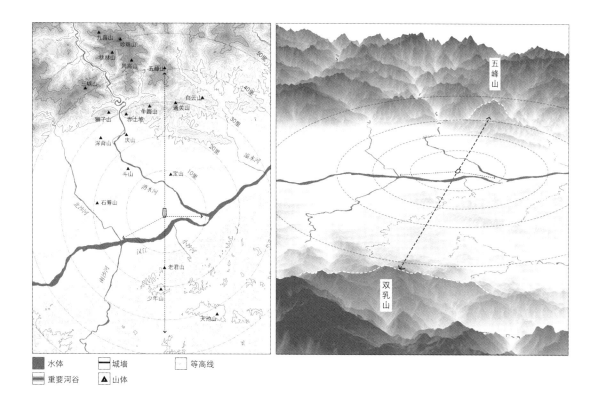

水体　　城墙　　等高线
重要河谷　　▲山体

一样，与山丘岗岭形成了一些山水关系。斗山有诗载："视堰乘春去，寻真入院来。斗山三洞合，滮水五门开。吸月生青草，荒城锁绿苔"[4]。宝山同样记载有"宝山千嶂合，万顷一泓来"[5]。这里的滮水和一泓均指灌溉干渠[6]。

自然山川的风景化营造

从明清史志记载的情况来看（表12-1），当地名山胜地的宗教园林多聚集在宝山、斗山和庆山三山，以及城市西北部的波状地之中，这些佛寺均位于城市观景可视范围之内，与城市之间也有较好的观望关系（图12-2）。在城南的浅山丘陵山麓带上也分布有数个寺庙，这些寺庙主要聚集于南沙河和小沙河谷口。此外，标准差椭圆分析的结果显示整体的景观分布趋势与滮水河走向一致。

城固县境宗教园林   表12-1

	村落中	山地中
寺院	严因寺、慈恩院、七星寺、杨侯院、杜阳院、广利院、高填院、大安寺、经邑院、香水寺、东高寺、西高寺、黄村院、惠安院、观音庵、观音寺、梁泉寺、上道院、善明院、青龙寺、泉水寺、龙兴庵、铁佛庵、邯郸寺、嵩山寺、善积院、鸡鸣寺、明惠院、万寿庵、法隆寺、虚阁寺	惠香院（宝山），新马院，梓童寺（斗山），禅定院（庆山）
道观	集灵观、上四观、洞天观、冲虚观	唐仙观、奉贞观（窦真君升仙观，斗山）、玉皇观（宝山）、天庆观（庆山）、白鹤观（老君山）
庙宇	东岳庙、黄帝庙、汉王庙、项羽庙、汉留侯张公祠、唐通慧昭德王庙、黄帝庙、伍子胥庙、鄮都庙	元蒲尹祠（斗山）、龙王庙（龙王山）

[资料来源：作者根据嘉靖《城固县志》、康熙《城固县志》整理而成]

与这些小山丘不同，五峰山等与城市山水结构相关的高山鲜有寺庙营建的记载，也难以找到诗文描绘，可能不是当地的名山胜地。这种名山均在浅山山丘岗岭地带的现象在汉中盆地并不多见。

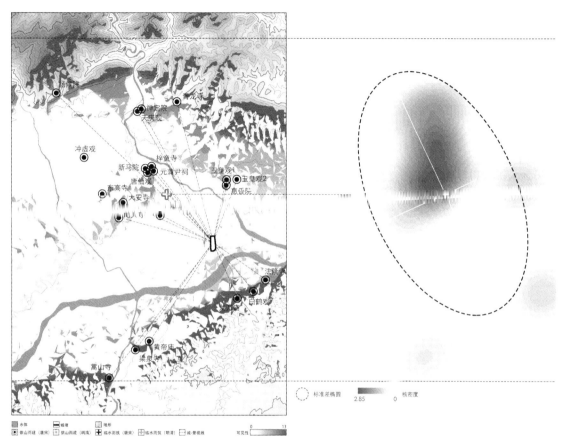

图12-2　城固自然山水中的景观营建
[图片来源：作者自绘，依据地方志书记载绘制，底图数据源自Google Earth]

第二节　水利溯源：广袤的灌区

水利营建变迁

城固县平原面积广阔，水利建设丰富，以湑水、北沙河、小沙河和南沙河为水源，设有多个堰渠体系。

湑水河流域上设有高堰、百丈堰、五门堰、杨填堰和新堰5个大型堰渠体系。其中五门堰和杨填堰规模最大（图12-3）。

高堰为湑水河最北侧的堰系，灌田1850亩，堆石筑堰。在百姓中流传有"王莽二年（7年）串高堰，同时修建五门堰"，推测高堰修建于西汉时期。高堰往南为百丈堰，绕庆山山脚筑堰，灌田3720

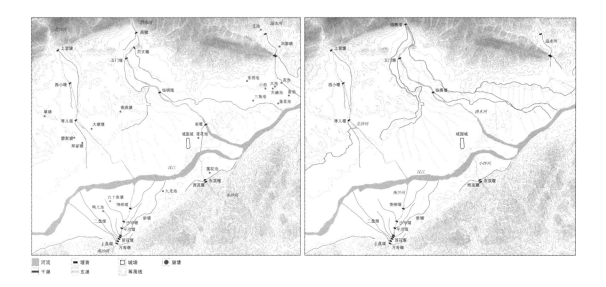

图12-3　明清（左）与民国（右）时期城固县水利网络
[图片来源：作者自绘，依据地方志书记载、《城固五门堰》《汉中盆地地理考察报告》《汉中三堰》、20世纪70年代KH卫星影像绘制，底图数据源自Google Earth]

余亩。堰上原有伍子胥庙，内有汉高祖塑像，相传始建于汉初。由于水土资源开发利用早，这一带和湑水河西的唐公灌区在晋代已成为本县最富有的地区，故北魏正始年间，县治迁移到了此区域[7]。

百丈堰由于位于山脚，容易被山洪冲刷影响，为此修建了桥沟三洞工程疏解洪水，设自西向东的石制"挑渠"，并在两岸筑堤，遇暴水用板闸洞口排水，保证渠道的安全：

> "自东而西，挑渠长二百丈，深三尺，阔二丈……建桥沟三洞，每洞阔四尺许，仍于两岸筑堤数十丈。遇暴水则用板闸洞口，庶洪流可御，而渠道无冲淤之患"[8]。

新堰位于杨填堰以南，灌田400亩，创建于明天启年间，规模较小。

沙河诸堰多在明代以后开筑，工程规模较小（表12-2）。北沙河修渠堰灌田历史悠久，但因堰小且灌溉面积少而常废常修。由北向南设有上官堰、西小堰和枣儿堰。上官堰堰工简单，每夏用砾石筑堰引水。枣儿堰位于西肖堰首以下9.5km处，为无坝引水。小沙河上设有东流堰和西流堰，灌田分别为500亩和200亩。

南沙河由南向北设有万寿堰、上盘堰、下盘堰、新堰、平沙

沙河诸堰　　　　　　　　　　　表12-2

水源	堰渠	位置	灌溉面积（亩）	备注
北沙河	上官堰	位于谢何乡杨家营村北、文川河左岸	3000	堰创自明初
	西小堰	位于老庄镇老庄村南，文川河右岸，与上官堰隔河相对	400	
	枣儿堰	位于上官堰首以南9.5km处，文川河西侧	300	创建年代失考，原为无坝引水，堰首屡经变迁
南沙河	万寿堰	在县西南四十五里，于东岸作堰	180	明万历年间
	盘蛇堰（上盘堰、下盘堰）	位于南沙河下游左岸	2400	相传创自元代
	新堰	—	700	
	坪沙堰（平沙堰）	位于导流堰下	600	创于明洪武十八年（1385年）。无坝引水，二条支渠
	沙平堰	沙平堰为南沙河右岸一条渠堰，位于倒柳堰北，灌今董家营莫爷庙乡水田	1200	
	莲花堰	—	300	宋代郾姓首建
	倒柳堰	位于南沙河下游右岸	1800	河堤设洞，无坝引水
小沙河	东流堰	堰沟河出山谷后的两条堰	500	
	西流堰	堰沟河出山谷后的两条堰	200	

［资料来源：作者根据《嘉靖城固县志校注》整理而成］

堰、沙平堰、莲花堰和倒柳堰等多个堰渠。各堰渠中，上盘堰和倒柳堰规模最大。上盘堰位于南沙河下游左岸五郎关口，古称盘蛇堰，相传创自元代。下盘堰位于南沙河下游左岸，为无坝引水，始创于明洪武二年（1369年），清代灌田1500亩。倒柳堰位于南沙河下游右岸，为无坝引水，创于明洪武六年（1373年），清嘉庆年间与陈小堰合并；清道光二十五年（1845年），因纠纷迁移堰头，又与陈小堰分开，灌溉1800余亩。

除了水系以外，城固县城周边还分布有多个陂塘，在县志中，这些水池和自然河流共同分类为"山川"之下，而没有归类到水利当中。这些水池多为天然水池改造而成，包括距离县城西南7.5km的九龙池，东1.5km的莲花池，西南15km的鸭儿池和九十亩塘。这些天然水池多被改造为养殖鱼类与种植荷花的陂塘，且规定只能公用，不得私用。清代中期，山区水塘增多。到1951年全县有水塘790口。

水网格局下的城渠关系

城固位于五门堰灌区的南端末端，五门堰干渠、湑水和汉江共同呈包城之势形成城外的水网格局（图12-4）。城固城外围环绕有护城河，"外池阔二丈，深一丈五尺"[9]。城市供水应是由周边堰渠提供的，但其水源文献中没有明确记载，笔者仅作推测——从嘉庆年间的《续修汉中府志》"城固县疆域图"中可以大致看出，城市水系可能与湑水河上的新堰灌渠相连；从嘉靖年间的《城固县志》"城固县城图"中可以看出，湑水下游有一堰渠流向城固城，流至教场，很可能就是新堰灌渠。

城固城址的变迁和区域水利之发展有着一定的联系（图12-5）。纵观城固的城址变迁，大致可以分为四个阶段，即秦汉—东晋时期、东晋—北魏时期、北魏—北宋时期和北宋—明清时期。这几个时期城址的选择，与当时的城市功能、社会环境和水利建设均有一定的联系。秦汉—东晋时期的城固城位于湑水和汉江所夹的狭小三角地带，利用自然河流提供天然的防御，城市的功能以屯聚和防御外敌为主；东晋—北魏时期的城址移到今洋县附近，此时城洋两县的水利开发以洋县为盛，设有七女池、明月池和张良渠，农业支撑能

图12-4　古舆图中的城固与周边堰渠关系
［图片来源：左图引自嘉靖年间的《城固县志》，右图引自嘉庆年间的《续修汉中府志》］

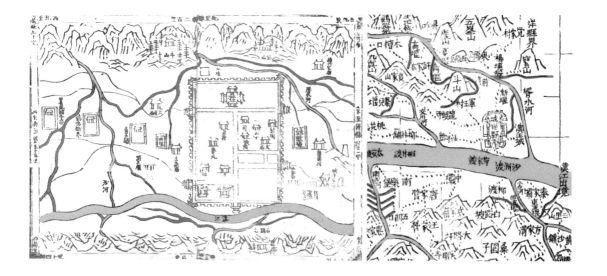

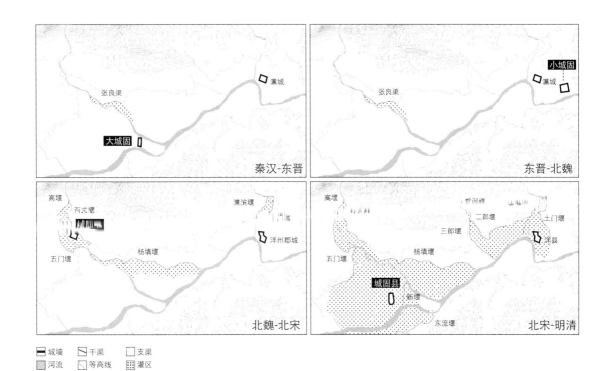

图12-5　城固城址迁筑与水利开发关系阶段
［图片来源：作者自绘，依据地方志书记载绘制，底图数据源自Google Earth］

力更加强大；北魏—北宋时期城址所在位置靠近湑水上游灌区——此处灌区集中，五门堰灌区位于河对岸，庆山山下有百丈堰，农业生产条件为区域最佳。北宋斗山石峡工程建成，斗山以南的平坝地区获得稳定的灌溉条件，为城市的发展建设提供了支撑，同时由于靠近汉江更利于航运商贸，城固县城便南移至今日所在的平坝地区。

人工水网下的风景汇聚

城固县领地水利开发早，耕地面积广阔，其诸多景观营造都与水利建设有关（图12-6）。

一方面，堰首是寺庙营建的重点区域，往往成为当地水利活动和公共活动的集中空间，如五门堰堰首的龙王庙，观音祠和杨填堰堰首的杨公祠，百丈堰堰首的伍子胥庙，这在上篇第二章第四节"大型代表性水利工程"中已作详述。

另一方面，水利开发与自然山川产生矛盾之处，即修建有堤、峡和渡槽等水利要口处也容易有风景的汇聚，以斗山、宝山和庆山

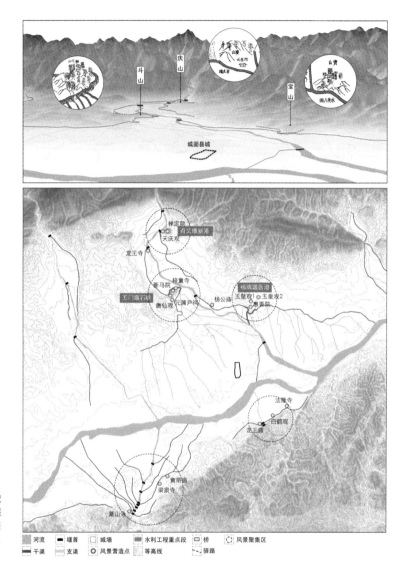

图12-6   城固水利网络下的景观营造
[图片来源：作者自绘，依据地方志书记载、《城固五门堰》《汉中盆地地理考察报告》《汉中三堰》、20世纪70年代KH卫星影像绘制，底图数据源自Google Earth；图中舆图引自雍正《陕西通志》]

记载最多。这三个山体均为秦岭诸山深入平原腹地形成的浅山余脉。三山横亘在平原当中，阻拦了堰渠的开凿，当地人不得不筑造石峡等复杂水利工程，从而促进了周边祠庙和寺观的修建。

斗山为平原中一凸起的山丘，在平旷的环境中非常突出（图12-7）。斗山曾是道教名山，建有窦真君升仙观和蟾宫吸月亭。窦真君升仙观在斗山顶，有三清殿。蟾宫吸月亭在斗山之阴。斗山石峡落成后，修建了蒲公祠以纪念这一水利工程。

图12-7　今斗山航拍图
［图片来源：作者自摄并改绘］

康熙年间先后任西乡与城固知县的王穆的《游斗山记》，是一篇详细记载斗山景观的地方文献。文章前半篇状描斗山道观十分生动：

"若斗山者岸然特立于旷野中，以其形似北斗故名。山不甚高，多神仙古迹，夹道皆老树参天，绿阴盖地，直接寺门。拾级而登，为奉真观，观后为三清殿。墙外古树一株，荫可亩许。憩树下，俯瞩千尺溪流，汩汩有声如雷。远眺东、西原公，沟塍绣错，庐舍栉比，真畅观也。东西两庑，塑古来忠义英烈，如关壮缪诸神像，似有生气，使人起敬畏心。左折而北，是瞻宫吸月亭故址。升仙观为窦真君修道处。"

文中还阐述了堰渠管理人员和斗山寺观道士的和谐关系，斗山寺庙同时也是堰渠管理人员的休憩玩赏之地：

"予方勘阅渠堰，必取道斗山下，因得流览驻足焉，山之道士烹茗啜予。值……（诸友）皆至，踞石磅礴，啸咏衔觞，指顾山松……"。

《游斗山记》后半篇则重在表彰县令维护增建五门堰之功德，重点描绘了石峡工程，融写景、纪事与铭功为一体。可见斗山不仅是眺望区域风景的胜地与道教名山，也一直与水利设施的建设保持着密切的联系：

"循山而下，则为石峡。石高数丈，长倍之，兀突挺崛，杰傲平地，从中划然而开者，阔四五尺许，上水冲激澎湃，翻银滚雪而过于峡，如匡庐之瀑，如钱塘之潮，观者目眩，听而心惊，斯真奇景哉。……按上游五门堰，五道奔流，至于湑川，合湑川之水而达于汉江。此峡不开，则五门以下田，鞠为茂草矣！"

宝山山麓靠近湑水，杨填堰干渠绕宝山而东行，这一区段为杨填堰干渠管理和维护最为重要的区段——"杨填堰最要紧者，则帮河之堤、长岭之渠"[10]。此处所述帮河、长岭即位于宝山南麓，有记载"堰口下里许曰洪沟，又七里许曰长岭沟，尤钜且深，每逢暴雨，挟沙由沟拥入渠。旧设有帮河、鹅儿两堰以泄横水"[11]。这一时期的干渠修浚工作均集中在宝山山麓，以疏浚鹅儿堰和修筑帮河堰为主。宝山建有惠香院，是乐城八景之一，又名宝山寺，唐开禧时建，是当地堰务人员时常休憩游乐的场所，有诗云：

"宝山遥在北城埌，堰省公余到此来。鸣雁不堪愁里听，好怀坐向醉中开。天涯青眼劳贤主，秋雨黄花点绿苔。佳趣每从幽处得，五云高阁兴悠哉"[9]。

宝山景观的营造与杨填堰的管理有着密切联系，古人也喜爱登临宝山和游憩于寺院中，观赏周边的美景和丰收的农田。当地有诗云：

"宝山千嶂合，万顷一泓来。村鼓过霄动，僧房半日开。流莺啼碧柳，和露点苍苔。喜得丰年瑞，登临亦快哉"[5]。

庆山山麓为百丈堰的堰首所在，干渠绕庆山而南下，据载：

"（百丈堰）东北有骆驼山，遇天雨，其水甚猛，横冲旧道，一岁间屡冲屡修。予循山麓相水势，议以灰石塞山之南口。自东而西，挑渠长二百丈，深三尺，阔二丈，由庆山北，归升仙口河内，一劳永逸，百世之利也。限于财力不克成，著于此，以候后之君子"[12]。

"万历戊戌，邑侯高公登明议建石桥，以闸暴水，则渠可免于疏凿。乃捐俸鸠工，建桥沟三洞，每洞阔四尺许，仍于两岸筑堤数十丈。遇暴水则用板闸洞口，庶洪流可御，而渠道无冲决之患"[13]。

可见，庆山处的渠道管理和修葺一直是当地堰务的重点，推动了寺庙的营建活动。庆山百丈堰处修建有伍子胥庙，庆山南坡设有药王庙，而药王庙附近有"登瀛""桂林书院""步蟾""青云得路""山斗俱瞻"和"高山仰止"等数个摩崖石刻。

城固周边的桥梁也多依渠而建（表12-3），其中薛公桥和望仙桥为跨堰渠干渠之桥，均是当地的名桥。望仙桥位于斗山山麓，薛公桥位于五门堰，可见水利要口对景观汇聚的影响。

城固县古桥梁　　　　　　　　　　　表12-3

名称	位置	记载/注释
砖桥	县西南一里	按方位、里程、地形，此桥址约为今西关吊桥址。为城西瓦渣渠退水桥
薛公桥	西北二十五里	宋绍兴初县尹薛可先开渠溉田，民蒙其惠，故名。此桥已无考。按方位、里程在斗山北五门堰上
二里桥	县东南二里	旧志名二桥。按方位、里程，此桥即今东关吊桥址。为城东退水沟桥。二里桥即崇义桥，亦即梁州杰《段桥记》中的段桥
三里桥	县西南五里	旧志名三桥。桥址在今县烟厂西，已改建为公路桥
磨石桥	县西八里	
十里桥	县西十里	

续表

名称	位置	记载/注释
沙河桥	县西南十五里	沙河营西跨文川河之桥，现已改建为公路桥，称沙河营大桥
望仙桥	县西北二十里	斗山东麓，桥跨五门堰，北望升仙村，故称望仙桥
袁阳桥	县西北十五里	位于当时的袁阳镇（即今鸳鸯桥村）。宋《妙严院碑记》："自兴元东抵味溪，取道北行，凡六十有五里"。袁阳桥为跨味溪之桥。味溪后称梓童沟，即今之倒桨沟。桥已废
洪沟桥	县西四十五里	洪沟桥：桃花店村西跨洪沟之桥，现已改建为公路大桥，称桃花店桥
十石桥	县西南二里	

［资料来源：作者根据《嘉靖城固校注》卷之二·建置志整理而成］

第三节　城景营建：灌区中的城市

汉晋时期，以城固之名记载的城市有三处：大城固、城固南城和小城固。其中，大城固和城固南城是东晋以前城固的城址，分别位于汉江南北两岸。大城固又名城固北城，为城固的主城部分，位于湑水河与汉江交口处。根据鲁西奇[14]等考据，大城固的遗址坐落在县城东约5km的莲花办事处庙坡村，城址平面略呈长方形，南北长约1000m，东西宽约180m。该城在明清时期的文献中也称汉王城，因刘邦曾在此驻兵而得名，有记载"汉王城，东十里，高十丈，顶平，南北一百八十步，东西百步，南近汉江，北绕湑水，汉王驻兵于此"[9]。城固南城为一占据高地的城市，位于今城固县三合乡秦家坝村东南500m处，呈依山而建的葫芦形，面积约4000m²，分内外两城，内城墙高4.3m，外城墙高5.2m。小城固位于今洋县城附近，在"洋县"一章有详述。

北朝时期城固县治迁至墙乡川。根据1994年版《城固县志》[7]推测"正始中城固县移居墙乡川，即今理[15]。……《水经注》卷27载：左谷水出西北，即墙水也。……东南流入平川中，谓之墙乡，水即墙水……墙水南历墙乡溪出山东南流，经通关势，山高百余丈……"按此记述壻乡位于为今升仙村南和斗山北，今西原公村北，庆山南，在湑水东岸。

北宋崇宁二年（1103年），城固县治搬迁至今城固县城。据载"城固在汉之东北隅，薄垣高仅寻许，三面为门，而阙其北，无壕堑沟垒以限其外。幸海内太平，百余年不见兵革之事"[16]。可见唐宋时期城固县仅有薄垣，并无护城河。这一城址一直延续至明清。文献中常提到城固有乐城，为诸葛亮修建，且有记载表明乐城和城固县城距离很近——"县城即汉丞相诸葛武侯所筑之乐城 而郡属有□城，以均可离乐城旧址"[17]。宋城固县城可能就是在乐城基础上修筑而成。

明正德七年（1512年），城固城墙在宋代的基础上得以重修，此时城固县城的城墙格局基本定下：

> "凡城周围以里计者七，高以丈计者三，阔，减于高者六之一，池深如城之阔，阔增于城之高者亦六之一。辟门于北，与三门者等。东曰永和，西曰安远，南曰通济，北曰新宁，识始作也。其外各筑土环遍，而名曰月城，取其象也。城四隅各树以楼，四隅之相距，每二十丈，竖以小楼，以所计者，六十有五。而城之上，甃砖为渠，通于小楼之侧，除水患也"[9]。

城虽小，但城墙体量与南郑城等无异，护城河则稍窄。城中建有多个城楼，不仅4个主门有门楼，还设有四角角楼和楼之间的小楼。在4个城门外还用土筑有月城。明嘉靖六年（1527年），知县刘佳新开东西二小门——"东曰富春、西曰阜秋，周七里一十步，高三丈，阔二丈，池阔二丈，深一丈五尺"[18]。明代文庙景观营建活动较多，新建有折桂桥、丰乐桥和双泮池等设施。

清朝县城仅有几次修整，但总体改动并不大。清嘉庆十一年（1806年），署知县刘国柱将护城河挖深。道光年间建有钟楼，后焚毁，清光绪二十四年（1898年）重建（图12-8）。

城固县城的景观营造活动以明代最盛，城市结构和一些主要的

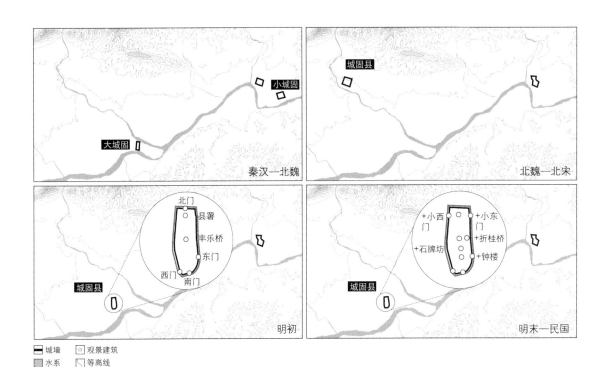

秦汉—北魏

北魏—北宋

明初

明末—民国

▬ 城墙　◻ 观景建筑
▨ 水系　◹ 等高线

图12-8　秦汉至民国时期城固城市变迁
[图片来源：作者自绘，依据地方志记载、
《城墙内外》《城固县志》、1943年《陕西
省县市镇地形图》、20世纪70年代KH卫星
影像绘制，底图数据源自Google Earth]

园林建筑均在这一时期建成；清代除增建钟楼和石牌楼外，基本延续了明代的城景格局（图12-9）。

城固县城为一长条状城池，其南北方向的主街尤为突出，形成了一个深远的轴线。沿着这条主街有多个标志性建筑，从南至北依次为通济门楼、钟楼、石牌楼、丰乐桥（观音阁）和县署，这些建筑形态与功能各异，使得这条主街景观层次十分丰富（图12-10）。

南北轴线上，钟楼和观音阁是最具特色的建筑。钟楼在县城内正街十字街心，至今仍然留存完整，其为四方形，共4层，高约15m，为全城报晓之用。观音阁位于丰乐桥上，但桥和阁如今均被拆除。桥的样貌能从老照片中窥见，也有详细的文字记载：

　　"底东西宽，南北窄，呈长方形。下部条石砌筑，上砌砖。中开半圆形顶门洞如城门，过车马行人。上建亭阁两层，顶层为观音阁"[9]。

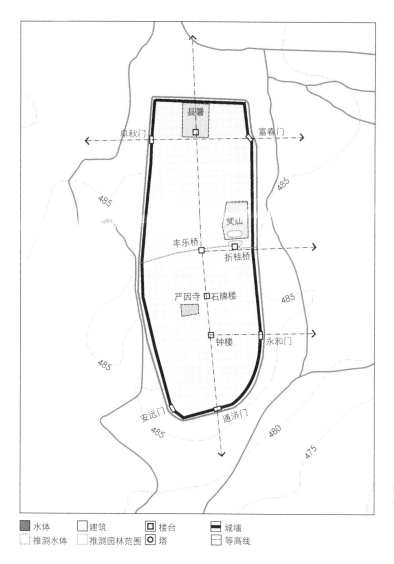

图12-9　明清时期城固城景营造布局
[图片来源：作者自绘，依据地方志记载、《汉中盆地地理考察报告》《城固县志》、1943年《陕西省县市镇地形图》、20世纪70年代KH卫星影像绘制，底图数据源自Google Earth]

■ 水体　　□ 建筑　　◻ 楼台　　▬ 城墙
⬚ 推测水体　　◻ 推测园林范围　　◉ 塔　　▭ 等高线

（a）钟楼　　　　（b）石牌坊　　　　（c）丰乐桥　　　　（d）县署

南　　　　　　　　　　　　　　　　　　　　　　　　　　北

图12-10　城固主街轴线建筑照片
[图片来源：城固市贴吧]

城固县北门的设置在历代有所不同，明正德至明嘉靖十余年间，城固设有北门"新宁"。但其他时期北侧并未设门，南北轴线南对通济门，北边止于县署，城市主街呈现"干"字形结构。城固城墙上有城楼5处，其中北侧两个城楼在一条正东西方向的街上；南部两个城楼分别朝向一条斜街和一条正东西方向的街道，相互错开。

现存城固的古舆图和测绘图中，鲜有标注城内水系的状况，但这并非意味着城内没有水系，其状况可以从文字史料中推测得出。文庙是城市景观的核心之一，位于城市东隅。嘉靖《城固县志》记载，文庙曾于明有一次较大修整，修整后的文庙保留了殿庑、堂斋和敬一亭，增加启圣、名宦、乡贤祠、号舍、射圃、泮池和折桂桥。其中，泮池和折桂桥的记载表明了城市内外水系的连通：

> "艺木于路之两侧，引水灌池，内殖荷芰。池之四周，密栽蒲柳为障。……二沼相对，中寻折桂桥迹建立大洞，上自小西门，下从学南隅，皆因古道引水出入，中栽莲，岸树柳，一派清流，焕然改观矣。……（折桂桥）旧在棂星门前五十步，上有折桂亭，已圮，明嘉靖四十五年（1566年）知县杨守正改建，移北五步，桥洞更阔"[9]。

泮池原为一池，嘉靖年间又增凿一池。以文庙泮池为核心，城内沿路修建引水道，栽植柳树莲花，修建折桂桥和丰乐桥，折桂桥上有折桂亭，丰乐桥上有观音阁，从而改善了整个城市的景观。有诗云：

> "一溪水绕乐城庠，西建桥通翰墨场。堤柳播音风送响，浪花散□月先光。人临桥阁鱼翻浪，望入宫墙桂吐香。欲识地灵人更杰，状元榜眼探花"[19]。

"庠"即学校，这里即指文庙，该诗正是描绘了文庙—折桂桥—泮池的景观（图12-11）。丰乐桥"通折桂桥流"[20]，从《城固文史》所附《城固县旧城区示意图（1949年）》可见丰乐桥位于城

图12-11　泮池老照片
[图片来源：城固市贴吧]

市中轴大街上。丰乐巷为一东西走向的街道，经过文庙前，因此城内水系的状况可以大致推测出来。丰乐桥曾是城固老城重要的地标建筑，甚至成了多个当地特产的商标来源，如丰乐酒和丰乐酱油等。此外，根据当地人描述，县城的丰乐桥还存在时，桥下一股流水经丰乐巷向城外流淌，被称为要水渠。

从民国时期测绘图中可见，城固5个城门外均有街道，其中以南部东西两门的街道规模最大，应为其所在驿路主路所至。城外的堰渠穿插在城关中，建有数个跨堰渠的石桥。

第四节　景观认知：乐城八景

城固地区记载的景观体系为"乐城八景"。明代董其昌作《乐城十景跋》，陈继儒作《乐城十景跋》，表明当时城固共有十景广为流传，然而当今有明确记载的只有八景（表12-4）。康熙《汉南郡志》记载有"乐城八景"，除"荷浦新烟"记载为"荷浦簇烟"外，均与董其昌诗文一致。"乐城"虽不是城固明清时期县城的名称，但乐城八景仍然能够表现城固的景观认知——康熙《汉南郡志》明确将八景列入城固县"形胜"之中，且明代作十景诗时乐城早已不在，故八景冠以"乐城"之称，实为城固之景。

城固"八景"体系的空间布局（图12-12）主要有以下几个特征：

乐城八景　　　　　　　　表12-4

景观意向	景名	《乐城八景》原文
农田水利	斗山石鼓	南斗山偕北斗高，山后石鼓鸣波涛。水中汩汩洞天应，仿佛仙人夜播兆
农田田园	古城牧雨	细雨濛濛满古城，牧童驱犊向烟行。闷来牛背笛三弄，挑晒蓑衣雨乍晴
农田水利	荷浦新烟	朵朵灵波带晓烟，荷花池里叶田田。银塘瑞霭随风净，露出西湖十丈莲
农田寺庙	蕙院木龙	蕙院森龙点染工，养成鳞甲欲腾空。若非群力撑持定，顷放慢波起寺中
农业景观	南乐耕云	戴月披星到垄头，一犁耕破云悠悠。遥瞻南乐千家户，处处欢腾岁有秋
山岭气象	天台积雪	六出花飞满岫堆，纷纷瑞气映天台；寒山一夜银如海，枯树无枝放玉梅
江河航渡	襄源晚渡	何处辉生映晚灯，襄源渔火影萤萤。扁舟一夜击流渡，两岸光飞点点星
山岭寺庙	虚阁晓钟	鸟蹄月明曙生东，虚阁晓钟出寺中；洪音嘹亮惊迷梦，散入虚阁响半空

[资料来源：作者根据《城固县志》整理而成]

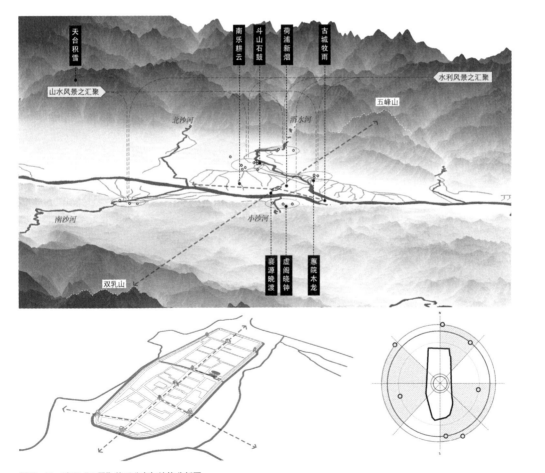

图12-12 城固"八景"体系分布与结构分析图
[图片来源：作者自绘，依据地方志书记载绘制，底图数据源自Google Earth]

一、空间聚焦城外：城内无景观记载，城外农田圈层占比较高。

二、方位覆盖均匀：从城内外风景的方位来看，虽然没有覆盖到所有方位，但在各个方向比较均匀。

城固的传统景观认知内容可以概括为以下几类：

一、城景的景观认知：城固城内的景观营建并未在"八景"体系中提到，这在西乡、勉县和褒城等县城中也是一样的。

二、自然山川的景观认知："天台积雪"和"虚阁晓钟"所描绘的山体，与本书研究的当地名山并不能很好地对应，而史上对城固人台山和虚阁寺的记载也很少。

三、农田水利的景观认知："乐城八景"中，有五景与农田水利相关，"斗山石鼓"和"荷浦新烟"是直接描写堰渠和湖池水利工程的意向，"蕙院木龙"所描述的惠香院也与宝山山麓渠道有密切联系。"南乐耕云"和"古城牧雨"则是直接描写灌区田野景观的意向。

四、从景观中所蕴含的地方文化来看，城固受宗教信仰文化的影响较大，如八景中"斗山石鼓""蕙院木龙"和"虚阁晓钟"等景观。这些景观还多与水利事业相关，有的是直接的水利祠庙，有的是受水利要口影响聚集的祠庙。

总体来看，城固是一个尤其重视农耕而坐落于广阔灌区当中的古城，灌区滋养了城固，同时也深刻影响了城固周边的风景营造，山水、灌区和风景高度的耦合在一起，是汉中诸城中最能体现灌区传统景观的范本。

参考文献：

[1]　（明嘉靖）《城固县志》卷一·地理志.
[2]　（北魏）郦道元《水经注》卷二十七·沔水一.
[3]　（清嘉庆）严如熤《汉中府志》卷三·形胜.
[4]　冯涪西《春日课农游奉真宫》.
[5]　冯涪西《雪雾，元宵后四日，课农游宝山寺，用斗山韵课农》.

[6]　　穆育人校注；城固县地方志办公室　　　　　[12]　　杨守正《百丈堰干沟议》.
　　　　编. 嘉靖城固县志校注[M]. 西安：　　　　[13]　　《百丈堰高公碑记》.
　　　　西北大学出版社. 1995.　　　　　　　　　[14]　　鲁西奇著. 城墙内外 古代汉水流域
[7]　　穆育人主编；城固县地方志编纂委　　　　　　　　　城市的形态与空间结构[M]. 北京：
　　　　员会编. 城固县志[M]. 北京：中国　　　　　　　中华书局. 2011.
　　　　大百科全书出版社. 1994.　　　　　　　　[15]　　（宋）乐史《太平寰宇记》.
[8]　　（清嘉庆）严如熤《汉中府志》卷　　　　　[16]　　（明）黄九峰《修理城垣记》.
　　　　二十·水利.　　　　　　　　　　　　　[17]　　（清嘉庆）严如熤《汉中府志》卷
[9]　　（明嘉靖）《城固县志》卷二·建置志.　　　　　　八·城池.
[10]　 （清）邹溶《理洋略》.　　　　　　　　　[18]　　（清康熙）滕天绶《汉南郡志》卷
[11]　 （清嘉庆）《汉中府志》卷二十·水　　　　　　　三·建置志一·城池.
　　　　利志·陈鸿训《杨填堰重修五洞渠　　　　[19]　　（明）杨仲山，诗名无考.
　　　　堤工程纪略》.　　　　　　　　　　　　[20]　　（明嘉靖）《城固县志》卷二·建置志.

治水防洪：西乡

第十三章

西乡即今西乡县，古有平阳城、洋源古城、四季河古城等故址，均位于西乡盆地中。元末，西乡城迁址于今西乡县城处。西乡位于一小型的河谷盆地内，城市受到洪水的威胁比汉中盆地其他城市要大，因此治水防洪一直是西乡古城城市和区域发展的重要内容，深刻影响了当地的传统景观营造。

第一节　山水溯源：小盆地

山形水势

西乡县城位于汉中盆地东南部的浅山丘陵地带中，牧马河和洋河河谷小平原上，该区域也被称为西乡盆地。虽然西乡盆地与汉水谷地中间被浅山丘陵所隔断，但古人仍然把其作为汉中盆地的一个部分，其北部所枕之山仍然为秦岭的高山——记载中描述西乡"屏巴山而带马源，背秦岭而襟洋水"[1]。

在众多山体中，午子山是当地最为有名的名山，谷口修筑有金洋堰，寺庙和祠宇林立，与西乡县城隔江相望。有记载"三峰削立，二水环流其麓，即午子谷"[2]。午子山河谷口有三峰相对峙，中间一山为午子山，左山名为飞凤山，右山名为冠朱山。午子山亦被当地当作"文峰"，有碑记"圣水龙泉，襟带左右；两峰万仞。壁立东西，盖邑之文峰也"[3]。

靠近城市的浅山地区也有许多名山。城南的云亭山"山峰如亭，云从亭出"[2]，因山峰似亭而闻名。位于城北的蒿坪山"正对午子山，远望三峰耸峙，俯瞰洋水牧马河之合流，雄秀逶迤，天然佳景也"[4]。与午子山、洋水河和牧马河共同组成了区域的对望关系。

西乡县城与汉中盆地其他城市不同，并未坐于汉江河滨，而是在支流牧马河之北。城东午子山上汇流有洋水，往北流而与牧马河汇集，古代将两者所在水系称为"洋川"，是汉江的重要支流之一。西乡景观体系"洋川十二景"也是由此得名。

牧马河唐宋名马源水，自元以后改称木马河，该河流域水草丰茂，古代多于此放牧军马，故今多称牧马河。牧马河虽是汉江支流，但在西乡盆地中却是盆地河流的主干，其水利功能以航运为主。洋水又名清凉川或泾洋河，据载其"川原漫润，一望平畴，土沃扬底，沿岸颇多胜景"[1]，是西乡盆地主要的灌溉水源。除牧马河与洋河外，西乡盆地内还有峡河、桑园河、杨河和沙河等小型水体，丘陵谷地中的一些小型的坝地就从这些水体筑堰引水灌溉。

山水形胜下的城市格局

《汉中府志》记载西乡形胜道：

> "南接蜀川，北连秦岭，汉江绕其东，巴山峙其西，为关山险要之地"[5]。

从府志记载来看，古代对西乡山水形胜的认知并非以狭小的西乡盆地为界，而是扩大到秦岭，考虑到了汉中盆地的整体。

西乡城内的轴线向外延伸，有十分清晰的山水对应关系（图13-1），南北轴线正北向西偏移，直指城北最高的文昌山山顶，轴线上还有云盘山和云亭山组成近山的层次，蒿坪山与望江山东西拱卫，凤凰山在南侧呈环抱之势。主城内东西向轴线东指铁城山峰顶，西指

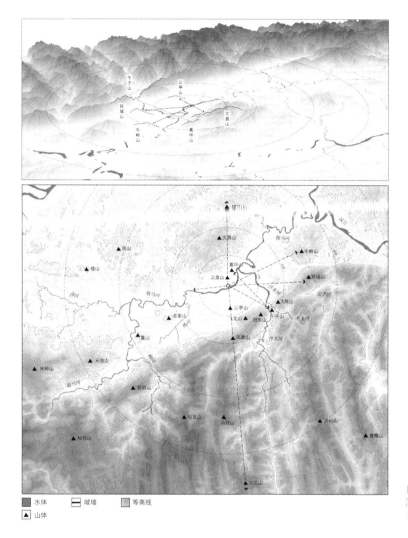

图13-1　西乡山水形胜结构分析
［图片来源：作者自绘，依据地方志书记载绘制，底图数据源自Google Earth］

水体　□城墙　等高线
▲山体

牧马河谷口，关城轴线则东指牛岭山，西指老家山、鹰山和天池山三山。

　　值得注意的是，午子山虽然为西乡名山，但明清西乡县城与午子山却关系较弱，两者之间有浅山遮挡视线。然而，唐宋时期县城（即四季河古城）则与午子山有清晰的对望关系，其选址刚好与午子山谷口相对，且与西乡另一座名山——蒿坪山形成对位关系，这也符合了史志中记载的蒿坪山—午子山对望关系。

　　与城市轴线不同，西乡城城池的长轴与牧马河流向平行，与水系关系更为融洽，可能与当地的防洪条件有关。

自然山川的风景化营造

午子山是西乡城郊的名山之一。宋绍兴年间，午子山上就建有保德真君殿。明建午子观，又名武子观，清代午子观多次修缮，规模庞大，甚至建有城墙：

> "先修中宫祖师殿，次修祖师前献殿，增其旧制，廓以宏规，栋梁椽瓦，与凡门窗、墙壁、柱石，概更重新。他若灵官楼、娘娘殿、药王殿、祖师寝宫，及城墙檐坎、石阶，亦既补葺完固"[3]。

蒿坪山也曾建有元皇楣公祠和蒿坪寺。蒿坪寺曾为当地名寺，与午子观之间相互对望，形成当地重要的景观轴线：

> "地势雄俊，……寺门遥对武子山，远望三峰耸峙，俯瞰二水合流，雄秀天然。阴历二月初二日为寺之药王会期，昔时香火之盛，不亚于午子观云[6]"。

灵盘山位于城北约1km处，又名云盘山，南宋绍兴二年（1132年）建弥陀寺，寺东有北寺渠。传说弥陀寺规模巨大，甚至与城中广庆寺相连，"漏声绕静待朝阳，古寺烟深树渺茫"[7]。回龙山位于县志东约2.5km，建有观音寺，又名草堂寺或回龙寺，建有觉皇殿、龙神殿、祖师殿、天王殿和观音殿五殿，"矩度庄严，规划详尽，金碧辉煌。"该寺曾在清同治元年（1862年）被毁，于清同治十一年（1872年）重修，落成后有山水环绕之景：

> "以较旧日，规模尤为宏敞，更增修寺前两石桥，以培龙脉，局势尤为轩昂，山水环绕，松竹掩映，洵水东之大业林也"[6]。

西乡西郊牛头山东还有一鹿龄寺，为清真寺，保留至今，其形制仍然为中国传统的寺院形制，也为当地胜景——"林木清幽，室宇静洁，寺中花木甚繁，牡丹花尤多。……花开之时，士女如云。端阳日城中妇女出游寺，人夺其香袋，不以为忤。……规模宏敞，今为附城胜景之地"[6]。

除此之外，西乡周边很多高山也有寺庙的建置，如巴山中的天池寺、杨家寺和龙池寺；白云山山顶的丰心庵；贯子山的双河观等，但这些大山相对人烟稀少，分散而孤立，没有对当地的景观体系产生较大影响（表13-1）。

除了寺庙的建置外，西乡还建有文峰塔。清同治九年（1870年）于东渡营盘梁（现名塔坡）建有高宝塔一座，塔身13层，六棱六面，祭祀魁星。修建该塔，"言风水者，谓建此塔于此可培文风云"[8]。此塔倒影于牧马河碧流之中，为山川增色不少，也与城内魁星楼和巽楼形成具有教化意义的朝对关系。

古时，西乡的诸多名山均是踏青、游览和祭祀的胜地，颇受当地人民欢迎，表13-2摘选了府志中西乡县与山林有关的节日：

西乡的景观营造，以午子山和城北浅山为最盛（图13-2）。城

西乡县境寺庙园林 表13-1

	始建	村镇关	山水
寺院	唐	普贤寺	
	宋		弥陀寺（灵/云盘山）、观音寺（回龙山）
	元明清	莲花寺、法宝寺、唐兴寺、思陀寺、开元寺、铁佛寺、高平寺、木屏寺、松树庵、回龙庵、青树庵、准提庵、华严庵、白衣庵	洋水寺（洋河口）、蒿坪寺（蒿坪山）、观龙寺、北庵（午子山）、沿河寺（牧马河）、天池寺、杨家寺、麻池寺、龙池寺（巴山）、鹿龄寺（牛头山）、手心庵（白云山）
道观	宋		午子观（午子山）
	元明清	青山观、白云观、三官堂、罗家堂	双河观（贯子山）
庙宇	宋		虞舜庙、翊圣保德真君庙（午子山）
	元明清	张桓侯庙、三官庙、真武庙、酆都殿	水府庙（牧马河）、元皇桐公祠、药王庙（蒿坪山）、关帝阁（老家山）、山神庙（北山）

[资料来源：作者根据自康熙《西乡县志》、民国《西乡胜迹录》整理而成]

西乡山林相关传统节日   表13-2

名称	时间	地点	描写
药王大会	二月二日	蒿坪山蒿坪寺	官民俱往焚香，妇女亦踏青选胜
朝午子名山	三月三日	午子山	男、妇拈香毕，各采松叶、兰花簪首，以为拔除不祥
重阳节	九月九日	云盘山、午子山	亲友以菊花、米糕馈送，登高，饮茱萸之酒，或上云台之山，或在午子之峰，酌酒赋诗，流览丹枫黄菊；妇人则摘采茱萸，曰可治心疼也
冬至		巴山	向巴山看雪，占来年丰歉，遍山腊梅开放，大雪满山，士人携酒有游赏者

〔资料来源：作者根据地方史志记载整理而成〕

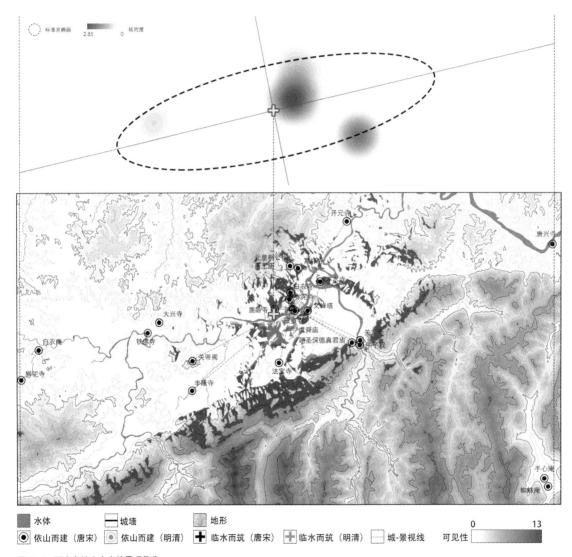

图13-2 西乡自然山水中的景观营造
〔图片来源：作者自绘，依据地方志书记载绘制，底图数据源自Google Earth〕

市近郊的景观都与城市有着较好的视线关系。虽然视觉轴线上并非
通畅，但午子山即使在城内也能望见。景观的方向分布则与牧马河
流向一致。

　　西乡河流上建有多处渡桥（表13-3），其中景观价值最大的为
虹桥，为冬春架桥的临时渡桥，在其点缀下，牧马河在四季呈现出
多样的景观风貌："长桥卧波，影若彩虹。……春则半蒿春水，两岸
绿杨。夏则观晓渡于晴川，赏晚霞于河畔。秋则芦飞断岸，露下寒
汀。冬则水落石处，雪霁巴山。四时景物，各有甚杰"[9]。

　　除了虹桥外，邻近西乡城还有两处渡口，"二渡昔有桥会，夏
秋置船，冬春架桥"[9]。民国二十九年（1940年），这两处渡口建成
石墩木桁结构的东渡桥和金洋桥二桥。此外，县城东关有多个永久
性桥梁，包括通济桥、会仙桥和平政桥，其中平政桥桥上还有亭，
通济桥则一直保留至今。

		西乡县古渡桥	表13-3
名称	位置	记载	时间
虹桥	南一里	即南渡桥，详见文中	无考
金洋桥	在古城子洋河上	昔有桥会，夏秋置船，冬春架桥	民国改为永久石桥
东渡桥	东三里牧马河渡口	昔有桥会，夏秋置船，冬春架桥	民国改为永久石桥
三星桥	下高川三星场南端之西	俗称高桥，富溪河仅有之大桥，桥为石墩五孔，上铺石条。……履桥四顾，风景殊佳。初为木板，上则飞觉连栋。旁置雕栏。若长廊横挂空际。极壮观瞻	清光绪十四年（1888年）
白沔桥	羊溪河横贯白沔峡街头	昔建石桥	民国二十七年（1938年）改成钢筋水泥桥
通济桥	在东关堡之南，波罗寺右	又名万年桥，建筑坚固，其式为一单孔石拱桥。为本县古桥梁中最有代表性的建筑，至今畅通无阻	清光绪三年（1877年）
会仙桥	在东关堡土城外东南角	昔为沿河东行必经之道	无考
平政桥	在东关堡	知县李香建亭于上	明万历二十五年（1597年）

［资料来源：作者根据民国《西乡胜迹录》、民国《西乡县志》及清康熙《西乡县志》整理而成］

第二节　水利溯源：五渠、河堤与金洋堰

水利营建变迁

与汉中盆地其他县城相比，西乡县所在平坝地区十分狭窄，且四面环山，这很大程度上影响了盆地内的水利开发——农田发展的面积有限，雨洪灾害频繁。由此，西乡地区形成了小型堰渠分散而防洪水利兴盛的水利格局特征（图13-3）。

西乡县平原灌区面积较为狭窄，多为引山沟水或溪流水灌溉，堰渠较为分散，多位于丘陵河谷坝地之中（表13-4）。当地最具代表性的灌渠为金洋堰（图13-4），基本覆盖了当地灌区大部分面积——"环西皆山也，而西邑素号鱼米地者，则不以山而以水，独是西之堰亦不一而足矣。而灌田之多，泽被之广，则莫以金洋堰为最"[10]。

金洋堰位于西乡县城东南，堰口镇西南的泾洋河上，灌溉了泾

图13-3　明清时期西乡县水利网络
［图片来源：作者自绘，依据地方志书记载、《汉中盆地地理考察报告》、20世纪70年代KH卫星影像绘制，底图数据源自Google Earth］

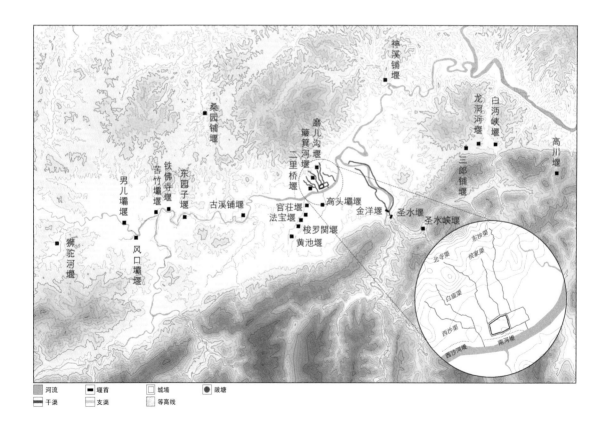

| 河流 | 堰首 | 城堞 | 陂塘 |
| 干渠 | 支渠 | 等高线 | |

西乡小型古堰渠　　　　　　　　　　表13-4

堰名	位置	记载	灌溉面积	记载时期
罗家坝堰	县东30里	引塔儿山水灌田	50亩	民国
三郎铺堰	县东40里	引山沟水灌田	100亩	清—民国
五郎河堰	县东40里	引山沟水灌田	30亩	民国
白泸峡堰	县东70里	引小河水灌田	50亩	民国
洋溪河堰	县东70里	引山沟水灌田	100亩	清—民国
圣水峡堰	县东60里	引山沟水入渠	100亩	清—民国
高川堰	县东150里　始于中高川日庙子对岸	引又水洞之水入渠。分下堰和上堰二渠	100亩	清—民国
龙洞河堰	龙洞河以北，展坡起	河源名老龙洞，分上下两堰，又称倒流堰	30余石	民国
冷水河堰	冷水河口	在冷水河口	4石	民国
绥溪河堰	自河口至冀姓节孝牌坊	分上中下三道	10石	民国
堰湾堰	下坝许家坝至草庙子		8石	民国
五里坝堰	县东200里	山沟水入渠灌田	50亩	民国
官莊堰	县南2里	渠分二道	50亩	民国
邢家河堰	县南2里	蓄雨水灌田	30亩	清—民国
高头壩堰	县南10里	蓄雨水灌田	30亩	清—民国
法宝堰	县南20里	分六道引南山龙洞水灌田	250亩	清—民国
梭罗関堰	县南15里	引龙洞水灌田	50亩	民国
丰渠河堰	县南30里	渠分三道，引马鞍山水灌田，又名空苴河堰	400亩	清—民国
五渠河堰	县南20里	分渠五道	50亩	清—民国
黄池堰	县南20里	引南山龙洞水灌田	30亩	清—民国
百铁河堰	县南60里	引山沟水灌田	30亩	民国
碓白壩堰	县南80里	引龙洞水灌田	20亩	民国
西龙溪堰	县西南20里	引南山泉水灌田	30亩	清—民国
二里桥堰	县西2里	引北岗龙洞水灌田	100亩	民国
东园子堰	县西30里	引山沟水灌田	30亩	民国
古溪铺堰	县西20里	引老家山水灌田	100亩	民国
苦竹壩堰	县西60里	引山沟水灌田	200亩	民国
风口壩堰	县西70里	引山沟水灌田	200亩	民国
男儿壩堰	县西80里	引私渡河水灌田	50亩	清—民国

续表

堰名	位置	记载	灌溉面积	记载时期
平地河堰	县西90里	引牧马河水灌田	50亩	清—民国
狮驼河堰	县西130里	引私渡河水灌田	100亩	民国
桑园铺堰	县西北40里	引东峪河水灌田	50亩	清—民国
铁佛寺堰	县西50里	引山沟水灌田	30亩	民国
五郎堰	县西130里	引龙洞水灌田	30亩	民国
平水楼堰	县西120里	引楼门河水灌田	70亩	民国
左西峡堰	县西120里	引大巴山河水灌田	40亩	清—民国
惊军壩堰	县西150里	引龙洞水灌田	50亩	清—民国
磨儿沟堰	县北5里	引北山寨沟水灌田	80亩	清—民国
簸箕河堰	县北3里	引北山寨沟水灌田	150亩	民国
别家壩堰	县北30里	引龙洞水灌田	30亩	清—民国
沈家坪堰	县北30里	引山沟水灌田	80亩	民国
神溪铺堰	县北50里	引山沟水灌田	30亩	清—民国
响洞子堰	县北70里	引山沟水灌田	100亩	民国
鲤鱼堰	西15里鲤鱼冢	未建成	6000～30000亩	清—民国

［资料来源：作者根据民国《西乡县志》、清康熙《西乡县志》整理而成］

图13-4 今金洋堰航拍图
［图片来源：作者拍摄并改绘］

洋河西岸的诸多农田。其创筑时期不可考，曾于明景泰元年至七年（1450—1456年）大修过一次，奠定了整个灌溉系统的基本格局：

> "盖景泰初，邱侯来邑，循视渠道，慨然兴复，因召居民，谕以筑堤灌田之利，民乐从命。侯乃躬自督励，缘于峡口故址植木、磊石、培土，横截河流，俾水有所蓄。然后依山为渠，随势利导以通泄，各令种树以固其本，堤旁数百步，即分支渠，以溥其济，区划布置虑无遗方。……堰之堤长十余丈，广半之·渠之堤高六尺，厚同之；渠面阔二丈许。自堰向北折而西，长二十里，燥土悉为腴田，而一方水利称非鲜矣。成化戊子，李侯继来，值雨圮堤，侯为加倍。民念邱功，意为建祠，侯许成之，民乃并像祀焉" [11]。

从记载中可以看出，金洋堰的修筑者已经具备了成熟的经验，渠道依山而建，因势导流，植树固堤，建祠祭祀，虽规模不及山河堰、五门堰和杨填堰等大型堰渠，但堰渠结构和功能均较为完备。金洋堰在明清时期经历了多次修缮，一直发挥着重要的作用。道光年间，金洋堰灌溉面积达4600亩，有大渠一支，小渠二十五道，分上中下三坝，是西乡盆地规模较大的灌区之一。

防洪水利是西乡盆地水利营建的重点，包括山地排洪渠和牧马河堤防两部分：

排洪渠工程核心为城北"五渠"，分别名为东沙渠、中沙渠、北寺渠、白庙渠和西沙渠，排洪渠由北部约1km远的山脚一直延伸至城濠，再由城濠进入牧马河。五渠与西乡县城都位于山前洪积扇上，当古人占据此地之后，对土地的需求与原本经常泛溢改道的山洪之间产生了冲突。为了组织排洪，古人挖掘梳理出人工水道。五渠一旦淤塞，将导致下游城市的洪涝泛滥，因此城市管理特别重视五渠的疏浚——"按亩役夫，以均劳役，每岁于农隙时，频加挑浚，使水有所蓄泄" [12]。在城池演变过程中，城濠也曾多次加深加扩。

堤防工程核心为清道光年间修筑的南河堤和光绪年间修筑的西沙堤。在西乡城始建时，并没有洪涝之患，但明清时期山林的过度垦殖使得河水泥沙量增多，河水泛滥：

> "曩时岸高河低，去城稍远，民不知有水患，近因林菁开垦，沙泥壅塞，水势亦漫衍无定，逼近城垣。圭辰秋，大雨浃旬，波海汹涌，冲塌南关房屋无算。嗣是渐冲渐圮，水涨河溢，街道几为河道"[13]。

南河堤在县城南门外，建于清道光十四年（1834年），因县城濒临牧马河，屡遭其害，知县胡廷瑞就建堤防洪，其长约1km，高约7m，光绪时加长约170m。西沙堤古称沙堤，清光绪年间，牧马河自牛头山下奔流而北，约0.5km后与正流汇合，每遇山洪暴发，城郊一片汪洋，城池岌岌可危。清光绪二十九年（1903年）修沙堤一道，引河水东移，即今河道。

水网格局下的城渠关系

与汉中盆地其他城市堰渠与城市相连的结构不同，西乡城市水系与城北的排洪渠连接，排洪渠是组成城市水系统的重要结构。

五渠的演变和城市的发展有着密切的关系。五渠入城壕最初是在明崇祯十三年（1640年），在可考的《康熙志书》中，城池图未标明五渠与城市的关系（图13-5），但有文字记载：

> "唯是城之北有五渠焉，一东沙渠，一中沙渠，一北寺渠，各离治二里许；一白庙渠，一西沙渠，离治各三里许。众山之水，分落五渠，由渠入城濠，由濠达木马河，归于汉江"[14]。

可见此时五渠均入城壕。从雍正时期的水利图可看出，五渠均入城壕。而在道光年间的舆图中，只有两条渠入城壕，这一过程实质上是当地人不断探索的一个过程。

康熙年间，五渠发挥着重要的排洪作用，一旦淤塞，水患就会严重危害城北的农村和农田，"横流田塍，没民庐舍，频年五谷不登，皆水不利顺之故也"[14]。嘉庆和道光年间，五渠将水引入城市水系，

康熙《西乡县志》　　　　雍正《陕西通志》　　　　道光《西乡县志》

图13-5　清朝不同时期五渠与城壕关系的对比
〔图片来源：引自康熙《西乡县志》、雍正《陕西通志》、道光《西乡县志》〕

不但能兼顾城市用水和排洪，但当面临过大的雨量时，反倒容易将泥沙洪水引入城市。据记载，"嘉庆二十五年东关被灾，道光二年又被灾"[15]"六年五月，山水大涨，营署民房又遭冲坏"[15]。这里的东关和营署民房都是城市内的建筑，可见此时的洪涝危害已经深入城中，不得不将五渠中的二渠引开。清道光三年（1823年），"代理知县方传恩相度形势，将东沙一渠改挖，河身取直、增高培薄"[15]，清道光六年（1826年），"于北寺渠另开长直河一道，迳下木马河，以遂水性；其余四渠挑浚，比旧又宽又深，庶能消容宣泄"[15]。

除了改造渠道，当时人们也深入反思了洪涝灾害的根源：

> "彼时北山尚多老林。土石护根，不随山水而下，故沟渠不受其害……老林尽辟，土石进流，偶值猛雨顷盆，便如高江下峡，一出山口。登时填起，河身四溢，平郊转化为湖泽……捐廉采购桑苗，普令渠岸密栽。三年长成，根深盘结，借资包固，通计五渠，可栽桑数千株……永不垦种山地，责令栽树富林，亦可见利"[15]。

北山林地被破坏是这一切发生的主要原因。人们还提出了对应的策略——即一方面沿着渠道栽植护岸桑树，保持水土，另一方面制定规章，严格限制北山的采伐和农业开发，鼓励种树植林。因此，五渠的系统演变不仅是一个水利工程的改变，还是一项古人自发治理生态环境、探索人地和谐之道的过程。

人工水网下的风景汇聚

西乡水利对景观营造的影响可分为三类，一为堤防，二为排洪渠，三为堰渠（图13-6）。

由堤防而兴起的景观营造，主要为沙堤的"望耕台—鉴池—涟亭"组团，和南堤的铁牛镇水亭。清光绪筑西沙堤后，200余亩的土地得以恢复，并用于开垦种植。清宣统元年（1909年），知县林杨光在此筑望耕台，"并立公园，时花种竹"[16]。台座高约2m，砖墙木架，四面飞檐，东西窗棂嵌壁，石刻碑画一幅为"课耕图"，上题"教民稼穑"四字，门楹联曰"四面云山皆苍赤，一川禾稼半青黄。"每当春耕时节，地方官于此劝农，观尝麦青菜黄，故曰"望耕台"。鉴池又名涟池，位于望耕台东北角五真殿后路旁，望耕台建后成为一处景观水体，增设景亭：

图13-6 西乡水利网络下的景观营造
〔图片来源：作者自绘，依据地方志书记载、民国《西乡县志》、1943年《陕西省县市镇地形图》、20世纪70年代KH卫星影像绘制，底图数据源自Google Earth〕

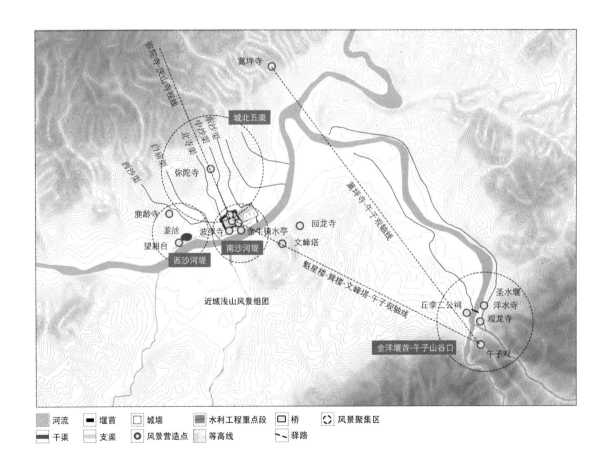

　　　　"池中植荷，浮小艇其中。池畔建亭。题曰涟亭。增置景
　　目，曰涟亭暮燕。其序曰，五六月中荷花盛开，夕阳半落燕子
　　飞来，琼波上下，闲坐亭中，俯视清碧，飘飘欲仙矣"[8]。

　　南河堤西端原有小亭，覆有一铁牛于亭中，铸造于清道光十五
年（1835年），亭今已坍毁，但铁牛仍然保存至今。为了加固堤岸，
南河堤下围以柳，柳外又密栽蒹葭以杀水势。整个堤坝种植了大量
的花栗树，自清朝末年起，堤外绿柳成荫，风光明媚，游人世见。
　　五渠的营建过程也带来了区域景观的变化。清康熙年间，知县
王穆对五渠加以修葺，栽植了大量桑柳，改善了当地的环境，也促
成了"堰寺晨钟"景观的产生：

　　　　"并于堤岸密植桑柳，草木漫发，春山可望，闲步堤上，
　　生趣盎然。又烟寺晨钟为西乡胜景之一"[4]。

　　为了封山育林，城北北山上还建有山神庙。道光年间知县胡廷
端为了治理北边水土流失，修渠封山，建立庙宇并提醒人们注意保
护森林。"相度地形，于北山开通渠道，封禁山林，立庙山腰。……
三月十五日办会致祭"[17]。
　　堰渠之景观营造以金洋堰为盛。金洋堰的堰庙名为"丘李二公
祠"[18]，位于金洋堰堰口处。其名取自明代主持修葺金洋堰的丘俊
和李向春。据记载，该祠中塑有二人的雕像，每年春季均有祭祀之
事，是"河神会"等多项风俗活动的举办地。明清时期，二公祠因
为长期未有修葺而逐渐废弃，在清乾隆十七年（1752年）重修堰坝
之后，新建平水明王祠，该堰庙也成为该灌区堰务活动的中心，囊
括了祈祷报赛、聚议公事以及绅良宴集的重要事务。此外，金洋堰
口还建有"观龙寺"，其"明景泰丙子年（1456年）建，堰曰'两山
如门'，而寺当龙脉之冲，因以观龙为名"[19]。金洋堰不仅仅是一个
水利设施，也与周边的堰庙共同组成了堰首的风景名胜地，有诗曰：

"为爱洪流足灌田，十旬两度此登旋。日催岚色开图画，风弄泉声奏管弦。文载贞珉追往事，祠临高诸报先贤。三农何幸当年世，蒸粒常歌大有年"[20]。

第三节　城景营建：洪渠与城景

汉晋时期西乡盆地有平阳城，因周边地势平广而得名：

"汉水又东，右会洋水，川流漫阔，广几里许。洋水导源巴山，东北流迳平阳城。《汉中记》曰：本西乡县治也。……洋水又东北流入汉，谓之城阳水口也"[21]。

《水经注》所记载的"洋水"即为当今西乡盆地的牧马河，为汉江的一条大型支流。《太平寰宇记》记载"今县南十五里平阳故城也"[22]。即平阳城位于宋朝西乡县治南。

隋炀帝大业二年（606年），西乡县治迁至今四季河处，该县城一直沿用至南宋末年，因蒙古军攻占洋州而毁。由此来看，平阳城应位于四季河南约7.5km处[18]。唐代宗大历元年（766年），洋源县治侨驻于西乡盆地，城址位于今古城镇，这一时期西乡盆地有两处城。

元末，西乡城迁到今县城处并修筑砖墙。西乡城内的城景营造主要在明朝，确立了西乡排洪渠与城池连通的重要结构和"东关城—主城"的双城结构。明弘治十三年（1500年），"知县郭玑增角楼，凿池，深丈许"[23]。明正德八年（1513年），由于寇乱，于东关外接旧城修筑了新城，其"广阔同旧。浚濠三丈，深一丈二尺"[24]。并建东南二门，东门名为平政，南门名为朝阳。明嘉靖年间有记载"知县李眼垣悉改砖门因，东'元晖'，南'亨济'，西'利成'，北'贞定'。周三里三分四十步，壕称之；高二丈，厚四丈，垛口凡三百九十六，门凡四，各门外跨壕处皆有吊桥，砖石砌筑"[23]。明万历二十五年（1597年）修葺土城平政门，在门上建一亭，匾书"汉东重镇"。万历年间还建了魁星楼和巽楼。明崇祯二年（1629年）

和十年（1637年）分别加深和加扩护城河，并于十三年（1640年）引北山渠入护城河——"加砖砌喋墙四尺，引北山渠水入濠"[23]。

清之后城墙又有数次修葺，清康熙十三年（1674年）遭吴三桂之乱，老城残破，至五十二年（1713年）才重修城垣，并因状势改题四门，东曰"招徕"，南曰"开运"，西曰"射虎"，北曰"安澜"。清嘉庆十四年（1809年）时，知县刘国柱捐挖城壕，"深二丈，阔二丈"[23]。清同治五年（1866年）补城疏壕沟，城墙底宽11m，顶宽4m，高约7m。清朝西乡县城近郊的水利和景观营建筑成，同城北五渠得到了大力修缮，清道光十五年（1835年）南河堤筑成，沙堤的"望耕台—鉴池—涟亭"组团和南堤的铁牛镇水亭也相继建成，清同治九年（1870年）修建文峰塔（图13-7）。

西乡城有三个主要的城市轴线（图13-8），两个是主城中的十字轴线，另一个是东关城的主街轴线。其中，东关城的轴线基本与牧马河流向平行，也与城池的长轴方向一致，但主城十字轴线则偏向于正南北，与城池长轴方向和牧马河流向不同。西乡城的观景建筑均分布于这三条轴线上，十字轴线以钟楼为中心，东西连接巽楼和西城门楼，南北连接南北城门楼。关城虽然没有城墙，但有两处

图13-7 汉晋至明清时期西乡城市变迁

［图片来源：作者自绘，依据地方志书记载、《城墙内外》、1943年《陕西省县市镇地形图》、20世纪70年代KH卫星影像绘制，底图数据源自Google Earth］

图13-8 明清时期西乡城城景营造布局

[图片来源：作者自绘，依据地方志书记载、1943年《陕西省县市镇地形图》、20世纪70年代KH卫星影像绘制，底图数据源自Google Earth]

城门，东关城轴线则连接了关城的两个城门和主城的东门。

魁星楼、巽楼和城外的文峰塔是观景体系中最具标识性的建筑，三者于历代逐渐补充完善，在构成观景体系的同时，也皆有教育意义。巽楼于明神宗时期修建，旨在"培文风"[16]。因在巽方（东南方）而得名，祀魁星，上书"扶摇直上""倬焕天章"和"大启文明"匾额三面。魁星楼后称钟鼓楼，位于县城中心，今已毁。明神宗万历三十九年（1611年），在文庙之东初建此楼，供奉魁星，清同治元年（1862年）毁于兵祸，八年后将楼增高为四层，光绪末年又毁于暴雨，民国四年（1915年）再次修复，四面设拱门，通往四面街道，室内旋梯可达顶层。钟鼓设于三楼。魁星楼四方各设有匾额一面，南曰"秀挹南峰"，西曰"宝告西成"，北曰"辉凝北斗"，东曰"祥徵东作"。西乡城的文庙位于城市中心，与魁星楼紧靠，城墙上的巽楼和城外山上的文峰塔均意在"培文风"，其建设是通盘考虑的，"盖其方位，在文庙之巽方，舆巽楼及东渡之文峰塔，气势接连"[16]。

西乡城内园林见于志书记载的有继园、待园、文庙和广庆寺。
继园为巡抚李文敏的私园，以植物景观为主：

> "在城内察院街，俗称李家花园。巡抚李文敏游憩之所，
> 园右有巡抚祠。昔时花木繁多"[8]。

待园位于城县署内，据记载园中有池畔：

> "光绪二十八年，知县王世锳建待园一所，在三峰草堂后，
> 上房五间，额曰九畹精舍，又名小西花厅。池畔茅亭额曰挹翠
> 亭，时花种竹，为宾僚憩游之所"[25]。

文庙内有泮池，泮池前有棂星门。广庆寺初建于南宋绍兴二年
（1132年），西乡县城在其后建成，是"城内著名之佛寺也"[6]，从民
国《西乡县志》所附的西乡城图来看，广庆寺内疑有水池，但未见
有文字记载。

整体来看，西乡城早期的城市面积并不大，城墙内的景观营造
并不丰富，尤其是园林水景，但西乡县城发展速度似乎远超城墙内
的承载能力，导致明朝就建有关城，从民国时期西乡测绘图来看，
县城城墙外尤其是城南有密集的建成区，城关发展突出。

第四节　景观认知：洋川十二景

西乡县历史上记载有洋川十二景和西乡八景两个景观体系，前
者记载于康熙《西乡县志》，有史左与戴其员等人作诗描述。后者记
载于当代《西乡县志》，与十二景相比数量有所减少，但内容除"金
牛镇水"外均相同（表13-5）。康熙《西乡县志》中绘制有十二景图
（图13-9）。清宣统年间，知县林杨光新增二景，为"公园新莺"和
"涟亭暮燕"，组成了西乡十四景。前者"暮春三月，滩花生树，白
云初晴，山川如画，坐望耕台听新莺百转，双船斗酒，真俗而斜矼

也"。后者"五六月荷花盛开，夕阳下落，燕子聚来，掠波上下，不可以数计，香世界中眩人心目，俯观清碧，羽化欲仙矣"[26]。

洋川十二景与西乡八景　　　　　　　　　　　　　　　　　　表13-5

景观意向	洋川十二景			西乡八景	
	景名	描述		景名	描述
亭、山	云亭耸翠	紫绿向空撑，奇峰似削成。兴飞诗伯句，秋落奕山枰。 钟乳斟难醉，云芽摘可烹。欲来分一席，惟恐有神争			
河、渡	洋源渔火	浩浩洋川里，舟灯乱晚村。鱼闲依曲岸，露白冷平原。 影内呼邻棹，花间照倒樽。星星明灭处，芦蓼傍柴门		洋源渔火	又名古城秋月。在洋河东岸，古代曾是当地重要码头，夜晚渔火闪烁
寺、天气	烟寺晨钟	晨钟惊稳睡，风引度疏林。未竟还家梦，频催曙色侵。 寒皋游子省，落月老僧心。诸佛空中见，烟深何处寻		烟火晨钟	指弥陀寺清晨钟声回响，香烟弥漫之景
山、天气	午子朝霞	洞口碧桃花，层层笼绛纱。洞边多鹿迹，云窟有人家。 树湿非关雨，山浮疑是槎。探春春已足，断碣记年华		午子朝霞	指午子山早晨霞光辉映之景
山、水	圣水灵潮	江潮犹信土，斯地更知名。水圣如期至，波灵入望明。 影疑飞云霞，候不异阴晴。何事钱塘上，轰传射弩声		龙洞飞泉	指午子山谷口，圣水河与洋河汇聚之景
水、渡	晴川晓渡	波底漏疏星，霏微湛露零。山城如画里，野渡在林垧。 竹客程偏急，舟人梦未醒。登崖衣溅湿，草际堕流萤			
田	南陇春耕	雨足鸟催耕，芳郊水正盈。举锄翻土易，贷种愿苗成。 二月蚕先卖，三秋赋已征。及时勤被裤，试听陇歌声			
水、桥	木马虹桥	郭外烟光好，长虹正饮川。停舟秋色落，游屐晚风连。 沙白鱼堪数，波清鹭欲眠。乘闲时一出，骊酒对遥天		木马虹桥	指牧马河河上的临时渡桥，其形态犹如彩虹
山、水	龙洞飞泉	龙起何年月？惊飞剩此泉。千重银曝雨，一线水帘天。 秦岭流洋细，川云与洞连。蒙庄应未远，载赋灌河篇			
山、寺	红崖返照	日照暮天色，盘盘绕翠微。熏黄千石立，平楚一僧归。 古洞披残影，余暇趁落晖。农蓑晴处湿，疑是钓鱼矶		红崖返照	县城洋水东岸因崖壁土色泛红，夕阳之下泛出红光
城、天气	古城秋月	一片寒光下，萧萧见古城。何年烟路改，但有月华清。 秋老兼葭色，阶空砧杵声。登登谁卜筑，哀雁不胜情			
山、天气	巴山霁雪	嵯峨巴山路，秦川一望分。晴余千仞雪，白入半红云。 峰暖飞犹湿，天空挂亦纷。消来春水色，为送野人醺		巴山霁雪	指远眺巴山上的积雪
水、天气				金牛镇水	指南河堤上的金牛雕塑

[资料来源：作者根据康熙《西乡县志》、当代西乡县志整理]

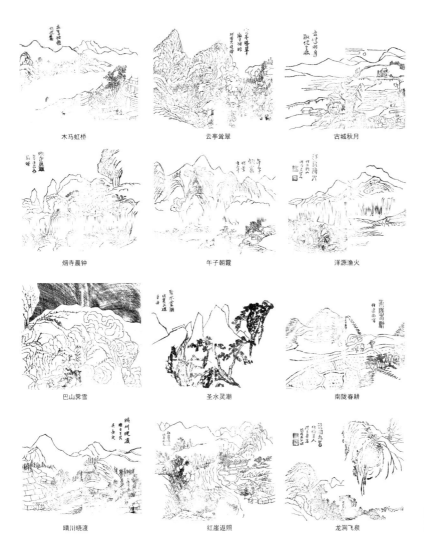

木马虹桥　　　　云亭耸翠　　　　古城秋月

烟寺晨钟　　　　午子朝霞　　　　洋源渔火

巴山霁雪　　　　圣水灵潮　　　　南陇春耕

晴川晓渡　　　　红崖返照　　　　龙洞飞泉

图13-9　西乡十二景
[图片来源：引自康熙《西乡县志》]

　　西乡十二景体系的空间布局主要有以下几个特征（图13-10）：

　　一、空间聚焦城外：城内无景，城外各个圈层比较均匀，农田圈层占比相对较小。

　　二、方位覆盖较为全面：从城内外风景的方位来看，几乎覆盖了整个方位，呈环抱之势，这可能与西乡自身所在盆地四周环山的山水骨架有关。

　　西乡的传统景观认知内容可以概括为以下几类：

　　一、城景的景观认知：鲜有城市内部风景的描写，与城市相

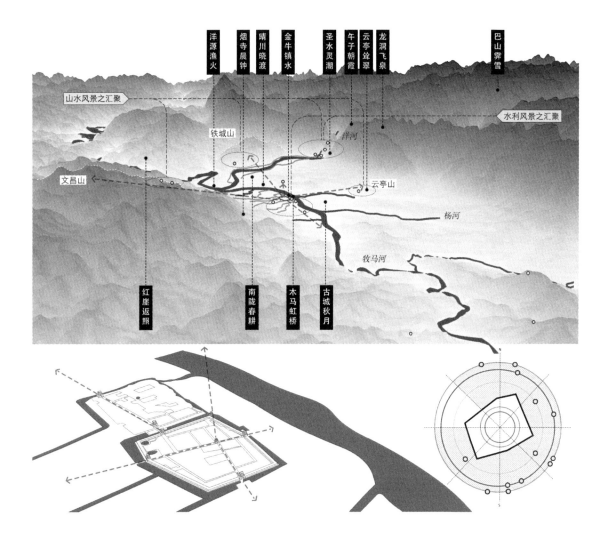

图13-10　西乡"十二景"体系分布与结构分析图
[图片来源：作者自绘，依据地方志书记载绘制，底图数据源自Google Earth]

关的，仅有"古城秋月"一景，从其图志绘制来看，为远观古城之景观。西乡城内狭小，空间受限，相反其近郊相关的景观营建十分丰富，这与"十二景"的认知是近似的，如"金牛镇水""涟亭暮燕""公园新莺"和"木马虹桥"。

二、自然山川的景观认知：描写山体的，有"云亭耸翠""烟寺晨钟""午子朝霞""巴山霁雪"和"红崖返照"五景，其中"烟寺晨钟""午子朝霞"和"红崖返照"为近山，描写以寺观景观的游赏为主；"云亭耸翠"和"巴山霁雪"为远山，其描写以远景的观望为主。描写自然河流的，有"洋源渔火""圣水灵潮""晴川晓渡"木马虹桥"和"龙洞飞泉"，其中三处为描写桥渡景观，两处为描写谷口水源。这些景观类型与本章的分析是一致的。

三、农田水利的景观认知：直接描写灌区田野的有"南陇春耕"一景，在图志中，也可以看到"红崖返照"和"晴川晓渡"等包含河谷平坝的图中也绘制有农田，可以得知平坝地区农田所占比例之重。"金牛镇水""涟亭暮燕"和"公园新莺"三景均源自堤防水利，"烟寺晨钟"之景也与五渠修缮工程有关，可见防洪水利在西乡景观营造中的独特性。

四、从景观中所蕴含的地方文化来看，西乡的受宗教信仰文化的影响较大，如"烟寺晨钟""金牛镇水""涟亭暮燕"和"午子朝霞"等。这些景观多少都与水利设施有着密切联系，如五渠与"烟寺晨钟"、河堤与"金牛镇水"、金洋堰与"午子朝霞"等。

总体而言，西乡也是一个与水利设施有着深刻联系的城市，只是比起灌溉水利，防洪排涝的设施与西乡有着更为明显的关联。其他城市，除了明清时期的勉县城外，均是不怎么重视防洪排涝的——这也与城市选址有关。西乡古城展现出一个典型的小盆地城市治水防洪并由此营建风景的历史，在整个汉中盆地中特色突出。

参考文献：

[1]　（民国）姚效先《西乡胜迹录》山水第一.

[2]　（清嘉庆）严如熤《汉中府志》卷五·山川下.

[3]　（清光绪）刘懿德《重修午子观碑》.

[4]　（民国）姚效先《西乡胜迹录》山水第二.

[5]　（清康熙）《西乡县志》.

[6]　（民国）姚效先《西乡胜迹录》祠宇第八.

[7]　赵延鸿诗.

[8]　（民国）姚效先《西乡胜迹录》亭台第七.

[9]　（民国）姚效先《西乡胜迹录》津堤第六·虹桥.

[10]　（清乾隆）公讳灼《邑侯刘父母重修金洋堰颂德碑》.

[11]　（清）何悌《金洋堰碑记》.

[12]　（清）王穆《疏五渠记》.

[13]　（清道光）《捐筑木马河堤碑记》.

[14]　（清康熙）王穆《西乡县志》卷九·艺文·《重修城垣开城濠疏五渠记》.

[15] （清道光）张廷槐《西乡县志》卷四·水利.

[16] （民国）薛祥绥《西乡县志》舆地志第一·古迹.

[17] （清道光）张廷槐《西乡县志》卷四·水利·张廷槐《重修五渠碑记》.

[18] 刘粤基主编；西乡县地方志编纂委员会编. 西乡县志[M]. 西安：陕西人民出版社. 1991.

[19] （清嘉庆）严如熤《汉中府志》卷十四·祀典 坛庙 祠寺.

[20] （明）何悌《金洋堰》.

[21] （北魏）郦道元《水经注》卷二十七·沔水一.

[22] （宋）乐史《太平寰宇记》卷一百三十八·山南西道六·洋州.

[23] （清嘉庆）严如熤《汉中府志》卷八·城池.

[24] （清康熙）王穆《西乡县志》卷二·建置.

[25] （民国）薛祥绥《西乡县志》建置志第二·公署.

[26] （民国）薛祥绥《西乡县志》舆地志第一·古迹·名胜·十四景.

第一节　盆地中的城市山水

依水定城，顺水迎山

汉中盆地各县城均临江河而建，且多靠近两河汇集的河口，河流与城市呈现环抱的态势，形成"依水定都"的格局（图14-1）。这种格局与古人对汉中地区自然河流的两种利用方式有关。夹城的"二水"，一水为汉江与牧马河这样的盆地干流，以通航水运为功能；另一水为褒河、湑水河和养家河等支流水系，以堰渠取水为功能。同时靠近这两种河流，城市既可以得通航商贸之便，又有充足的水源支撑农耕发展和供给城市用水。此外，两水相夹的格局也有利于城池的防守。

不论何种规模的城市，都在城墙形态上与周边的山水相适应。曾作为府治和州治的南郑城与洋县城城市规模均较大，其形态受山形水势的影响较明显——城墙与河流平行，避让近山山麓，在洪泛区或近山处凹陷城池，从而形成山水环抱的格局。勉县、褒城和西乡诸城规模较小，城池呈现椭圆形或长椭圆形，其长轴方向均与河流平行，也能看出与河流之间的协调关系。

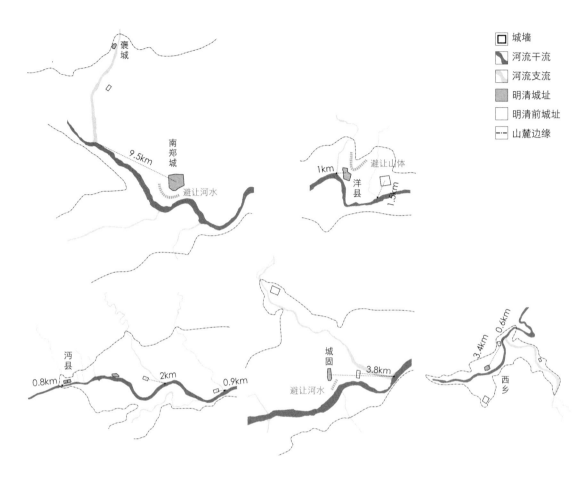

图14-1　汉中盆地各县城城址与山水环境关系
[图片来源: 作者自绘]

坐山依水，山城互望

　　汉中城市的选址奠定了城市观景体系的骨架，盆地的自然山水成为城市建筑与街道布局的参照，影响了城市主要轴线的形成（图14-2）。汉中盆地南部距离巴山之间有较宽阔的浅山丘陵，以北则直接背靠高大的秦岭山脉。盆地内的城市以南多为矮小分散的浅山，城北则有较多高大的山体。城市南北向街道轴线一般是城市的视线主轴，北部山体往往作为城市的"镇山"，每个城市均有一镇山相对，城市轴线指向镇山突出的山脊线或山顶。城市内的视轴线连接了城市中重要的亭台楼塔，这些轴线向城外延伸，将城市内外的景观体系从视觉感知上锚固成一个整体。

　　历代城市的城门名称也显示了周边景观与城市的对望关系（表14-1）：南北向轴线往北面对山体，往南则有所变通——北门多

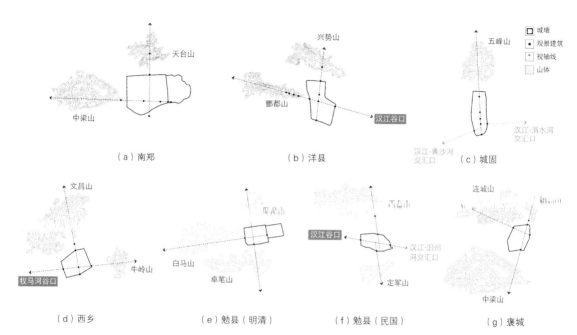

图14-2 山城互望的视域连廊
[图片来源：作者自绘]

各县城城门名称统计 表14-1

方向	南郑	洋县			城固		西乡		勉县	褒城
	明正德	宋	明弘治	明万历	明正德	明嘉靖	明正德	清康熙	明洪武	明洪武
东	朝阳	朝阳	朝晖	旭日腾辉	永和	永和	元晖	招徕	镇江	龙江
小东						富春				
西	振武	迎恩	迎恩	晴霞错彩	安远	安远	利成	射虎	拱汉	蜀道
小西		襟江		洪流翻锦		阜秋				
南	望江	通津	通津	玉练环清	通济	通济	亨济	开运	定军	大通
北	拱辰		拥翠	层峦拱秀	新宁	新宁	贞定	安澜		连云

[资料来源：作者根据各志书资料整理]

以山为主题；轴线往南多直指盆地干流（汉江或牧马河），因此南门常以望江或津渡为主题，但也有城市（如勉县和褒城）以山命名南门，主要是因为其城市主轴往南有直指之山。东西向轴线所对自然山水较为灵活，有的指山，也有的指谷口、河流交汇处或关隘——大多为地势险峻处和交通要口，在城门能够远眺这些壮丽的风景，在景观和军防上都具有一定的意义。从城门名称来看，东西方向主题也与安定、防卫等有关。

　　城市轴线的朝向，还与城市所在地区之平旷，即视野大小的开阔有关。南郑和城固两城位于汉中盆地中心，平坝地区最为宽广的地带，视域辽阔，正南正东的方向是城市街道形成的重要参照，以形成清晰的方位感。其余县城街道均与周边河谷地势相呼应，长街多平行于河道，短街则垂直河道，一般都有一条轴线与周边山体有清晰的指向关系。

　　城市中观景建筑的分布与城市周边自然山水之间还存在着一种补足关系。魁星楼、谯楼和文峰塔等由城市管理者设立的建筑多有这一特征。这些建筑多设立在缺乏山体对望关系的轴线上，对整个城市的观景体系有着补充作用。汉中盆地中的大部分城市以西多有东西向小型山脉朝对（白马山、定军山、中梁山和鄪都山等），以东却多为平旷的空地，因此汉中诸城中观景建筑大多分布于城市东南处，从而弥补东和南两个方向上缺乏高山而视线空旷的不足。

台楼城塔，起伏望景

　　在区域的山水环境下，城市内形成了丰富的观景体系。观景是城市传统景观营造的要点，城中台、楼阁、寺塔和城楼等建筑均是观望风景的重要场所，组成了城市中的景观瞭望体系（图14-3）。

　　台是汉中盆地自秦汉时期就已经产生的古老园林建筑。南郑和洋县二城都建有古汉台，其最初设立均为依附城墙而建。秦汉时期的台多为平台，为登高所用，而后则增筑亭楼，种植植物，甚至挖池引水，由观景建筑转变为城市中突出的标识物和城市中环境优美的园林。楼是城中高耸的建筑物，登高观景是楼的重要功能之一。汉中诸城的楼根据功能可以分为不同类型，主要有：园林府邸和寺庙道观之中的楼阁、振兴教育象征的魁星楼、立于城门之上具有军防功能的城门楼、建于桥梁上的桥楼和在城中心具有打更报时与军防观望功能的钟楼或谯楼。城市中塔主要有两类，一是具有振兴教育象征的文峰塔，二是寺庙中的佛塔。

　　按台楼城塔在城中的位置，可将这些观景建筑分为两种，一种

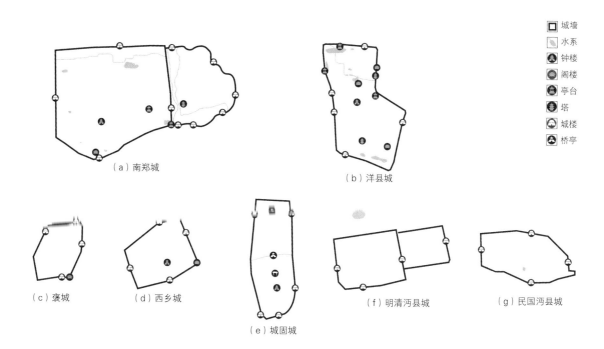

（a）南郑城　　（b）洋县城

（c）褒城　　（d）西乡城　　（e）城固城　　（f）明清沔县城　　（g）民国沔县城

图例：城墙　水系　钟楼　阁楼　亭台　塔　城楼　桥亭

是城墙环顾型，另一种是城景汇聚型（表14-2）。城墙本来就有一定
的高度，墙上除了在城门口设有城楼外，还在其他地方设有台、楼、
阁和塔，这些观景建筑借助城墙本身的基底而显得更加高耸突出，
也能减少建设的成本。许多城市的湖体也位于城墙角隅，与这些建
筑相互映照，成为城市中动人的景观组团。钟楼均位于城市的中心，
是城市视轴线交汇之处，结构性作用很强。城中私家园林、寺庙道
观和府园郡圃中的楼阁高塔则布置随性，多与城市街巷轴线关联较
小，但在城市轴线上也能看到这些楼阁高塔。

在勉县和西乡等城市规模较小的县城，城内空间紧张，一些楼
塔就建在城市近郊，如勉县东郊的万寿塔和西乡东郊的文峰塔。

图14-3　汉中盆地各县城城内观景体系对比
［图片来源：作者自绘］

汉中盆地诸城观景建筑统计			表14-2
	城墙环顾型	城景汇聚型	近郊观景建筑
南郑　台	天汉台	汉台	拜将台
楼	城楼10座、三台阁	钟楼、桂香阁	
塔		东塔	

续表

		城墙环顾型	城景汇聚型	近郊观景建筑
	台	天汉台		
洋县	楼	城楼5座、魁星楼	谯楼、望云楼、五云宫	
	塔	文峰塔	开明寺塔	
	台			
城固	楼	城楼5座	钟楼、丰乐桥	
	塔			
	台			
西乡	楼	城楼4座、巽楼	钟楼	望耕台
	塔			文峰塔
	台			诸葛亮读书台
勉县	楼	城楼6座		
	塔			万寿塔
	台			
褒城	楼	城楼4座、魁星楼		山河堰庙
	塔			

名山层叠，寺宇点缀

自然山水是城郊风景营建的基础。依托山脉的风景营建最为丰富，一是以山本身的自然景观为主，二是以山上的园林营建为主。图14-4上显示了郊区园林营建（主要是寺庙道观）的核密度分析图与盆地内名山的对应关系，以及各城市视域分析的叠加结果。名山大多具有很好的可视性，同时也是核密度较高的地区。

各城周边山体有高低层次之分，远郊高山和近郊浅山丘陵的景观营造各具特色。靠近平坝部分的浅山丘陵往往是景观营造的胜地，多兴修佛寺庙观，一些山丘不仅因为在平原中较为突出而成为被观赏的对象，也是当地郊野游憩的名胜场所。而秦岭和巴山山脉中的诸山远离县城，鲜有寺庙建置，是整个盆地地区的背景。描绘这些高山的景名与诗歌也都以其自然景象为主。

江渡成景，谷口汇聚

　　与山一样，自然的河流也是城郊风景营建的载体之一。由于汉中水系支流与干流功能的分化，风景营建的内容有所不同。

　　汉江与牧马河等盆地干流的景观以渡口和堤防记载较多。渡口景观主要为临时的渡桥和往来的渡船，在部分城市还有观景建筑（如洋县镇江寺和三官楼）的营建记载。堤防的营建在汉江鲜有记载，但在西乡牧马河尤为突出——"望耕台—鉴池—涟亭"等园林空间依附于堤防而产生。

　　褒河、灙水河和洋水河等支流的风景营建主要聚焦于谷口。栈道在谷口形成了特殊的空间转折，是艰难闭塞的山地栈道和平旷田

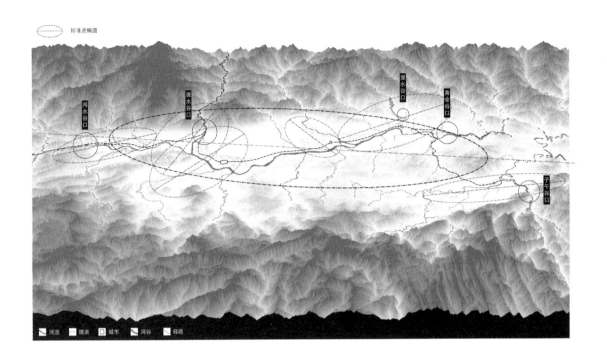

图14-5　汉中盆地江谷中的景观汇聚
［图片来源：作者自绘，底图数据源自Google Earth］

野的分界线，也是辛劳旅途的终点和起点，为历史上无数的旅客带来了深刻的体验。谷口栈道往往配有多种建筑设施，又与堰渠渠首等水利设施、寺庙道观等宗教建筑和摩崖石刻等户外艺术作品相互映衬，使得谷口的景观非常丰富。

图14-5为各个城市郊区景观营造的方向分布椭圆以及所有城市整体的方向分布椭圆，较为明显的是，河流走向与分布方向具有较明显的一致性。其中，褒城、南郑与城固顺应褒河和湑水，西乡顺应牧马河，其余城市则顺应汉江，从城市整体来看又顺应汉江的走向。这种一致性印证了自然河流对区域风景营建的潜在影响。

第二节　灌区中的蓝绿网络

山水田城，层层环抱

汉中盆地中的每一个城市和其周边环境都构成了"山—水—田—城"的格局（图14-6）。

狭义来讲，山是城市周围的山地，是城市外部景观的背景与

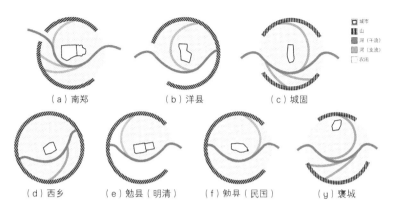

（a）南郑　　　　（b）洋县　　　　（c）城固

（d）西乡　（e）勉县（明清）　（f）勉县（民国）　（g）褒城

图14-6　层层环抱的山—水—田—城
［图片来源：作者自绘］

边界。广义来讲，山即为区域的地形与地势，是"水、田、城"结构形成所依托的基底。河流顺应地势而汇流，形成了自然的水系网络。由于古代对土地改造的能力有限，大部分传统人居环境营造活动——如城池的营建和农田的开垦——都顺应地势而进行。

水即自然水系。水资源条件的差异使得干流和支流对人居环境产生了不同影响：汉江和牧马河等盆地干流具备航运功能，支撑了当地的经济发展；盆地内的诸多支流是堰渠用水的源头，围绕这些支流形成了一系列灌区。

田是区域人居环境重要的支撑系统，也极大地影响了城郊的生态环境。农田在水利开发的过程中逐渐替代平原和丘陵地区的自然林地、草地和湿地，将自然环境转化为受人工影响和控制的环境，构成占地较大的面状结构。

城是区域人居活动的中心，往往位于山水环绕的中心地带，占据水利之便和山地之险，四周或三面被农田环绕。

渠网连通，景观联络

渠网是城市内外重要的网络结构。从河川到山麓，从山麓到田野，再由田到城市，最终归于河川——渠网将"山—水—田—城"的四个要素在空间和功能上联系起来，使得城市内外具有一定的整体性（图14-7）。

渠网与"山—水—田—城"四个要素相互交汇之处的风景营建非常突出：

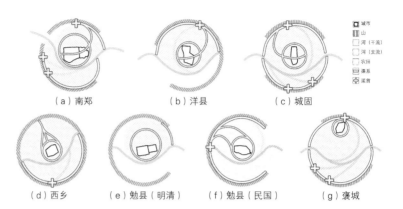

图14-7　堰渠连通的人工水网
[图片来源：作者自绘]

　　山体—干渠：干渠与山体地形陡峭处的交汇地带往往是区域的水利要口，多建造有石峡或石门等重要水利工程。这些水利工程营建和维护的技术难度大，耗费的时间和人力巨大，因此在这些水利设施旁多建有用于纪念和祭祀的庙宇。地形陡峭的山体在平原中又尤为突出，更容易成为当地的风景名胜，促进了寺庙园林的营建。

　　河川—堰首：堰首是渠网体系与河川的交汇处。大型的堰坝常常位于山岳谷口，这些堰首多修筑堰庙，成为城郊祭祀活动和公共生活的中心之一，同时与栈道、山林中的寺庙道观等共同构成景观组团。

　　农田—支渠：支渠向田野中延伸，将土地划分为旱田和水田斑驳分布的田野，占据了大面积的平地，影响了区域景观的肌理。

　　城市—城渠：护城河环城而建，与渠网体系直接相连。城中塘池也与城外水网相连，从而调蓄城市中的水体，以供给城市园林中的湖池。渠网将城市内外的水系统连接成了一个相互沟通的整体。大部分城市位于渠网下游的末端，但也有城市坐落于堰首，如褒城是反过来镇守和控制区域水系的城市。

　　塘池为园，引水活台

　　汉中城市园林的营造多以湖塘水景为中心，这些水景可分为塘池、湖池和泮池三类。

　　塘池由城市低洼地区自然汇水形成，通过修整驳岸、连通水系和建立亭廊而成为城市中的公共景观（图14-8）。如汉中的东湖与草塘，洋州的明月池与冰湖，勉县的鸭儿塘等。

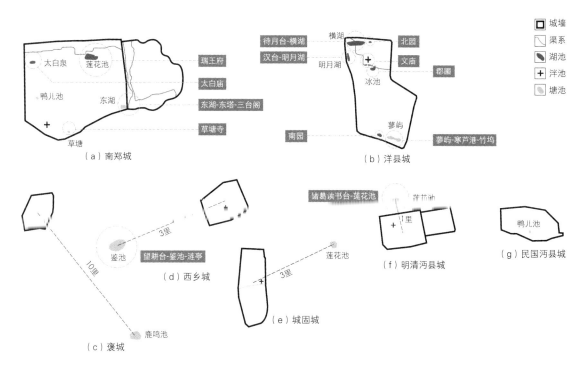

图14-8　汉中盆地各县城城内水景体系对比
[图片来源：作者自绘]

　　湖池是人工开凿的，通过城市中的沟渠与城外的堰渠水系相连，以调蓄维持水体的稳定。这类水景多位于城中权贵建立的私家园林中，如瑞王府花园的莲花池，洋州郡圃的横湖和冰池。湖池所在园林人工营造更为丰富，多环以亭台楼阁和桥石花木。

　　泮池设置于各个县城的文庙中，不同城市的泮池形式有所不同。大部分的泮池为庙内的小型水池；城固文庙则在庙外设置有泮池，形成双泮池的结构，并通过明渠与外围水系相连；洋县文庙景观较为丰富，除了庙内的泮池，庙外还设置有官池和泮桥。

　　汉中地区的三类水景在城市中形成了有规律的分布模式：往往湖池在北，泮池在中，塘池在南。湖池多需灌区取水，而灌区干渠多分布于城北，城北更容易取得稳定的水源。塘池多为天然形成，多位于城市中的低洼地带，而汉中诸县城均坐落在北高南低的阶地平原上，因此塘池多集中分布于城市南侧。泮池规模小，不需复杂水利的支撑，其依附于文庙，文庙常常又偏于城市中心修建，因此泮池多位于城市中心的位置。

　　对于城固和西乡等城市面积较小的县城，城内建筑密集，鲜有余地营造大型的湖池。这些城市中大型湖池的营建记载几乎都在郊外，多是"莲花池"，即以观赏游览为主要功能的水体，种植荷花等观赏植物，用于灌溉的记载较少。这些湖池在城外形成了小的风景胜地，是对城内景观的一种补充。

汉中盆地城市的湖池往往与"台"有着密切关系，形成古台与湖池的景观组团，也促使台由单一的建筑向园林转化。汉台由台向园林转化的契机就源于管理者对水景的诉求。其余名台，除拜将台以外，也均通过湖池丰富其内容而向园林转变。这些湖池，有的是一开始就存在，后筑台以成景（如三台）；有的是先筑台，后挖湖（如汉台和天汉台）；有的一开始或筑造不久后就形成了湖台共存的格局（如望耕台、读书台）。清代，这些古台园林基本都发展成为台和湖池共存的格局（图14-9）。

渠水护城，环渠定关

城墙、护城河和城关组成了城市内外的边界（图14-10）。城墙以防卫功能为主，也是城市内外的一个视线屏障。护城河既有防卫功能，也兼具城市防洪排涝功能。随着人口的增长和城市的发展，城门外沿主干道路拓展出城关。

汉中盆地诸城均环城设置有护城河，而护城河之水又多与周边渠系相连，以获得稳定可控的水源。在一些城墙上，还会设置专门的水门，以将城水引入城中，或排掉低洼地段过多的积水。水门往往较小，不供人船通行，设置有闸口以调蓄水量。护城河一般较为宽阔，多种有水草和柳树，有着良好的生态环境，跨护城河又有多座桥梁，共同形成城市的边界景观。

南郑、西乡和勉县三城的关城还修建了城墙，又叫"土城"。这些城池同样引渠水做壕，并引水入关城。南郑土城的边界十分自由，在舆图中可见呈波浪状，其修建很可能为顺应周边堰渠而成。其他县城虽然没有关城城墙，但有的县城有明确的城壕，有的县城明显被堰渠所限制，产生了渠水抱城的结构。

灌渠集景，镇水成景

水利网络不仅改变影响了城郊的景观格局和面貌，也是风景营

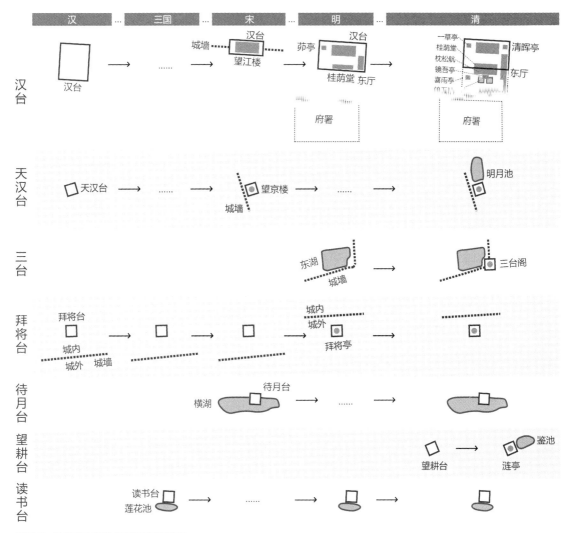

图14-9　汉中地区"台"的演变过程示意图
[图片来源：作者自绘]

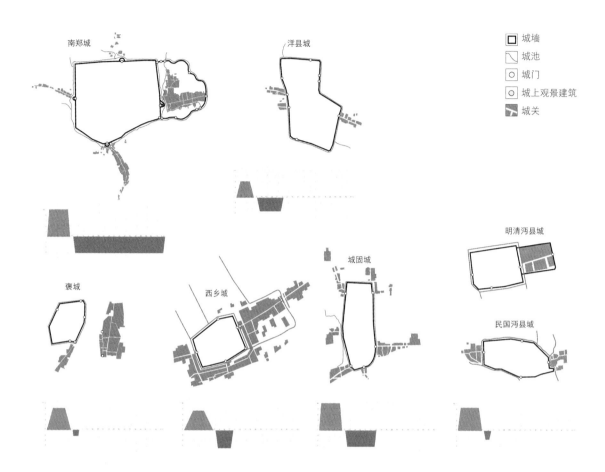

图14-10　汉中盆地各县城城池与城关边界对比
[图片来源：作者自绘]

造的重要线索和依托（图14-11）。灌溉水利和防洪水利是汉中主要的水利类型，对于风景营造的影响有所差异。

灌溉水利在汉中盆地影响极大，其中又以堰渠水利最为突出。堰首作为堰渠水利之中心，往往是寺庙祠宇建置的焦点，其所在地的生态环境也多受到人们的保护，自然风景优美。渠身与溪流和山麓之间的水利要口多设置有立体水利工程，工程难度大，维护管理复杂，对当地灌区的发展影响很深，这些工程所在区域容易发展为风景胜地——如五门堰—斗山、杨填堰—宝山和土门堰—牛头山等。除此之外，跨堰渠还需修桥，有的桥上还设有亭，点缀了整个渠网，如南郑的明珠桥和通济桥等。汉中盆地的蓄水水利工程主要是陂塘，虽然在塘田区发挥着重要的灌溉作用，但鲜有其作为风景胜地的记载，对区域风景营建的影响较弱。

防洪水利在汉中的记载不多，集中于勉县和西乡二县。勉县和西乡的城市离山麓与河流干流近，容易受到山洪和主河道摆动的影响。西乡在浅山地区营建防洪渠，在河岸边营建堤防，一方面构建了应对洪涝的弹性系统，另一方面促进了植树造景和山林河岸的水土保持，更是塑造了北山寺、金牛镇水和"望耕台—鉴湖"等风景名胜。勉县记载有"旱龙九条"的排洪工程，影响了城东的景观格局。

图14-11　汉中盆地水利网络下的景观汇聚
［图片来源：作者自绘，底图数据源自Google Earth］

第三节　传统景观认知下的人文胜境

山显渠隐，人文融合

表14-3统计了史料记载的景观意象在各个县城传统景观认知中所占的比例，有以下几个特点：

在各个县城中，以山为意象的景观最多，常常结合寺庙或天气。所选山体，近山远山皆有，其中远山多描绘自然气象与山景，近山多与寺庙和人的活动相结合。意象中必有对自然河流的描绘，往往结合渡口、渔船、桥梁或气象。所描述的河流以盆地中的干流

汉中盆地各县城八景体系统计　　　　　　　　　　表14-3

		南郑	洋县	城固	西乡	勉县	褒城	总计数量	大类总计	包含县城
山	山峰		石锉高峰 韩湘仙山		云亭耸翠	白马投江		4		3
	气象	天台夜雨	秦岭春云	天台积雪	午子朝霞 红崖返照 巴山雾雪	卓笔晴岚 灌峰晓日		8		5
	人文	汉山樵歌	骆谷樵歌			军山列阵		3		3
	泉洞				龙洞飞泉	古洞谈兵 丙穴嘉鱼	鱼洞留春	4	36	3
	谷栈	栈阁连云 韩沟晓月 石门摩崖	药木香枝 芸笃秀竹				鸡头关隘 褒斜石镜 石门衮雪	8		3
	寺庙	中梁堆岚 金华晓钟 诸葛遗墟	鄷山胜概	蕙院木龙 虚阁晓钟	烟寺晨钟	云峦跨鹤	中梁堆岚	9		6
江	河流		洋川雾雪			金水寒蝉	天生石盆	3		3
	渔业	三滩渔唱			洋源渔火			2		2
	渡口	龙江晓渡 广汉千帆	黄金古渡	襄源晚渡	晴川晓渡	龙冈枕渡	龙江晚渡	7	13	6
	桥梁				木马虹桥			1		1
农田水利	田园		龙亭牧笛	古城牧雨 南乐耕云	南陇春耕			4		3
	水利			斗山石鼓 荷浦新烟	圣水灵潮 金牛镇水		罗帐岁春	5	10	3
	寺庙	圣水古桂						1		1
城中与近郊	台楼	东塔西影 汉台春望 万鸦朝汉	五云层阁			书台晚翠		5		3
	水园	草塘烟雾 瑞府莲湖 文庙丹桂	七女灵池		涟亭暮燕 公园新莺			6	15	3
	遗址	夜影神碑 月台苍玉 将台夕照			古城秋月			4		2

（汉江或牧马河）为主。

在这些传统的景观认知中，对水利工程（渠网、堰坝或水利要口等）直接描写的并不多，除了褒城因靠近堰坝而有专门提及外，其余均未提到。这可能是由于汉中地区渠网窄小，在景观中并不突出。但传统景观认知中有不少对农田的描述，多与人的活动相关，如耕地和牧牛等。由此来看，虽然水利系统对于整个汉中盆地传统景观体系的营造起到了结构性的作用，但其本身在古代鲜有被作为一种显性的观赏对象。汉中盆地的人工水网是一种隐性而脆弱的结构，在区域发展中也更容易被忽视。

地方文化对景观认知的影响很明显，许多景观并非单纯的自然山水、农田或城市园林，而是融合了大量的军事政治、宗教信仰或园居游赏的主题，从而形成地方文化特色鲜明的多种景观意向。

城水差异，各具特色

各个城市的景观认知虽有共性，但也有显著的区别。这些认知的差异与本书基于区域传统景观体系和城市传统景观营造特征所总结的城市传统景观类型是基本吻合的。

南郑和洋县两城在前文中曾归纳为"城水互融型"，城市内的景观意象种类最为丰富。南郑长期作为汉中地区的行政和文化中心，城池规模最大，府园、王府花园和汉王御苑等统治阶级所营造的园林甚多。洋县曾在唐宋时期作为洋州的郡治，极大推动了城市内的风景营造。南郑和洋县也是宗教园林最为丰富的城市，既有寺院佛塔，又有宫观楼阁。

其余"水利支撑型"县城，景观认知差异与谷口型、阶地平原型和小型盆地型的分类是较为契合的。其中，谷口型城市"八景"体系尤其以山景居多，且有谷、洞和栈等近山所观之景。阶地平原型城市以农田为"八景"描绘的重点。小型盆地型城市则较为全面，但由于区域平坝面积狭小，城市规模受限，大部分"八景"都位于城市之外，此外，它也是唯一以防洪水利作为主要景观认知的城市。

地方文化在不同城市有着十分明显的差异——南郑全面，洋县重游赏，城固和西乡重宗教信仰，勉县和褒城重军事政治，各个城市都展现出独具特色的文化底蕴。

下篇

传统景观体系的继承与发展

第十五章

近现代城乡发展带来的景观转变

近现代，城市扩张、水利技术发展、工业化等都在一定程度上改变着区域和城市景观体系，为传统景观体系的保护发展带来巨大的挑战。

第一节　城市的高速扩张

自20世纪80年代开始，全国的大部分城市都开始快速扩张，汉中地区的城市也不例外。在这一时期，城墙和大量的古建筑被拆除，城市内外修建了公路和铁路等交通基础设施网络，同质化严重的商业区和住宅区拔地而起。自然环境受到破坏，地域性的传统景观特征逐渐消失（图15-1）。

城市建设用地逐渐替代了城市近郊的农田，渠网失去了原来的灌溉功能。渠网体量并不大，因此很容易在土地利用更替过程中被破坏，从而使得古城内部的水系统和灌区上游的水系统被割裂。汉中地区旧城的水系统很大程度上依赖于灌区水系统的支撑，这一结构的割裂就使得城市内外的水系统相互独立，古城水系统缺乏稳定的供水而难以维持健康的水循环过程，水质恶化等问题也就愈发严

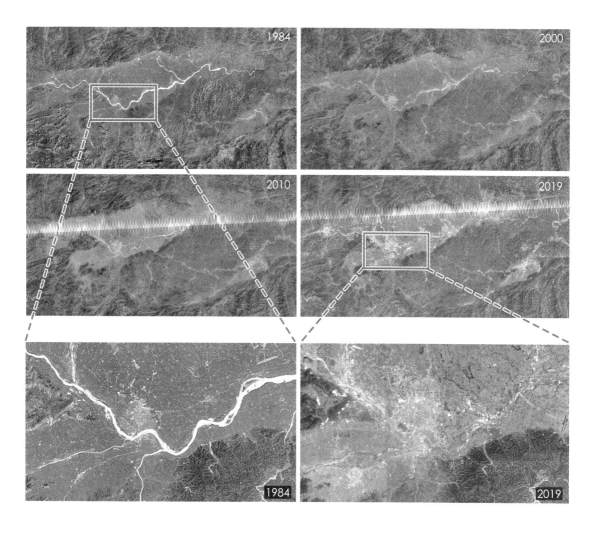

图15-1　1984—2019年汉中盆地历史影像

〔图片来源：作者改绘自Google Earth历史影像〕

重，城市中的水系逐渐被废弃或转为下水道。

城市高质量的滨水空间逐渐由城市内部的湖池转移至江河两岸。随着城市的扩张和堤坝系统的完善，城市逐渐贴近汉江和其支流，甚至跨江建设城市。城—河的关系由古代"江水环抱"转变为"江水穿城"。沿着江水，各个县城修筑的标志物、高楼和公园改变了滨江环境，城市与江河的关系更加紧密。然而，老城中的蓝绿空间却逐渐倾颓、缩减乃至消失。汉中的古东湖已经成为老城中一片封闭的池塘，草塘和太白泉等水体更是不见踪迹；洋县所有的湖池水系和园林都在历史发展中遭到破坏，与宋朝湖泊亭台遍布的景象差异极大。这些水体和园林原本是城市中具有一定滞洪功能的低地，它们的消失也会给城市的雨洪管理带来一定的压力。

老城的城墙在城市发展过程中被拆除。汉中诸城，仅有南郑城和勉县明清古城保留了少部分城墙，护城河基本没有留存。城市中的钟楼、文庙、寺院和道观等宝贵的建筑与园林遗产逐渐被拆除。

随着城市的发展，高层建筑在城市中不断涌现，城市的视线体系被层叠的高楼所割裂，城市中已经鲜有能够远望周边自然山水的公共观景场所，城市内外的观景体系之间亦缺乏联系。

第二节　水利系统的更替

中华人民共和国成立初期，汉中的各个堰渠都进行了更新、整合并更名（表15-1）。这些水利工程与"三惠"渠相似，仍然以堰渠体系为主，基本是在以往水利设施的基础上进行修补或增设，工程做法与民国时期差别不大。

中华人民共和国成立后大力兴修水库的时期，汉中水利面貌发生了较大转变（表15-2）。这一时期在波状地与丘陵地中，尤其是谷口地带修建了数个水库，其对区域面貌的影响主要有以下几点：

首先是谷口景观的转变。水库一般都修建在河流进入盆地的谷

中华人民共和国成立初期新增大型灌溉水利工程　　　　　　　　表15-1

渠名	建成时间	水源	灌溉面积	渠系结构与古堰渠关系
冷惠渠	1951年	冷水河	4.43万亩	干渠总长27.6km。斗渠总长76.4km。整合了冷水河各古堰
溢惠渠	1954年	溢水河	7000亩（1953年）	东、西干渠长分别为11.5km和6.29km。整合了溢水河各古堰
马鞍堰	1973年	峡口河	6.50万亩	干渠长43.25km
漾惠渠（幸福渠）	1959年	养家河	2162亩	干渠长35km，只保留琵琶堰，其余改堰为斗
无坝堰	1958年	汉江	1.26万亩	初建时为无坝引水，干渠长21km，为新增灌区
军民堰	1958年	黄沙河	—	东干渠长5.7km，西干渠长8km。整合了黄沙河部分古堰

［资料来源：作者根据《汉中地区水利志》整理而成］

中华人民共和国成立后新修大型水库工程　　　　　　表15-2

名称	建成时间	库容	水源	与古堰渠关系
石门水库	1979年	1.05亿m³	褒河	渠首工程渠道分东、西干渠和南干渠，其中南干渠整合了褒惠渠灌区
瀵河水库	1970年	4190万m³	瀵河	覆盖瀵水河诸堰
红寺坝水库	1959年	2052万m³	濂水河	引水渠串联濂水河系22条堰渠、24座小型水库（蓄水能力991万m³）
南沙河水库	1960年	4330万m³	南沙河	覆盖南沙河诸堰
沙河水库	1958年	705万m³	小沙河	覆盖小沙河诸堰

口位置。人们在谷口筑坝截取汉江支流，形成大面积的湖区。这些湖区在水利上类似于传统的陂塘，它们一方面形成了广阔的湖面，成为当地郊野的风景胜地，如著名的石门水库景区和南沙湖景区（图15-2）；另一方面也因蓄水淹没了大量的山间栈道和寺庙遗址，如今汉中地区的景区栈道均是后人修建而成，原来的栈道和其附属的建筑已被淹没。高大的水坝也给谷口增添了新的景观，石门水库大坝就是汉中人民十分自豪的工程设施，其庞大的结构与周边崖壁、激流以及重建的栈道构成了雄浑的风景（图15-3）。

其次是扩大了波状地与丘陵地灌区的范围。水库的坝体往往很高，对于水量的调控能力也远强于传统的堰坝。由于水库的水位远远高于原来河床的水位，因此能够自流灌溉更加广大的农田面积。在水库修建后，整个波状地区和部分丘陵地被纳入灌区之中，原来破碎的陂塘得以被渠网连接成为更加紧密的陂渠串联结构。这一时期，由于水库灌区调蓄能力的提升，波状地和丘陵地的陂塘建设和农

图15-2　石门水库风景区（左）与南沙湖风景区（右）
〔图片来源：陕西省人民政府网〕

图15-3　石门水库大坝与重修栈道
［图片来源：作者摄于2019年］

业开发得到了发展。石门水库灌区就是一个典型的例子（图15-4）。石门水库的最高干渠（东干渠）和千山水库的最高干渠（八支渠）均沿秦岭山麓布局，南郑和城固以南的大范围波状地都有新的渠系覆盖。

最后是传统堰渠体系的整合。水库的修建将民国时期的渠系再一次整合到一个大的渠系网络下，水库是总的调蓄中心。在汉中，大部分地区仍然沿用了民国和明清时期的渠系，只是从工程上进行了改造。总体而言，水利系统还是在过去的渠网系统上逐渐发展改建而成。

与古代相比，堤防的修建也影响了自然河流。通过修建硬质坚固的堤防，人们对洪涝的控制能力变强，为区域和城市提供了大面积的滨水发展空间。但高耸坚固的防洪堤坝改变了汉中河流古代自然的形态，减少了洪泛区的预留空间，城市河流对于洪涝弹性应对的能力有所降低，同时河流边缘的生态环境也受到较大的干扰。这一现象在汉江等干流中尤为明显，而大部分支流由于周边建设用地少且洪涝风险小，建设的堤防较矮，保留的河滩面积较大，驳岸的工程化特征并不明显（图15-5）。

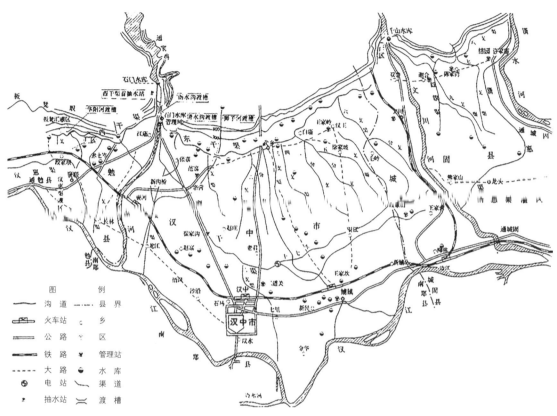

图15-4　石门水库灌区平面图
［图片来源：引自《汉中地区水利志》］

图15-5　现状汉江与潜水河驳岸
［图片来源：作者摄于2019年］

第三节　城郊景观的转变

　　城市的扩张，工业、交通和农业的现代化发展都使得城郊的景观发生了转变，同时由于破坏性的开发活动或是管理维护的缺失，许多传统的景观营造都被破坏乃至消失，其主要包括以下几个方面：

　　随着城市的现代化发展，工业和交通设施在郊区大量出现。这些占地面积庞大的工厂、信号塔、飞机场、铁路、高速公路和高架桥等灰色基础设施逐渐成为城市郊区环境的一部分。原本的自然山水或农田基底受到各种庞大构筑物的影响而变得破碎甚至混乱，而高耸的构筑物（高架桥和信号塔等）也成为区域观景视野中不可忽视的要素（图15-6）。

　　农田基本保持了传统的营建特征，即在平坝、波状和丘陵三个地区呈现出堰田、塘田和梯田的风貌，只是后两者的面积由于水利的发展而比明清时期更为广大。这一时期农田景观最大的变化来源于农作物结构的调整和农田肌理的变化。

　　作物结构上，油菜在中华人民共和国成立后的数年内大规模种植。由于油菜和水稻采取轮种的方式，在秋季仍然能见到传统的稻田风景；但在春季，油菜为汉中盆地增添了一种新的景观。油菜开花时花量大，颜色亮丽，极具景观的吸引力，如今汉中已经把油菜花作为乡村旅游的核心，每年举办油菜花节，为汉中的经济作物生产和旅游业带来了良性的收益。

　　农田肌理的变化主要体现在平原堰田上（图15-7）。很多新修或改建的渠网都采用了"裁弯取直"的手法，原本顺应地形的渠网

图15-6　农田中高耸的高架桥（左）与城郊的庞大工厂（右）
［图片来源：作者摄于洋县（左）和勉县（右）］

图15-7　同一地点农田新旧肌理对比
［图片来源：左图载取自美国地质调查局（USGS）藏·20世纪70年代卫星航拍图；右图截取自Google Earth，地点位于城固丁家村附近］

形态发生了变化，田块也由不规则的多边形转变为方正划一的四边形。不过并非所有的农田都呈现出这种变化，一些老灌区仍然保留着顺应地形的肌理形态，整个农田区域呈现出一种新旧肌理混杂的状态。

郊野的山林河川之中大部分的寺院庙观都被破坏，很多地方仅剩碑刻和遗址。这些景观营造内容的消失也使得汉中很多山体的人文内涵被极大削弱，很多明清府志记载的名山如今已经不再是当地的风景名胜区，如洋县的酆都山与西乡的蒿坪山等。虽然一些山川的生态环境在当地的管控下逐渐恢复，建立起朱鹮自然保护区等生态保护地，但这些自然山川中的历史文化遗产却尚未得到充分的保护。

第十六章

传统景观体系的发展保护策略

基于传统景观体系的特征和演变规律，结合当代城乡发展现状，本书从以下四个层面提出了未来汉中盆地灌区传统景观体系发展保护的策略（图16-1）：

图16-1　未来汉中地区传统景观体系发展保护的基本策略示意图
[图片来源: 作者自绘]

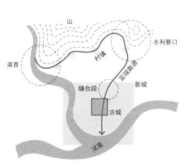

（a）堰渠为脉，整体完善蓝绿网络格局

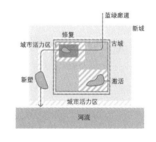

（b）湖池为心，恢复更新城市公共空间

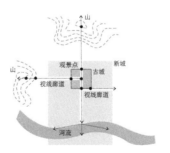

（c）城山相望，适宜强化内外视线连廊

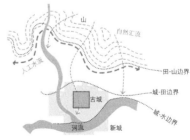

（d）山水为底，精准保护区域生态基底

第一节　渠网为脉，整体完善蓝绿网络格局

渠网构成了区域景观体系中人工的蓝绿网络，其顺应山水结构而产生，支撑了聚落、农田和交通的发展，形成了紧密耦合的"水利—农田—农村聚落"格局，与交通网络交叠互补。城市景观在渠网的支撑影响下呈现出了"渠网连通，景观联络""灌渠集景，镇水成景"和"江渡成景，谷口汇聚"等特征。这些传统景观体系的特征和智慧能够启发当代景观的保护发展。

作为一种自古延续发展至今的人工水系统，渠网既具有生产功能或雨洪管理功能，又具有一定的生态价值和遗产价值。以渠网为线索构建蓝绿基础设施网络，在区域尺度上能够连接山、水、田和城等不同国土空间，在城市尺度则得以引入蓝绿交织的公共空间网络，这对于改善区域和城市生态与人居环境，尤其是改善区域景观格局破碎化和促进老城城市更新有着积极的意义。以渠网为纽带，城市内外破碎的水体也得以联系成整体性的网络，对于生物多样性提升、水环境治理、雨洪管理、公共空间营建和慢行系统优化等都具有重要意义。同时，有着悠久历史的渠网系统又具有一定遗产价值，渠网的更新再生是对当地传统景观结构和水文遗产的一种活态保护和延续。

目前来看，汉中地区城市中的历史水网受损严重，老城区几乎已经没有水网留存，应该以修复为主要策略；郊区还留存有较多渠道，至今也发挥着灌溉功能，并连接着丰富的景观资源（图16-2），但大部分渠网还仅仅只是单一的水利设施，其潜在的景观价值有待挖掘。

渠首与水利要口是区域蓝绿网络营建的要点。当前汉中对于渠首的景观开发已经有了一定的成果，如围绕各个拦河水库建立的风景区和"汉中三堰"遗址保护区等。但总体来看，除了五门堰保留较好外，其他古渠首都仅在残留的破碎遗址处立牌保护（图16-3），渠首和周边景观缺乏整体性的修缮和保护。水利要口的景观保护也需要得到重视，古代密集的水利要口景观，如斗山的诸多寺庙，如

图16-2　连接多种景观资源的渠网
［图片来源：作者摄于2019年］

图16-3　山河堰遗址
［图片来源：作者摄于2019年］

今多已不复存在。这些区域有着悠久的文化底蕴和良好的自然山水条件，应该是区域景观营造的重点区域。

　　城市内部水网的修复是整个蓝绿网络塑造的难点。目前，大部分汉中城市内部的堰渠都在开发过程中被掩埋，成为地下水道的一部分。堰渠的体量并不大，若在城市中有景观化的改造，从地下转变到地上，这些水体将为城市提供高品质的空间，同时适当的暴露也能够促进水质的改善和城市栖息地的营造。窄小的渠网能够深入高密度城区，引入街区，与小尺度的街旁绿地、带状公园、商业街和口袋公园等结合，对城市微更新的改造有着积极意义。

城乡统筹发展是蓝绿网络系统可持续发展的关键。汉中地区城市的供水是由区域的水利网络提供的，因此单单修复局部的水网可能难以保证整个水系统的稳定性。尤其在城市新区等土地利用性质发生改变的区域，渠网系统需要作为一种景观基础设施来优先考虑，保证整个灌区由堰首到城市的水文系统不被拦腰截断。除此之外，整体性地修复区域的水系统还需要水利、农业和交通等多部门、多学科的交叉合作，实现国土空间资源的统筹管理。

第二节　湖池为心，恢复更新城市公共空间

湖池自古以来就是中国传统园林景观的重要内容，在水资源相对匮乏的地区，湖池的资源显得更为宝贵，对于城市景观品质的提升具有积极的意义。"塘池为园，引水活台"是汉中有效利用城市内部水资源、塑造高质量城市空间的方法；"堰水护城，环渠定关"塑造了古代城市的边界，在现代则转化为了城市内部的水系统。这些传统景观营造脉络能够为当代城市公共空间更新提供参照。

湖池带来的高品质环境可以有效激活老城空间。以汉中老城的湖池为例：古东湖（今多称饮马池）目前靠近老城的一条商业街旁（图16-4），周边环境非常杂乱——湖池周边被机关单位和老旧小区占据，高大的栏杆封闭整个湖面而没有任何亲水的空间。商业街的建筑多背朝湖面，仅一条小路从湖旁穿过。明清时期著名的"东塔西影"也已经被外围的建筑阻挡而无法看到，古代的文昌阁和三台阁也已经消失。一旁的商业街有二层的走廊，面向城市道路，步行其上视线却被东湖周边的棚户遮挡，没有任何的视线关系。整个片区的城市建设完全是把古东湖作为一个"遗产"生硬地保留了下来，而没有将其视作城市发展过程中的一个部分，实为对这一资源的浪费。事实上，由于临近商业街，有良好的塔—湖视线潜力，有三台阁的建设基础，有与护城河和外围渠网联系的潜力，东古湖片区完全可以成为风景优美、极具地方特色和吸引力的城市活力中心。

湖池的梳理是古典园林修复与城市生态环境改善的基础。除汉

图16-4 古东湖旁商业街（左）与站在
商业街二层看向古东湖景观（右）
［图片来源：作者摄于2019年］

中老城以外，许多其他城市都有湖池营建的历史或遗址。如洋县，其城内原有横湖、明月池和官池，南园、北园和郡圃也有湖池，城南还有洼池和湿地——如今均已不在。未来老城的城市更新过程中，这些古代湖池能够作为潜在资源而得到修复和利用，一些私家园林如今可以成为城市中具有活力的公共空间资源。历史上的众多湖池还是城市内重要的栖息地。以洋县为例，从文献中即可窥见其优良的生态环境——大量的水鸟在洋县城内园林栖息。如今洋县已经被评为"朱鹮之乡"，在城市郊区自然保护和生态修复上有所成就，若是城市建设能够与周边良好的生态基底更好地融合，必然能够锦上添花，令"湖上水禽无数，其谁似汝风标"的美好意象不只存在于古文献中。

湖池的建设对于城市雨洪管理也具有一定价值。许多湖池自古就位于城市的低洼地带，具有一定的调蓄防洪功能，它们的恢复还能一定程度上增加城市中的滞洪调蓄空间，对于城市洪涝等问题的改善起到积极的作用。

第三节 城山相望，适宜强化内外景观感知

汉中盆地城市的传统景观营造很重视"观望"："坐山依水，山城互望"是古代城市选址和营建的依据；"台楼城塔，起伏望景"塑

造出良好的城市视线关系；"名山层叠，寺宇点缀"使得城市的景观在郊区有了呼应，构成了整体性的区域视线连廊。在现代化的都市中需要有适宜性的视线控制与风景化营建策略，以加强人们对城市内外景观的感知。

视廊的营造可以从保护切入。通过控制建筑高度、街道视廊的规划设计和地标建筑与高层建筑的视线设计来保护历史上城市内外的视线连廊。城市中以老十字街为轴线的十字视廊往往联系了城中重要的观景建筑，同时向外又正对城市周边景观营造最盛的山体，山林川泽行寺仙寺园林营建——这些自古以来就存在的历史轴线不仅象征着城市中的景观秩序和结构，更是烙印在老城人心中的记忆。除了保护控制以外，城市新建的地标建筑和高层建筑也应该有意识地与这些视线关系相联系，在延续古代观景视线的同时丰富观景的层次和内容。

城墙、台楼和湖池的整体性营建是古人景观营造的智慧之一。汉中城墙在城中也有数段遗址，但往往都是注重保留城墙的遗迹，而鲜有利用城墙营造登高观望的场所（图16-5）。古代汉中地区的城墙均是与台、楼和塔结合，"天汉台"以汉为名，是汉中文化最具代表性的景观意象，其最初就是修建于城墙之上，是俯瞰江川和远望山丘的胜地。城墙的保护不仅应该呈现"博物馆"式的保留，更应该注重景观和空间意象的再塑。古代许多有台的地方也多有水，如洋县的明月池和天汉台，南郑的东湖和三台阁。观景体系的保护修复不宜孤立进行，而要考虑到与水系修复和湖池保护的协同进行。

滨江视线是当代城市视线塑造的新挑战。当代汉中城市的扩张，使得郊野的很多景观要素被纳入城市当中，景观视廊的营造也需要考虑与这些元素的契合，其中最典型的就是汉江和其支流。以江河为依托塑造新的滨江城市空间，是汉中各城在当代城市建设过程中的新挑战。老城景观营造的经验可以被运用到滨江的造园过程当中。老城的景观视线也不应该直接断在河边紧密排列的高大建筑上，而宜与滨江视线带有机结合。

寺庙园林的营建是汉中"青山"向"名山"转化，即自然山水

图16-5 汉中古城墙：城市中的遗址孤岛
［图片来源：作者摄于2019年］

风景化的重要途径之一。在古代，军事和信仰很大程度上促进了这些园林的建设，但现代却较难具备这两类条件。自然山林的风景化主要取决于人们的游赏需求。因此，未来一方面要尽量保护或修复部分景观价值相对较高的寺庙园林遗产，另一方面也要挖掘自然山林风景化的多种途径，赋予其更多人文内涵——如自然教育或森林疗法等。此外，横亘山麓的聚落带使得不少乡村与自然山川在空间上紧密依靠，为乡村旅游和特色田园建设提供了很好的机遇，"田园—乡村—山林"的一体化综合体验能够为乡村振兴注入活力。

第四节 山水为底，精准保护区域生态基底

"夹水定都，顺水迎山"的城市营建规律自古就反映了人们对于山水自然条件的顺应和协调，"山水田城，层层环抱"的空间圈层组成了区域基本的生态基底结构。这些传统结构和智慧能够指导当代自然环境的保护和国土空间边界的控制。

传统景观体系对国土空间规划"城镇空间、农业空间、生态空间"与"城镇开发边界、永久基本农田保护红线、生态保护红线"的划定能够提供一定的参照，并提供在地性的规划依据和线索。当代，汉中盆地"山、水、田、城"的空间边界正发生着变化，自然山水的空间被耕地或城市侵占。一方面，随着城市的扩张，平原堰田耕地面积大为缩减，而波状地和丘陵地等区域的耕地面积大幅提

升，自然山林被耕地侵占——虽然这为粮食生产和城市发展起到了很好的支撑作用，但无疑存在着一定的生态安全隐患。汉中盆地在明清时期灌区的衰败，一定程度上也是因山林地被过度垦殖而遭到破坏后，水土保持能力下降导致堰渠淤塞产生。另一方面，城市与河流的关系愈发密切，城市用地侵占了河流的洪泛区，城市的雨洪韧性降低，河滩的生物多样性受到严重威胁。保护汉中盆地的区域生态基底，即需要保护其以山、水、林和田为基本格局的生态本底结构。山林是环境可持续发展的基础，河流需要充足的弹性空间可于蓄田，山与城市—河流之间的边界需要严格的管控。

　　生态环境的保护还需要建立精准化的评价机制。在研究中，我们能认识到堰渠水利网络在区域环境中具有重要的价值，但这些人工水网与自然环境之间也存在着冲突——多样的立体水利工程就是人工水系和自然山水之间的博弈。人工渠系一定程度上干扰着地表水文的自然变化过程。堰渠水利的保护还需要建立在生态系统的精准化评价上，对于环境干扰大、水利服务功能小和维持成本大的水利网络，需要选择性保护或改造。

　　当代汉中作为南水北调中线重要水源地和水源涵养生态建设区，在汉江水质保护和生态涵养等方面已经做出很大贡献，国家层面的约束使得这里的城市发展和工业开发并没有国内部分城市迅速，这一方面支撑了生态基底的保护和稳定，在传统景观体系的保护发展上具有后发优势；但另一方面，区域的经济发展受限且发展滞后，城乡的振兴是当地人民迫切渴望的需求。如何适应性地保护和挖掘地域景观价值，促进区域和城市的可持续发展是未来汉中区域生态基底保护的重要课题。

结语

第一节 交叠耦合，盆地灌区中的区域景观

汉中盆地的区域传统景观体系以自然山水为基底，构成了"盆地"特有的分层地形结构和鱼骨状干支河流网络，是整个区域发展的基础；

水利系统顺应山水基底，构成了"灌区"特有的以"堰首—干渠—水利要口"为中心的水利网络，是整个区域发展的核心支撑系统，在区域的时空演变过程中产生了较大的影响；

农业生产系统、农村聚落与水利支撑系统呈现高度的耦合性，形成"水利—农田—乡村聚落"的强关联格局，交通运输系统则与水利支撑系统交叠互补；

城市是区域发展的中心，受到自然、水利、交通、农业和人文等多个系统的综合影响，根据城市性质和所在环境发展出独具特色的传统景观体系特征。

第二节　融入山水，城市与区域整体性营建

汉中盆地的城市传统景观体系在城市内外呈现出高度的整体性，城郊的自然山水和水利网络为城市景观的营建提供了视线上的联系和水脉上的连通，城市内外的景观依靠山水视线互相关联，依靠堰渠而持续不息。

区域的山水田形成了环绕城市的结构圈层和空间骨架，各个城市因地制宜地修建水利网络而联络各个结构圈层，发展出渭网中联的"山—水—山—城"整体性空间结构：

区域的中心城市，即南郑和洋县，发展出最为丰富多彩的景观结构，呈现出城水互融的传统景观营造特征；其余各县城则受到水利支撑结构差异的影响而形成不同类型，包括谷口型的勉县与褒城、阶地平原型的城固和小型盆地型的西乡，各自呈现出独具特色的传统景观营造特征。

第三节　曲折发展，顺应水利营建发展脉络

汉中盆地的传统景观体系发展演变自古以来就在曲折发展中前进，各个历史时期中，相对稳定的政治经济环境是区域发展的基础。西汉是汉中传统景观体系孕育萌芽的关键时期；唐宋则是高速发展的鼎盛时期；明清与民国则是稳定发展的成熟时期；其余时期的汉中往往战乱频繁，阻碍了传统景观的延续发展。

回顾各个时期的发展，水利营建在区域和城市的尺度中发挥着突出的协同带动作用，农田依托灌溉水网而拓展兴衰，村落城镇聚集于水利发展昌盛的区域。

随着城市交通、农业、工业和水利的现代化和近现代高速的城市扩张，过去的景观演变趋势发生了较大的变化，传统景观营造内容也受到了巨大的威胁，但传统景观的时空演变过程和特征仍然能够启发当下城乡规划建设。

第四节　保护修复，延续传统的可持续发展

对于传统景观体系的延续发展，一方面要重视保护修复，将在战乱和城市高速扩张中被破坏的重要传统景观营造内容予以保护恢复；另一方面也要顺应当今城市发展趋势的改变，挖掘传统景观营造智慧中得以助力未来城市发展的潜力因素，主要包括：

修复人工水系统，整体地完善区域蓝绿网络格局，避免灌区网络的破碎化；

聚焦老城湖池水系统，以城市更新的方式塑造兼具生态、文化和活力的城市公共空间；

重视山水互望的盆地观景体系，因地制宜地强化城市内外视线连廊，延续丰富传统的山水视线结构；

保护区域生态基底，严格控制山、水、林和田的国土空间格局，对人工水系统、城市和土地之间的关系构建精准的评价框架，慎重审视人工干预对自然的影响。

参考文献

（一）基本史料

1 方志、专志、水利书、农书、考察
报告

（战国）管仲等《管子》
（战国）先秦诸子《尚书》
（汉）班固《汉书》
（汉）刘向《战国策》
（汉）司马迁《史记》
（汉）周公旦《周礼》
（汉）刘熙《释名》
（晋）陈寿《三国志》
（晋）常璩《华阳国志》
（魏）郦道元《水经注》
（北齐）魏收《魏书》
（唐）房玄龄《晋书》
（唐）李吉甫《元和郡县图志》
（唐）魏征《隋书》
（宋）乐史《太平寰宇记》
（宋）司马光《资治通鉴》
（宋）王存《元丰九域志》
（宋）王象之《舆地纪胜》
（元）脱脱《宋史》
（元）王祯《农书》
（明）宋濂《元史》
（明嘉靖）佚名《城固县志》

（明嘉靖）张良知《汉中府志》
（清道光）光朝魁《褒城县志》
（清道光）张廷槐《西乡县志》
（清光绪）孙铭仲《勉县志》
（清光绪）张鹏翼《洋县志》
（清嘉庆）严如熠《汉中府志》
（清康熙）陈梦雷《古今图书集成·方
　　舆汇编》
（清康熙）滕天绶《汉南郡志》
（清康熙）王穆《西乡县志》
（清康熙）王穆《城固县志》
（清康熙）邹溶《洋县志》
（清乾隆）王行俭《南郑县志》
（清同治）李复心《忠武侯祠墓志》
（民国）王德基《汉中盆地地理考察
　　报告》
（民国）蓝培原《续修南郑县志》
（民国）李仪祉《陕西之灌溉事业》
（民国）薛祥绥《西乡县志》
（民国）姚效先《西乡胜迹录》

2 文集、笔记、碑记等其他资料

（唐）李白《蜀道难》
（唐）薛能《西县途中二十韵》
（唐）薛能《褒城驿有故元相公旧题
　　诗，因仰叹而作》

（唐）元稹《襄城驿》
（唐）周元贾《五门堰碑记》
（宋）比丘道虔《妙言院碑记》
（宋）蔡交《洋州》
（宋）窦充《重修大成至圣文宣王庙记》
（宋）法兴《乾明寺记碑碑》
（宋）冯涪西《春日课农游奉真宫》
（宋）冯涪西《雪雾，元宵后四日，
　课农游宝山寺，用斗山韵课农》
（宋）韩忆《洋州·梁州邻左右洋川》
（宋）欧阳修《司封员外郎许公行状》
（宋）文同《丹渊集》
（宋）文同《洋州谢表》
（宋）阎苍舒《重修山河堰记》
（宋）郑勋《游洋州崇法院》
（元）祁濛《谯楼》
（明）佚名《宝山寺碑文》
（明）郭岂《重开五门堰石峡记》
（明）何悌《金洋堰》
（明）黄九峰《修理城垣记》
（明）李乔岱《文笔塔鹤巢》
（明）李文芳《开明寺塔》
（明）马文升《添风宪以抚流民疏》
（明）杨守正《百丈堰干沟议》
（明）何悌《金洋堰碑记》
（明）黄九成《重修五门堰记》
（明）佚名《百丈堰高公碑文》
（清）常九经《酄都山》
（清）楚文暻《东湖塔影》
（清）顾祖禹《读史方舆纪要》
（清）李天叙《明珠桥看柳》
（清）王穆《疏五渠记》
（清）严如熤《乐园文抄》
（清）严如熤《三省边防备览》
（清）严如煜《三省山内风土杂识》
（清）张正蒙《拜将坛》
（清）章炬《将台怀古》
（清）郑日奎《汉中府》
（清）邹溶《理洋略》
（清道光）《捐筑木马河堤碑记》
（清道光）《唐公车湃水利碑》
（清道光）段大章《重茸堂东厅事碑》
（清道光）朱清标《修筑勉县城垣河
　堤碑》
（清光绪）刘懿德《重修午子观碑》
（清嘉庆）佚名《唐公车湃遵旧规按亩摊
　钱碑》

（清嘉庆）徐松《宋会要辑稿》
（清康熙）邹嘉琳《重修天台山庙宇碑》
（清乾隆）公讳灼《邑侯刘父母重修
　金洋堰颂德碑》
（清乾隆）王时熏《重聋清晖亭记碑》
（清同治）佚名《金洋堰移窑保农碑》
（民国）蓝培原《五门堰傅青云等认
　罚赎咎碑》
（民国）李杜《河心夹地碑》
（民国）马文渊《五门堰接用高堰退
　水碑》

（二）近人研究成果

1 中文

城固县地方志办公室编，穆育人校注. 嘉
　靖城固县志校注[M]. 西安：西
　北大学出版社，1995.
严如煜主修，郭鹏校勘. 嘉庆汉中府
　志校勘 上[M]. 西安：三秦出版
　社，2012.
严如煜主修，郭鹏校勘. 嘉庆汉中府
　志校勘 下[M]. 西安：三秦出版
　社，2012.
冯达道修，汉中市档案馆编，王浩远
　校注. 顺治汉中府志校注[M].
　太原：山西人民出版社，2019.
勉县地方中国办公室. 沔县志·襄城
　县志校注[M]. 西安：三秦出版
　社，2017.
蓝培原主修，朱林枫等校注，陕西省
　南郑县地方志办公室编. 续修南
　郑县志校注[M]. 北京：中国人
　民公安大学出版社，1993.
王德基，陈恩凤，薛贻源，刘培桐
　著，张西虎，张显锋，熊黎明
　编. 汉中盆地地理考察报告[M].
　西安：三秦出版社，2016.
穆育人主编，城固县地方志编纂委员
　会编. 城固县志[M]. 北京：中
　国大百科全书出版社，1994.
南郑县志编委会. 南郑县志[M]. 北
　京：中国人民公安大学出版社，
　1990.
洋县地方志编纂委员会. 洋县志[M].
　西安：三秦出版社，1996.
刘粤基. 西乡县志[M]. 西安：陕西

人民出版社，1991.

《勉县志》编纂委员会. 勉县志[M]. 北京：地震出版社，1989.

郭鹏. 汉中地区志[M]. 西安：三秦出版社，2005.

汉中市地方志编纂委员会. 汉中市志[M]. 北京：中共中央党校出版社，1994.

《汉中地区水利志》编纂委员会. 汉中地区水利志[M]. 西安：陕西人民出版社，1994.

陕西省汉中市水利局. 汉中市水利志[M]. 汉中：汉中市水利局，1992.

陕西省勉县水电局. 勉县水利志[M]. 西安：陕西省勉县水电局，2001.

陕西省洋县水电局水利志编纂组. 洋县水利志[M]. 汉中：洋县水电局，1993.

杨起超. 陕西省汉中地区地理志[M]. 西安：陕西人民出版社，1993.

陕西师范大学地理系编著. 陕西省汉中专区地理志[M]. 西安：陕西省科学技术情报研究所，1966.

汉中市邮电局. 汉中邮电志[M]. 西安：汉中市邮电局，1997.

严如熤著，冯岁平，张西虎点校. 汉中文献丛书 乐园文钞[M]. 西安：三秦出版社，2015.

严如熤著，冯岁平，张西虎点校. 汉中文献丛书 乐园诗稿[M]. 西安：三秦出版社，2015.

陈显远. 汉中碑石[M]. 西安：三秦出版社，1996.

吴良镛. 人居环境科学导论[M]. 北京：中国建筑工业出版社，2001.

吴良镛. 中国人居史[M]. 北京：中国建筑工业出版社，2014.

王树声. 中国城市人居环境历史图典[M]. 北京：科学出版社，2017.

张驭寰. 中国城池史[M]. 北京：中国友谊出版公司，2015.

汪德华. 中国城市规划史纲[M]. 南京：东南大学出版社，2005.

董鉴泓. 中国城市建设史[M]. 北京：中国建筑工业出版社，2014.

贺业钜. 中国古代城市规划史[M]. 北京：中国建筑工业出版社，1996.

张善余. 中国人口地理[M]. 北京：商务印书馆，1997.

金其铭. 中国农村聚落地理[M]. 南京：江苏科学技术出版社，1989.

张芳. 中国古代灌溉工程技术史[M]. 太原：山西教育出版社，2009.

中国农业百科全书总编辑委员会水利卷编辑委员会，中国农业百科全书编辑部. 中国农业百科全书：水利卷 上[M]. 北京：农业出版社，1986.

周魁. 中国科学技术史 水利卷[M]. 北京：科学出版社，2017.

樊惠芳. 灌溉排水工程技术[M]. 郑州：黄河水利出版社，2010.

汪家伦，张芳. 中国农田水利史[M]. 北京：农业出版社，1990.

闵宗殿等. 中国古代农业科技史图说[M]. 北京：农业出版社，1989.

李仪祉原著，黄河水利委员会选辑. 李仪祉水利论著选集[M]. 北京：水利电力出版社，1988.

王开. 陕西古代道路交通史[M]. 北京：人民交通出版社，1989.

白寿彝. 中国交通史[M]. 武汉：武汉大学出版社，2012.

谭其骧. 中国历史地图集[M]. 北京：中国地图出版社，1982.

国家文物局. 中国文物地图集 陕西分册[M]. 西安：西安地图出版社，1998.

陕西省文物局. 陕西省历史地图集[M]. 西安：西安地图出版社，2018.

王深法. 风水与人居环境[M]. 北京：中国环境科学出版社，2003.

吴必虎，刘筱娟. 中国景观史[M]. 上海：上海人民出版社，2004.

周维权. 中国古典园林史 第2版[M]. 北京：清华大学出版社，1999.

刘晓明，薛晓飞等. 中国古代园林史[M]. 北京：中国林业出版社，2017.

郑曦. 山水都市化 区域景观系统上的城市[M]. 北京：中国建筑工业出版社，2018.

鲁西奇，林昌丈. 汉中三堰 明清时期汉中地区的堰渠水利与社会变迁[M]. 北京：中华书局，2011.

鲁西奇. 城墙内外 古代汉水流域城市的形态与空间结构[M]. 北京：中华书局，2011.

鲁西奇. 区域历史地理研究：对象与方法——汉水流域的个案考察[M]. 南宁：广西人民出版社，2000.

段继刚. 洋州七千年[M]. 中国文史出版社，2005.

陕西汉中地区文化局. 汉中地区名胜古迹[M]. 陕西汉中地区文化局，1983.

王本元. 汉中名胜录[M]. 西安：陕西人民美术出版社，1987.

冯岁平. 汉中博物馆[M]. 西安：三秦出版社，2003.

郭鹏. 城固五门堰[M]. 汉中市地方志办公室，2000.

马强. 蜀道文化与历史人物研究[M]. 哈尔滨：黑龙江人民出版社，2019.

汉中市档案馆. 汉中旧影[M]. 西安：三秦出版社，2013.

陶明. 真美汉中[M]. 北京：新华出版社，2014.

秦建明. 秦巴栈道[M]. 西安：陕西师范大学出版社，2017.

郭玉勋，王春丽. 汉中市城市规划[M]. 西安：陕西科学技术出版社，1994.

孙启祥. 汉中历史文化论集[M]. 西安：陕西人民出版社，2011.

孙启祥. 文化汉中[M]. 西安：三秦出版社，2014.

政协洋县委员会. 苏轼文同和古洋州三十景[M]. 西安：陕西人民出版社，2018.

刘清河. 汉水文化史[M]. 西安：陕西人民出版社，2013.

文同著，胡问涛，罗琴校注. 文同全集编年校注[M]. 成都：巴蜀书社，1999.

阮智富，郭忠新. 现代汉语大词典：上册[M]. 上海：上海辞书出版

社，2010.

王文虎，张一舟，周家筠. 四川方言词典[M]. 成都：四川人民出版社，1987.

郑天挺，吴泽，杨志玖. 中国历史大辞典·下卷. 上海：上海辞书出版社，2000. 第2033页.

李国炎等. 当代汉语词典[M]. 上海：上海辞书出版社，2001.

王晞月. 中国古代陂塘系统及其与城市的关系研究[D]. 北京：北京林业大学，2019.

李恒. 成都平原地域景观体系研究[D]. 北京：北京林业大学，2018.

高原. 镇江历史城市景观体系营建研究[D]. 北京：北京林业大学，2018.

何伟. 杭嘉湖平原传统景观营建研究[D]. 北京：北京林业大学，2018.

任维. 温州滨海丘陵平原地区地域景观研究[D]. 北京：北京林业大学，2017.

张雪葳. 福州山水风景体系研究[D]. 北京：北京林业大学，2018.

孙雪榕. 姜席堰灌区水利景观系统研究与实践[D]. 北京：北京林业大学，2020.

冯玮. 槎滩陂灌区传统景观体系研究[D]. 北京：北京林业大学，2020.

钟誉嘉. 临汾盆地传统景观体系研究[D]. 北京：北京林业大学，2021.

韩冰. 丽水市域内古堰灌区乡土景观研究[D]. 北京：北京林业大学，2017.

胡肖. 川西平原堰渠体系与城乡空间格局研究[D]. 成都：西南交通大学，2014.

陈若曦. 陕南地区传统村落景观特征研究[D]. 西安：长安大学，2017.

陈涛. 汉中城市形态与空间结构变迁研究（1370—1949）[D]. 上海：上海师范大学，2014.

李滨. 河东店镇传统聚落空间的演变与发展研究[D]. 西安：西安建筑科技大学，2011.

李晨. 汉中城市历史地理研究[D]. 西安：陕西师范大学，2011.

魏栋. 景观生态学视角下陕南地区低山丘陵型乡村聚落规划策略研究[D]. 西安：长安大学，2018.

闫杰. 秦巴山地乡土聚落及当代发展研究[D]. 西安：西安建筑科技大学，2015.

于风军. 符号、景观与空间结构[D]. 西安：陕西师范大学，2005.

陶卫宁. 历史时期陕南汉江走廊人地关系地域系统研究[D]. 西安：陕西师范大学，2000

王琳. 汉中城市历史空间形态特征研究[D]. 西安：西安建筑科技大学，2017.

刘昱如. 勉县县城历史文化空间艺术构架研究[D]. 西安：西安建筑科技大学，2011.

刘伟. 城固县上元观古镇聚落形态演变初探[D]. 西安：西安建筑科技大学，2006.

吕晓裕. 汉江流域文化线路上的传统村镇聚落类型研究[D]. 武汉：华中科技大学，2011.

林箐，王向荣. 地域特征与景观形式[J]. 中国园林，2005（6）：16-24.

林箐，王向荣. 风景园林与文化[J]. 中国园林，2009，25（9）：19-23.

王向荣，林箐. 国土景观视野下的中国传统山—水—田—城体系[J]. 风景园林，2018，25（9）：10-20.

王向荣，林箐. 自然的含义[J]. 中国园林，2007（1）：6-17.

王向荣. 自然与文化视野下的中国国土景观多样性[J]. 中国园林，2016，32（9）：33-42.

鲁西奇. 历史时期汉江流域农业经济区的形成与演变[J]. 中国农史，1999（1）：35-45.

马强. 论宋元至明清汉中盆地农业经济的发展[J]. 中国社会经济史研究，2007（3）：103-108.

佳宏伟. 水资源环境变迁与乡村社会控制——以清代汉中府的堰渠水利为中心[J]. 史学月刊，2005（4）：14-21+32.

马强. 北宋以前汉中地区的农业开发[J]. 中国农史，1999（2）：29-37.

林昌丈. "水利灌区"的形成及其演变——以处州通济堰为中心[J]. 中国农史，2011，30（3）：93-102+81.

冯岁平. 汉中历史交通地理论纲[J]. 汉中师范学院学报（社会科学），1998（4）：35-39.

马强，温勤能. 唐宋时期兴元府城考述[J]. 汉中师范学院学报（社会科学），2001（5）：91-94.

曹忠德. 天汉八景谁人知？[J]. 陕西水利，2006（5）：46-47.

郭清华. 浅谈陕西勉县出土的汉代塘库、陂池、水田模型[J]. 农业考古，1983（1）：127-131.

秦中行. 记汉中出土的汉代陂池模型[J]. 文物，1976（3）：77-78.

毛华松，廖聪全. 宋代郡圃园林特点分析[J]. 中国园林，2012，28（4）：77-80.

周魁一. 山河堰《水利水电科学研究院科学研究论文集第十二集》. 北京：水利水电出版社，1982.

城固县城老街巷的前世今生，你了解多少？[EB/OL].（2019-07-21）（2020-05-29）https://3g.163.com/local/article/EKKBQCIC041999RD.html.

传说中的饮马池与瑞王朱常浩的故事[EB/OL].（2017-05-25）（2020-05-29）https://www.sohu.com/a/143436288_159590.

陕西古刹：勉县天灯禅寺，先有韩信庙，后有天灯寺[EB/OL].（2017-05-16）（2020-05-29）https://www.sohu.com/a/140959831_557042.

2 外文

ICID: World Heritage Irrigation Structures（WHIS）[EB/OL].（2017-10-10）（2020-05-29）. https://www.icid.org/icid_his1.php

SANSONI C. Visual Analysis: A New Probabilistic Technique to Determine Landscape Visibility[J]. Computer-aided Design, 1996, 28（4）: 289-299.

SILVERMAN B W. Density estimation for statistics and data analysis[M]. New York: Routledge, 2018.

Andy Mitchell. The ESRI Guide To GIS Analysis: Spatial Measurements &

Statistics[J]. Esri Pr, 2013（2）.

Jenson K, Domingue O. Extracting Topographic Structure From Digital Elevation Data for Geographic System Analysis[J]. PE. & RS, 1988, 54（11）.

后记

非常感谢您读完这本书!

作为北京林业大学中国国土景观研究团队对于汉中盆地的专题研究成果,本书试图将严谨的学术研究成果以简洁易懂的语言加以陈述,从而让非科研背景的读者也有一个较好的阅读体验,为此书稿几经修改,付梓非常不易。本书的撰写,得到了课题组郭巍教授、张雪葳博士和任维博士等的帮助和支持,深表感谢!

在研究中,我们非常重视历史信息在地图上的呈现——这与风景园林的专业实践和学科特点息息相关。但同时,这也是整个研究中最花费精力的部分之一,其中涉及的一些方法,在此也做一些简略的补充:由于灌区渠网宽度较小,在古代测绘图中难以找到明确的绘制记录。渠网的考据,尤其是其在当代坐标系地图下的还原是研究的难点之一。对于此,研究主要从以下几个途径,力求还原渠系结构:其一,部分古代渠网如汉中三堰,在当地的水利志书资料中已经有较为准确的复原地图。通过ArcGIS将这些图纸进行配准,即可整合到研究用的地图数据库中。其二,部分古代渠网在民国时期的调查报告中多有测绘图,但由于测绘图参考的坐标系与研究所用坐标系差异过大,配准较为困难。对于这类资料,研究结合文字记载，通过村落、渠和地形等之间的相互关系推测渠网位置，并通过文字记载确定该渠系是否延续了明清时期渠道状态，以此反推明清渠系状态。这一类渠网往往只能复原至干渠，支渠斗渠等次级渠道难以找到复原的史料。在复原过程中，历史遥感影像也可用于寻找干渠等大型渠系。由于能找到的历史遥感影像最早只能追溯至20世纪70年代，因此在复原中需谨慎参考，实际的渠道可能受中华人民共和国成立后一些水利工程的影响而有变动。其三，一些无还原图、无测绘图和无舆图等空间图像资料的水利工程，仅能通过文字史料进行推测还原，这些对应的史料在文中均会提及，一些较为复杂且由作者进行推测还原的过程会在文中对应位置详述。基于这些方法，我们所还原出的内容可能是有所误差的——也希望与相关的研究者多多交流，持续不断地完善我们的研究。

在汉中调研时，我们遇到了本地不少热爱家乡的朋友，主动陪着团队人员到山林中和河畔边，寻找那些古坝和遗址。我们还曾偶然间拜访了勉县的一位画家，他说他在努力创造汉中本地的画派，描绘汉中的独特风景。在本地人看来，可能人与环境的这种和谐关系是一种理想的、乡土的和美好的印象，这也鼓励了我们下定决心努力地写好这本书。希望本书出版后，汉中的本地人也能看到——我们的观察可能和本地人的感知有些出入，但都期盼着这份亲切而又厚重的文化传承下来。

作者简介

　　鄢圯，湖北人，1992年生，苏州大学金螳螂建筑学院讲师、硕士生导师，北京林业大学风景园林博士。中国风景园林学会国土景观专业委员会青年委员，中国—葡萄牙文化遗产保护科学"一带一路"联合实验室文化景观保护与生态修复研究中心成员。2020年获北京林业大学风景园林学工学博士学位，本书在本人博士论文的基础上编纂修订完成。主持国家自然科学基金青年项目1项、中国博士后面上资助项目1项，参与国家级及省部级纵向项目4项。迄今在《Buildings》、《Heritage Science》《风景园林》《中国园林》《景观设计学》《现代城市研究》等刊物上发表论文10余篇，参与规划设计项目16项。

　　林箐，浙江人，1971年生，北京林业大学园林学院教授，曾获中国科学技术学会"第十四届青年科技奖"。日本东京农业大学客座教授，中国风景园林学会理论与历史专业委员会副主任委员，中国勘察设计协会景观园林分会常务理事，中国建筑学会园林景观分会理事，《风景园林》杂志编委，北京多义景观规划设计事务所主持设计师。1993年获北京林业大学学士学位，1997年获北京林业大学硕士学位，2005年获北京林业大学博士学位。

　　王向荣，甘肃人，1963年生，北京林业大学园林学院教授，中国科协聘任风景园林规划与设计学首席科学传播专家，第四届、第五届中国风景园林学会副理事长，第五届中国城市规划学会常务理事，住房和城乡建设部科技委园林绿化专业委员会委员，中国风景园林学会国土景观专业委员会主任委员，《中国园林》主编，《风景园林》创刊主编，北京多义景观规划设计事务所主持设计师。1983年获同济大学建筑系学士学位，1986年获北京林业大学园林系硕士学位，1995年获德国卡塞尔大学城市与景观规划系博士学位。